U0010135

台灣自然圖鑑 025

THE
BUTTERFLIES
OF TAIWAN

弄蝶‧鳳蝶‧粉蝶　**上**　徐堉峰 著

# 臺灣蝴蝶圖鑑〔修訂版〕

臺灣最完整的蝴蝶圖鑑，分上、中、下三冊，
論及許多疑問種與偶產種，堪稱種數最多，形態特徵照片最完整的工具書

晨星出版

## 緣起

　　臺灣向來以蝴蝶資源豐富知名於世，上世紀七○年代更以這項資源為基礎發展出所謂的「蝴蝶工業」，出口大量的蝴蝶標本及工藝品，讓五湖四海的人們讚嘆臺灣蝴蝶之美。臺灣蝴蝶資源的豐富可以用一些數據來說明，T. R. New編寫的「Butterfly conservation」一書中曾提及，在蝴蝶工業的全盛時代蝴蝶標本一年用量達五億隻之譜，這個數字十分驚人，說明當時臺灣的自然生態有多麼良好，以至於可以孕育出這麼多蝴蝶。讓人惋惜的是，由於人為開發與棲地破壞，現在蝴蝶數量已經大量減少，有些種類甚至已經滅絕，讓人欣慰的是，由於生態教育深入人心，關心自然生態已經蔚為風氣，這無疑對將來進一步研究臺灣蝴蝶的生物學及保育是一大助益。在種類方面，凡是對臺灣蝴蝶稍有認識的朋友都知道棲息在寶島的蝴蝶種類大約有400種，其中包括相當多特有種。最令人意外的是，儘管臺灣的蝴蝶研究從動物地理學之父華萊士（Alfred Russel Wallace）與英籍鱗翅學者摩爾（Frederic Moore）於1866年寫下第一篇論文迄今已經將近一個半世紀，新種、新亞種與新記錄蝶種仍然陸續發現，而學名也因研究進展而常有修訂，這使得許多對臺灣蝴蝶有興趣的朋友常感到目前已有的蝶類工具書種類不完整或資料有欠缺。一些好友常勸筆者寫本方便蝶友使用的書加以補充。這項工作其實有許多困難之處，因為有些疑問種的存在真相至今難以索解，包括一些蝶類研究史上只有一筆記載，之後再也沒被發現的情形。另外一些從前曾有記錄，多年來不見蹤影、疑似滅絕的種類現在仍然倖存的標本全數存放於國外，有些甚至遍尋不著，因此本書圖示雖然儘可能使用臺灣本地的標本，但仍有少數種類不得已用臺灣以外地區之標本替代作為參考。筆者淺學菲才，雖然將試圖力求本書種類齊備、資料正確，但是相信書中必然仍有諸多謬誤與欠缺，還請本書讀者指教、斧正。

　　在本書編撰過程中，筆者受到許多國內外師長與朋友的鼓勵與協助。首先要感謝幾位在蝶類研究上與筆者經常性地作學術討論與交流的良朋益友，他們包括在筆者年少輕狂時一同傲嘯山林的林明瑤先生、夏威夷比夏博物館（Bishop Museum）的千葉秀幸博士、前臺灣蝴蝶保育學會理事長陳光亮醫師、常務理事黃行七先生及呂晟智先生、香港嘉道理農場的羅益奎先生及香港鱗翅目學會的楊建業先生。此外，許多師長長年的鼓勵

與支持，包括筆者的親姑姑兼啟蒙恩師徐喜美老師、臺灣大學昆蟲系的楊平世教授及張慧羽教授，國立臺北教育大學自然科學教育研究所的熊召弟教授、臺北市立教育大學自然科學教育系的陳建志教授以及江西森防局丁冬蓀先生。英國自然史博物館的 Phillip R. Ackery 先生及 Richard I. Vane-Wright 博士、故 英籍蝶類學者 J. N. Eliot 先生、荷蘭自然史博物館的 Rienk de Jong 博士、德國法蘭克福自然博物館的 Colin G. Treadaway 先生、俄國莫斯科州立大學昆蟲系的故 Alexey L. Devyatkin 教授、日本蝶學界的故 白水 隆博士、矢田 脩博士、藤岡知夫博士、森下和彥先生、築山 洋先生、故 五十嵐 邁先生、矢後勝也博士、中山大學生物科學系顏聖紘教授、中興大學昆蟲系的楊曼妙教授、臺中自然科學博物館的詹美鈴博士、越南-俄國熱帶中心生態部（Ecology Departmentof Vietnam-Russia Tropical Centre）的 Alexander L. Monastyrskiy 博士、華南農業大學的王敏博士、上海師範大學的黃灝先生及朱建青先生、故 木生昆蟲館的余清金館長、錦吉昆蟲館羅錦吉先生、埔里蝴蝶牧場的羅錦文先生、明新科技大學趙仁方博士、林務局的王守民先生、蝶會的郭祺財前理事長、林葆琛理事長、徐渙之先生、洪素年小姐、紫蝶學會的詹家龍先生、成功中學蝴蝶宮的林柏昌先生都提供了不少建議、資料或標本。各地蟲友或蝶友如陳常卿先生、周文一博士、鄭明倫博士、李奇峰博士、李春霖博士、董人愷先生、陳登創先生、張淯蒼先生、吳炎法先生、張崴彥先生、蘇錦平先生、林廷翰先生、郭柄村先生也給予不少意見，其中好幾位並提供了珍貴的標本。師大蝴蝶研究團隊的學生（部分已畢業）呂至堅、羅尹廷、吳立偉、黃嘉龍、謝佳昌、闕宏軒、楊瀅涓、吳錦銘、王俊凱、林佳宏、蔡南益、孫旻璇、林家弘、陳亭瑋、林育綺、顏振暉、簡琬宣、梁家源、顏嘉瑩、莊懷淳、譚文皓等都是本書完成的重要助力。最後要感謝晨星出版社的許裕苗小姐熱心邀約且多年來費心協助編排工作。沒有以上諸君的襄助，本書無法完成，筆者在此致上十二萬分的謝忱。

於臺北市師大分部 2012. 12. 12.

## 令人引以為傲的臺灣蝴蝶圖鑑

在年初的一個聚會中，埔峰略帶喜悅地告訴我：「老師，出版社找我出蝴蝶圖鑑，目前正進入編輯排版之中，您能不能為我寫個序？」

聽到這個消息，我十分高興，因為出版一本完整的臺灣蝴蝶圖鑑一直是埔峰多年來的心願；而這也令我回想起這一位從小學起便開始「迷」蝴蝶，卻曾因此耽誤學校功課而遭禁養毛毛蟲的童年往事；還好，之後在姑姑的疏通和全力支持下，他仍繼續「玩」蝴蝶。上了國中，埔峰一有空閒便抱著日本學者白水隆教授的「原色臺灣蝶類大圖鑑」苦讀，後來竟然連日文也無師自通；到了高中，埔峰由玩家變成道道地地的專家，也和當時不少日本學者、專家進行交流。儘管在他個人求學過程中有些波折，但埔峰對所熱愛蝴蝶的研究卻不因此而中斷。在大學時埔峰進我研究室後如魚得水，也協助我進行蝴蝶研究，而且以一位大學還沒畢業的學生，在畢業前已在日文、中文期刊發表多篇正式的期刊論文，這種成果，的確令人刮目相看。大學畢業之後，埔峰負笈美國求學，但每一回國，仍會回研究室協助帶研究生，也分享他的研究經歷和成果。在著名的美國加州大學柏克萊分校取得博士學位之後，埔峰返國求職，先在彰師大服務，之後如願進入國立臺灣師範大學生命科學系任教。在此過程中埔峰仍協助我指導多位研究生，並在臺大出版中心共同出版「鳳翼蝶衣－海峽兩岸鳳蝶工筆彩繪圖鑑」。然而，讓他縈繫於心的是出版一本臺灣人自己執筆的臺灣蝴蝶圖鑑。儘管從日治時代起便有臺灣蝴蝶圖鑑的出版，但有關蝴蝶的中文名稱由於翻譯和長年誤用，埔峰覺得有必要加以整理和釐清，所以在這本圖鑑中的中文種名是以一位真正做臺灣蝴蝶研究學者所提出的，令人耳目一新。但為了和往昔習慣用名連貫，在中文名稱中他也列入過去種名的稱謂。另外，為了製作好這本圖鑑，埔峰除了新做標本拍攝之外，也借拍不少國內和日本標本館的藏品，當然也借拍國內外部分藏家的標本；這種執著的敬業精神，值得肯定。還有，埔峰本身是分類、演化及生態學者，所以對於種名的考證，以及對每一種的形態描述、重要特徵、大小、雌雄區別、模式種、標本產地、學名與英文名、習性及幼蟲寄主植物等，也都做了最詳細的整理和介紹。

「青出於藍，勝於藍」，身為埔峰的老師，看到這本由臺灣學者自拍自寫的臺灣蝴蝶圖鑑，我與有榮焉！也期待學界先進、後學，和民間許許多多蝴蝶達人能給這一位長久以來一直腳踏實地，默默耕耘臺灣蝴蝶研究的學者更多的肯定和鼓勵。同時也恭喜埔峰的媽媽、姑姑和夫人：這本蝴蝶圖鑑的出版，不但是徐家之光，也是臺灣之光！

國立臺灣大學昆蟲學系榮譽教授

楊平世 謹識 2013.01.09

蝶は身近で触れることのできる可憐で美しい生き物である。また、彼らは自然の健康度を知るバロメーターと見なされ、レッドデータブックでも筆頭に挙げられる重要な対象の一群でもある。しかし、蝶の愛好家や研究家は少なくないが、プロフェッショナルに行っている研究者はたいへん少なく、その中の一人が徐堉峰博士である。私は彼とは十数年以上前から交流があるが、彼の蝶学におけるめざましい進展ぶりに日々目を見張っている。その彼がこのたび台湾産蝶類の図鑑を出版されることとなった。彼は、生態図鑑など数冊をすでに出版されているが、種の同定に役立つ本格的な図鑑は今回がはじめてであろう。私は、彼から送られてきた本書の校正刷りの一部を見て驚いた。使われている標本は完全標本ばかりで、きわめて美しい仕上がりである。また、generalな部分で使用されている形態図や写真も精緻な出来映えである。彼は、もともと蝶の分類学者であるから学名をはじめ形態的な特徴はきわめて正確である。さらに、分布や生態情報も最新の正確な情報に基づいて簡潔にまとめられている。サイズ(前翅長)、発生時期、生息標高などもイラストを使って学生や一般の自然愛好家にもわかりやすく示されている。

台湾の蝶の同定を行う一般の愛好者、さらには最新の台湾産蝶類の情報を知りたい専門家にも、座右の書として本書を強く推薦する。

九州大学名誉教授・前日本蝶類学会会長　矢田　脩　2013. 01. 11.

Butterflies are lovely and beautiful creatures, and we are able to come in contact with them in our daily life. Moreover, they are considered indices to assess the health conditions of nature and listed at the top of the Red Data Lists as one of the most important groups. Although there are tremendous number of amateur butterfly lovers and researchers, professional researchers of the group are scarce. Dr. Yu-Feng Hsu is one of such experts. We have been known of with each other for more than a decade, and I have been astonished by his achievement and progress in Lepidopterology. Now he is going to publish a new book on Taiwanese butterflies. Dr. Hsu already published several books including those of butterfly life histories, but this probably is the first book of his as an identification tool for Taiwanese butterflies. I was really surprised to see a part of proofs sent by him. All the specimens are in perfect condition, and the print is extremely beautiful. Drawings and figures used in general parts are precisely prepared. He is a systematist in the first place, and, therefore, scientific names and morphological descriptions are accurate. In addition, distributions and life histories are brief but thoroughly compiled. Wing length, flight season, and habitat elevation are illustrated so that students and general naturalists can understand them easily. I strongly recommend that not only the general butterfly lovers who need the identification tool but also expert researchers who want to update the information on Taiwanese butterflies should have this book nearby.

Osamu Yata  Professor Emeritus, Kyushu University and Ex-president, Butterfly Society of Japan (Teinopalpus)

English translation by Dr. Hideyuki Chiba (Bishop Museum, Honolulu, Hawaii)

本套圖鑑以棲息在臺灣本島及附屬離島的蝴蝶種類為主，上冊針對弄蝶、鳳蝶、粉蝶作分屬及分種介紹，

臺灣特有亞種　　臺灣特有種

**中文名**
使用能反映分類地位的中文名稱。

**模式產地**
指種小名或亞種名的具名模式標本的來源產地。

**主文**
詳述蝶種雌、雄形態特徵，成蝶生態習性，雌雄蝶區分要點及相似種比較。

# 黃裳鳳蝶
*Troides aeacus kaguya* (Nakahara & Esaki)

模式產地：*aeacus* C. & R. Felder, 1860：北印度；*kaguya* Nakahara & Esaki, 1930：臺灣。

| 英 文 名 | Golden Birdwing |
|---|---|
| 別　　名 | 金裳鳳蝶、黃裙鳳蝶、恆春金鳳蝶、金裳翼鳳蝶 |

鳳蝶科
裳鳳蝶屬

### 形態特徵 Diagnostic characters

雌雄斑紋明顯相異。頭、胸呈黑色，前胸背板生有一環紅毛，翅基生有紅色長毛。雄蝶腹部背面為黑色，中央有一片灰色毛鱗，各腹節末端有黃色細環；腹部側面及腹面底色為黃色，前端生有紅色長毛，腹部側面有一列由黑色斑點形成的縱走斑列，抱器外側呈白色。雌蝶腹部背面為黑色；腹部側面及腹面底色為黃色，腹部側面亦有一列黑色斑點，腹面為黃色而有黑色斑列。翅底色為黑色，前翅沿翅脈兩側形成灰白色條紋。雄蝶後翅除翅脈、外緣及內緣仍為黑色以外有一大塊半透明金黃色斑塊，內緣褶內密生灰白色綿毛。雌蝶後翅外緣及內緣的黑色部分較雄蝶範圍廣，金黃色斑塊內於各翅室內側有一明顯黑斑。

### 生態習性 Behaviors

一年多代。雄蝶飛行快速，好於樹冠上徘徊盤旋。雌蝶飛翔緩慢，多半棲息在闊葉林林內。會訪花。

### 雌、雄蝶之區分 Distinctions between sexes

雌蝶通常較雄蝶大型。雌蝶後翅金黃色斑塊內沿翅室內側有一排淚滴形黑斑，雄蝶則否。雌蝶後翅具有內生綿毛的內緣褶，雄蝶則否。

### 近似種比較 Similar species

在臺灣地區與本種形態相近者只有珠光裳鳳蝶一種，但是後者的雄蝶後翅金黃色斑塊能反射出螢光，本種則否。

| 分布 Distribution | 棲地環境 Habitats | 幼蟲寄主植物 Larval hostplants |
|---|---|---|
| 主要分布於臺灣本島低海拔地區，以中南部較為常見，臺東綠島亦有分布。澎湖也曾有觀察記錄，可能沒有常駐族群。其他亞種分布於華東、華南、華西、中南半島、北印度、喜馬拉雅地區等地。 | 常綠闊葉林、熱帶季風林、海岸林。 | 港口馬兜鈴 *Aristolochia zollingeriana*、臺灣馬兜鈴 *A. shimadai* 等馬兜鈴科 Aristolochiaceae 植物，取食部位主要是葉片。 |

196

**幼蟲寄主植物**
以作者研究室資料庫數據、可靠文獻為主。

內容包括各科、各屬之形態特性及概要，以及各種的學名有效名、中文及英文名清單、形態特徵及變異、寄主植物及生態習性簡述、棲地類型及成蟲出現時期等。

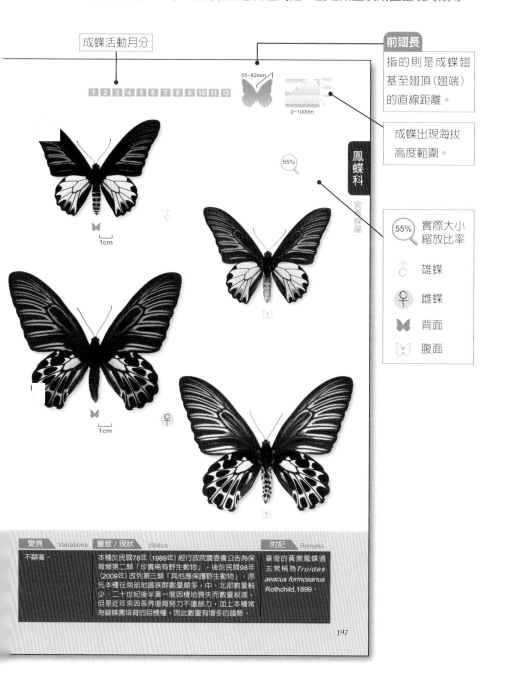

成蝶活動月分

1 2 3 4 5 6 7 8 9 10 11 12

55~82mm

0~1000m

**前翅長**
指的則是成蝶翅基至翅頂（翅端）的直線距離。

成蝶出現海拔高度範圍。

鳳蝶科

裳鳳蝶屬

55%

55% 實際大小縮放比率

♂ 雄蝶

♀ 雌蝶

🦋 背面

🦋 腹面

1cm

1cm

♂

♀

| 變異 Variations | 豐度 / 現狀 Status | 附記 Remarks |
|---|---|---|
| 不顯著。 | 本種於民國78年（1989年）經行政院農委會公告為保育類第二類「珍貴稀有野生動物」，後於民國98年（2009年）改列第三類「其他應保護野生動物」。原先本種在南部地區族群數量頗多，中、北部數量較少。二十世紀後半葉一度因棲地喪失而數量銳減，但是近年來因各界復育努力不遺餘力，加上本種常為蝴蝶園培育的目標種，因此數量有增多的趨勢。 | 臺灣的黃裳鳳蝶過去常稱為*Troides aeacus formosanus* Rothchild, 1899。 |

197

7

# 目錄

**蝴蝶種類介紹範圍**

　　本書的涵蓋範圍將以棲息在臺灣本島及附屬離島（蘭嶼、綠島及澎湖）的蝴蝶種類為主。金門與馬祖等外島鄰近福建，棲息在那些地區的蝶相與華南地區殊無二致，而與臺灣蝶相差異較大，本書中除了將提及臺灣同時擁有的種類以外，金、馬地區的種類暫不包括，將來若有機會再另行論述。為了與金、馬地區作區隔與對比，本書將臺灣本島及附屬離島統稱為臺灣地區。另外，本書所包括的蝶種以棲息在臺灣地區的原生蝶種以及已經立足建立族群的外來種為主。偶爾出現、未能立足的外來「偶產種」、「迷蝶」原則上不包含在本書中，只作參考性質的說明。

 **蝴蝶的分類地位**

　　在分類上，蝶類屬於昆蟲綱Insecta，綴翅總目Amphiesmenoptera，鱗翅目Lepidoptera。過去蝶類常被與蛾類區分成兩類，英文分別稱為butterflies及moths，而以觸角末端是否呈棒狀來區別蝶類與蛾類。這種分類方式在鱗翅目系統演化研究已有長足進展之今日已經證實並不合宜。現今學界所認知的蝶類多包括三個總科，即喜蝶總科Hedyloidea、弄蝶總科Hesperioidea，以及真蝶總科Papilionoidea。喜蝶總科及弄蝶總科分別只包含喜蝶科Hedylidae及弄蝶總科Hesperiidae一個科。真蝶總科通常分為鳳蝶科Papilionidae、粉蝶科Pieridae、灰蝶科Lycaenidae及蛺蝶科Nymphalidae等數科，有時蜆蝶類也被視為獨立的一科，稱為Riodinidae。喜蝶的觸角不呈棒狀，只分布於熱帶美洲，其他各科則均見於臺灣。

　　本書針對臺灣地區擁有的蝴蝶種類作分科、分屬及分種介紹，內容包括各科、各屬之形態特性及概要，以及各種的學名有效名、中文及英文名清單、形態特徵及變異、寄主植物及生態習性簡述、棲地類型及成蟲出現時期等。雖然交尾器特徵是重要分類依據，但是大多數進行蝴蝶生態觀察及生物學研究的朋友並不常解剖標本，因此本書基本上不論及交尾器，僅在高階分類上具有重要特徵時才提及。

 **命名規則**

　　蝴蝶的學名與其他動物相同，其使用受國際動物命名規約（International Code of Zoological Nomenclature, 簡稱ICZN）的制約。種級學名基本上由拉丁文或拉丁化文字依二名法原則構成，位於前方者是屬

名（generic name），係一名詞而字首大寫；位於後方者是種小名（specific name），係一形容詞而字首小寫。此外，國際動物命名規約認可亞種級分類單元，其使用方式是在二名式名稱後加上一字首小寫的形容詞，當亞種名（subspecific name）被使用時即稱為三名式名稱。現今一般認定亞種的涵義是指具有穩定差異的地理群（geographical race）。學名之後有時可以附加命名者及記述年代，如果學名在命名之後發生了屬變更，則會將命名者置於圓括弧內表示。

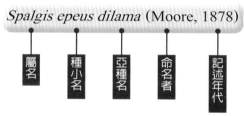

*Spalgis epeus dilama* (Moore, 1878)

屬名　種小名　亞種名　命名者　記述年代

　　本書將列出每一蝶種目前認定的有效名（valid name）及其命名者、記述年代。請注意學名雖然是物種分類地位的基礎，它仍可能因分類學及系統學的新發現而異動。除了拉丁學名以外，以任何文字表示的物種名稱均是俗名，不受國際動物命名規約的制約。本書暫時只記明中文名及英文名。在中文名方面，筆者本人傾向使用能反映分類地位的名稱，但本書也包括其他中文名，以方便習慣其他類型中文名的讀者使用。本書也提供「模式產地」（type locality）供作參考。模式產地係指一個種小名或亞種名的具名模式標本（name-bearing type）的來源產地。當一個種類擁有一個以上之亞種時，其種小名模式產地所代表者即為「指名亞種」或「承名亞種」（nominotypical subspecies）。

 ## 認識蝴蝶

　　本書所介紹的蝴蝶形態特徵以成蝶外部特徵為主。體型大小利用前翅長作為參考。前翅長指的則是成蝶翅基（wing base）至翅頂（翅端）（wing apex）的直線距離。本書所列舉的棲地類型以成蝶出現的海拔、環境為主。資料來源包括標本數據及文獻，因此可能有不足之處。生態習性方面則包括成蝶習性與出現期的簡述，以及幼蟲所利用之寄主植物（食草）、食餌。幼蟲寄主植物以筆者研究室資料庫數據、可靠文獻為主。另外，部分尚未有正式已發表資料的種類，本書則暫只提供初步資料。當然，臺灣的蝴蝶當中現在也仍舊有幼蟲寄主植物尚無線索的種類。

關於成蝶斑紋變異，本書擬包括個體變異（individual variation）、受遺傳控制的多型性（genetic polymorphism），以及受環境因子影響產生的多表現性（polyphenism）。蝴蝶翅紋的多表現性最常見於季節型，然而，臺灣蝴蝶季節型的敘述，可以說是格外困難。臺灣雖然面積並不大，地形地貌及氣候特性卻極其複雜。大體上以大甲溪-思源埡口-蘭陽溪為界線，界線以北及界線以南的地區氣候特性大相逕庭。

北臺灣潮溼而季節區分較明顯，夏季高溫而冬季低溫，即便是地勢低窪如臺北盆地，冬天氣溫也常常會低於10℃。南臺灣季節降雨集中在春、夏季，在秋、冬季則十分乾旱，溫度變化方面季節間差異小，在高屏地區即便在冬天也常見20℃以上的氣溫。這種複雜的氣候特性使臺灣不同地區的蝴蝶族群在同季節遭遇迥異的環境影響，因而產生不同的季節變異。例如一種廣布種在北臺灣可能在夏季及冬季受到溫度高低的影響而產生不同的斑紋，但是在南臺灣則因溼度不同而產生另一種斑紋變異。如此一來，由於斑紋變異的產生成因不同，在北臺灣季節型可能稱為「高溫型」、「低溫型」較為合適，而在南臺灣季節型可能稱為「雨季型」、「乾季型」較為合適。這種情形原本已經使臺灣蝴蝶季節型不易定義，而中臺灣的一些地區氣候特性卻又往往界於南、北臺灣之間，令情形更加難解。

最後，有部分昔時於臺灣地區曾有記載的種類後來未能再發現，其模式標本未能尋獲，甚至已經散佚、損毀。針對此等種類，本書盡可能提供其他地區產的近緣種供作參考，並註明之。

 ## 蝴蝶的形態特徵

就系統演化而言，蝴蝶與蛾類並沒有截然不同的區分，事實上，如果將蝶類抽離，則所謂的「蛾類」便不成為單系自然群。傳統上所有用來區分蝴蝶與蛾類的方法都有許多例外，過去常強調蝴蝶白晝活動、停棲時翅豎起、色彩鮮豔，頭部觸角呈末端膨大的棒棍狀，而蛾類則夜晚活動、停棲時翅平攤、色彩黯淡，頭部觸角不呈棒棍狀。然而，蛾類當中有許多白晝活動的類群，如許多斑蛾、鹿蛾、透翅蛾、日逐蛾等，蝶類中也不乏夜晚活動的種類，尤其是眼蝶與弄蝶。蛾類中有部分種類停棲時翅豎起，如某些尺蛾即有此習性，蝶類中則也有停棲時翅平攤的種類，如網絲蛺蝶及許多花弄蝶類種類。色彩鮮豔與否更難當作區分標準，因為長相不起眼的蝴蝶及擁有美麗花紋的蛾類都很常見。至於觸角

形態，由於具有絲狀及羽狀觸角的喜蝶Hedylidae於1980年代被論證歸屬於蝶類，因此也不能作為區分蝶蛾的依據。可以這樣說：「蝶類就是一群特化的蛾類」。

　　以下就蝶類的形態特性作一概述：

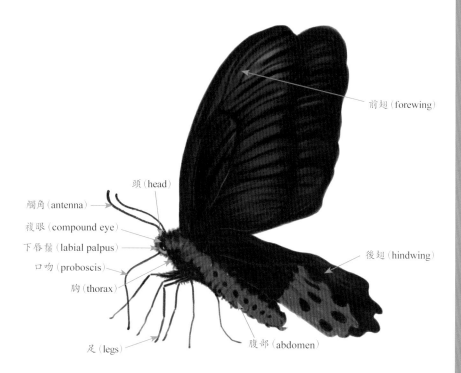

前翅（forewing）

頭（head）

觸角（antenna）

複眼（compound eye）

下唇鬚（labial palpus）

口吻（proboscis）

胸（thorax）

後翅（hindwing）

足（legs）

腹部（abdomen）

## 頭部

　　如同其他昆蟲，蝴蝶也屬於節肢動物，體表具有分節的外骨骼，成蟲身體也分為頭、胸、腹三個體區，每個體區均由數個原始體節特化組合而成。頭部可能是由六個原始體節合併形成。頭部左右兩側各具一發達之複眼（compound eye），複眼由小眼（ommatidium）構成，許多種類在小眼間生有細毛，複眼是否具毛以及其被毛狀態在分類上頗有價值。

　　頭部背側有一對細長、生許多有感覺器官的觸角，分為柄節（scape）、梗節（pedicel）、鞭節（flagellum）三節，鞭節在外觀上分為許多小節，但是這些小節內部沒有獨立運作的肌肉連繫。鞭節末端的膨大部分可稱為錘部（club）。錘部成圓柱狀或壓扁狀。錘部末端稱為尖頂（apiculus），在弄蝶科格外發達。觸角表面被覆鱗片，但在末端有裸露部分，有時特稱為裸節（nudum）。

導論

小顎外葉（口吻）
（galea／proboscis）

蝴蝶口器（燦蛺蝶）

## 口器

蝶類口器位於頭部下側，高度特化以利吸食流體食物，依種類與性別不同會吸食花蜜、腐果、動物排遺及排泄物、溪流邊與地面水分等。口器基本上只餘下唇鬚（labial palpus）及小顎外葉（galea），其他部分則已退化消失。下唇鬚姿勢前伸（porrect）或上舉（erect）。小顎外葉形成兩根半管，左右相互嵌合成一形如彈簧的吸管。頭部表面密被鱗毛，在觸角後方有特化、稱為毛隆（chaetosemata）的毛叢，其功能尚待進一步研究，可能與感覺有關。

## 胸部

蝶類胸部由三節組成，分別稱為前胸、中胸與後胸。前胸窄小，其兩側生有氣孔（spiracle），背側有稱為背翼（patagia）之骨化或膜質構造。胸部具有兩對翅，位於中胸者稱為前翅，位於後胸者稱為後翅。前翅基部有用以保護翅基關節之骨片，稱為肩板（tegula）。

## 翅

翅呈膜質，上具骨化之翅脈，蝶類有六組縱脈，由前向後分別稱為前緣脈costa（C）、亞前緣脈subcosta（Sc）、徑脈radius（R）、中脈media（M）、肘脈cubitus（Cu）及臀脈anal（A）。蝶類的前緣脈明顯退化，僅在活體前翅前緣有模糊的痕跡，在乾燥標本上則完全消失。肘脈可分為前肘脈（CuA）與後肘脈（CuP），不過在蝶類中僅有鳳蝶科仍具有後肘脈。

翅脈間的區域稱為翅室，其名稱跟隨其前方翅脈名稱，例如$M_1$脈後方的翅室即為$M_1$室。在脛脈與肘脈間形成一空室，稱為中室（discoidal cell／discal cell）。中室外端有時具一稱為中室端脈（discocellulars）的橫脈，當中室端脈存在時稱為中室封閉，而中室端脈缺少則稱為中室開放。此外，後翅 $Sc+R_1$ 脈近基部位置常有一稱為肩脈（humeral vein，簡稱hm）的游離短脈。

蝶類翅面上布滿呈覆瓦狀排列的鱗片，鱗片基部有一小柄，藉以附著於翅膜上之細微窩孔上。鱗片壁及孔隙中包含由幼蟲時期從寄主植物獲得的成分、成蝶自行代謝出的產物，或是代謝廢物等來源之色素，這類色彩稱為「化學色」或「色素色」。部分蝶種的鱗片上具有各種物理

特化結構，可造成光線干涉等物理效應形成金屬光澤，甚至近乎螢光的效果，這類色彩稱為「物理色」或「構造色」。

　　許多雄蝶（及少數雌蝶）在翅上具有用以釋放與求偶有關之費洛蒙的特化鱗，稱為發香鱗（androconia），發香鱗有的散布在翅面上，有的聚成一片形成「性標」，有的則位於特化的袋狀構造或翅褶內。蝴蝶前翅翅概形常接近三角形，後翅翅概形則常接近扇形，兩者翅前方邊緣稱為前緣（costa），後方邊緣稱為後緣（dorsum），與身體相接處稱為翅基（wing base），而遠離身體的邊緣稱為外緣（termen）。前緣與外緣相接處稱為翅頂（apex），後緣與外緣相接處稱為臀區或肛角（tornus）。蝶類翅面斑紋已由Nijhout（1991）論證均由一基本模式演變而來，不過基於同源性所架構的翅紋命名系統十分繁複，本書暫不使用，僅以斑紋在翅面上的相對位置形容斑紋特徵。

燦蛺蝶翅面之鱗片放大

## 足

　　胸部各節分別各有一對足，由前向後分別稱為前足（fore leg）、中足（middle leg）及後足（hind leg）。足主要分為基節（coxa）、轉節（trochanter）、腿節（femur）、脛節（tibia）及跗節（tarsus）五節，其上覆有鱗片與刺毛。脛節上常具成列小刺。中足及後足脛節上常具一或兩對具關節的距（spur）。鳳蝶與弄蝶前足脛節上具有稱為前脛突（epiphysis）的特殊構造，上生梳狀刺毛，此結構可能用來清潔觸角與口器。跗節通常分為五節小跗節（tarsomere），其末端生有一對彎曲的爪（claw），但在蛺蝶科及灰蝶科雄蝶跗節常癒合成一圓筒狀、不分節、末端無爪的構造。

## 腹部

　　蝴蝶腹部包含消化、排泄及繁殖器官，由10腹節組成。各腹節由骨化程度較高的一片背板（tergum）及腹板（sternum），以及兩側兩片骨化程度弱的側板（pleuron）所構成。第1至7腹節除了第1腹節缺乏腹板以外，其餘各節形態簡單、缺乏特化構造，但在側板上具有氣孔（spiracles）。雌蝶第8至10腹節以及雄蝶第9至10腹節高度特化，形成外生殖器，這些構造與部分雌蝶部分內生殖器構造合稱為交尾器。

**生活史**

　　蝶類是完全變態昆蟲，其一生包括卵、幼蟲、蛹與成蟲四個階段。
卵的形態多變化，外部具有卵殼（chorion），卵殼頂部中央有稱為精孔
（micropyle）的小孔。依種類不同，產卵位置可以是在寄主植物葉片、新
芽、枝條、休眠芽附近，或是在寄主植物附近其他植物體或地面上，也
有將卵產在樹皮裂縫、花苞及新芽孔隙的情形。

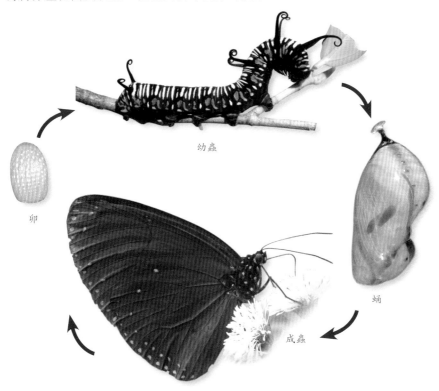

幼蟲

卵

蛹

成蟲

圓翅紫斑蝶

## 卵

　　卵粒單產或數粒成一群，也有一次產數百粒成卵塊的種類。通常卵
粒藉由雌蝶副腺（accessory gland）分泌物黏著在物體上，也有完全隱藏
在泡狀或膠狀物中的情形，更有少數種類有直接將卵粒拋置地面的特殊
習性。

　　卵孵化時小幼蟲一般從卵頂部嚙破卵殼出來，但是卵粒產在裂縫與
孔隙的種類有些具有小幼蟲從側面破卵而出的適應，在國外甚至有針對
卵蜂演化出加厚卵殼而小幼蟲從卵底穿過葉片脫出的種類。有部分種類
在孵化後小幼蟲會啃食卵殼。

## 幼蟲

　　幼蟲通常身體概形呈圓筒形或蛆狀，剛孵化的一齡幼蟲體表具有形態、數目固定的剛毛，稱為一次刺毛（primary setae），對分類與演化研究很有價值。其後每蛻一次皮即稱為增加一齡，而體表會長出變化多端、數目不定的二次刺毛（secondary setae）。

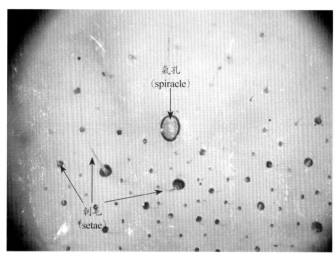

白粉蝶幼蟲體表刺毛及體側氣孔

　　幼蟲頭部骨化程度高，生有感覺毛，下端具備咀嚼式口器，兩側各有數個可用來感光的側單眼（stemmata）。頭部具有縫線，藉以在化蛹時裂開讓蛹體脫出。

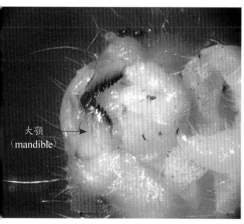

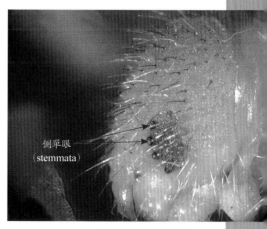

白粉蝶幼蟲口器

白粉蝶幼蟲側單眼

幼蟲身軀體壁骨化程度弱而呈膜質，骨化部分只有一次刺毛基部的小硬板、前胸背側稱為前胸硬皮板（prothoracic shield）的部分，以及第10腹節背側稱為肛上板（anal plate）的部分。

胸部具有三對步足，其跗節僅一節，末端有一爪。腹部分為10節，於第3、4、5、6及第10節具有原足（腹足）（proleg）。原足上具有成列小鉤，稱為原足鉤（crochets），藉以附著攀附於幼蟲吐絲形成的絲墊或其他物體上。前胸以及第1至8腹節各具一對氣孔（spiracle）。幼蟲期總齡數多為四或五齡，也有多達12齡的情形。幼蟲多半總齡數固定，但總齡數不固定的種類也不在少數。

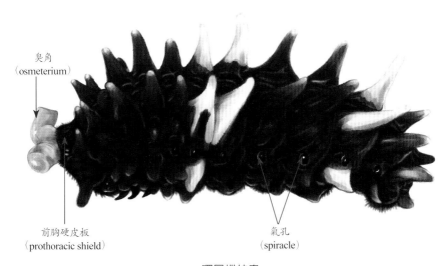

臭角
（osmeterium）

前胸硬皮板
（prothoracic shield）

氣孔
（spiracle）

曙鳳蝶幼蟲

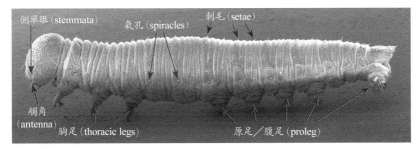

側單眼（stemmata）

氣孔（spiracles）

刺毛（setae）

觸角
（antenna）

胸足（thoracic legs）

原足／腹足（proleg）

永澤蛇眼蝶幼蟲

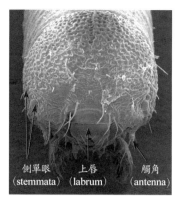

側單眼　　　上唇　　　觸角
（stemmata）（labrum）（antenna）

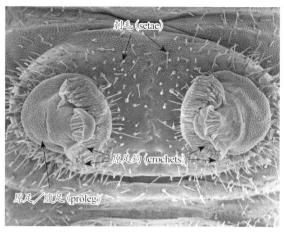

刺毛（setae）

原足鉤（crochets）

原足／腹足（proleg）

## 蛹

　　蝴蝶的蛹屬於被蛹（obtect pupa），附肢與翅緊貼軀體，體表在不同部位生有刺毛。頭部的複眼、觸角及小顎外葉等部分可見。觸角沿前翅前緣延伸。小顎外葉位於腹面中央，其長度常超出翅面。

　　胸部各節均可見，多以中胸最為發達。前翅位於蛹體側腹面，後翅大部分或完全為前翅覆蓋。前足、中足可見，位於觸角與小顎外葉之間。中胸氣孔位於背側。腹部10節均可見，但最後三節癒合而不可動。其他腹部的可動性依種類而不同。第1至8腹節具有氣孔，但是第1腹節氣孔因被翅覆蓋而不可見，第8腹節氣孔則失去功能而無開口。交尾器痕在雄蟲見於第9腹節，而在雌蟲則在第8及9腹節，交尾器痕呈圓形或線形。肛門痕位於第10腹節，形狀也呈圓形或線形。

　　第10腹節特化、伸長成稱為垂懸器（cremaster）的構造，其上有鉤狀刺毛，蛹體可藉此構造攀附絲上以附著於物體上。蛹體附著物體的方式主要分為僅以垂懸器附著、頭下尾上的「懸蛹」（「垂蛹」）以及胸部有絲帶環繞固定的「縊蛹」（「帶蛹」），不過也有許多不屬於以上兩類的其他附著方式。

　　蛹的外部形態變化萬端，許多種類模擬植物體不同部位藉以隱藏，有些種類並其依附著位置的質地、色彩而呈綠色或褐色。另有一些體內含有毒素的種類擁有鮮豔色彩。

# 弄蝶科

弄蝶科常被稱為挵蝶科，由於在文義上，「挵」是「弄」字的別字，因此本書採用較簡約的「弄」字。弄蝶科廣泛分布於世界各地，只有紐西蘭沒有弄蝶分布。在種類方

## 成蝶形態特徵 Diagnosis for adults

在蝴蝶當中，弄蝶成蝶體型為小到中型。他們大部分色彩不鮮明，以褐色或橙色為主，不過也有色彩鮮豔的種類。弄蝶的頭部寬闊，使得觸角基部分得很開。大多數種類的觸角末端膨大彎曲，常呈鉤狀，彎曲的部分稱為尖頂（apiculus）。胸部的三對足均為正常步行足，前足脛節內側具有一前脛突（epiphysis），中足脛節末端具有一對脛末距（spur），後足脛節則具有一對脛中距及一對脛末距。與體長相較，弄蝶的翅膀相對而言顯得短小，但擁有強壯的飛翔肌。前翅徑脈全部分離，臀脈只有一條。後翅有兩條臀脈。前、後翅的$M_2$脈常模糊而呈現一淺褶，尤以後翅為然。前、後翅的中室均封閉。成蝶的雌雄二型性大多缺乏或不發達，但是也有較為明顯的種類。有些種類的雄蝶在前翅有線形性標。

## 幼生期 Immatures

弄蝶的卵呈半球形、皿形或覆碗形，底部平坦，表面光滑或具有縱走刻紋。卵通常產在寄主植物體上，一般單產，也有聚產的種類。有些種類的雌蝶會用其腹端的毛將卵覆蓋、隱藏。弄蝶幼蟲的前胸通常比身體其他部分窄，因此看來像有一「頸部」。腹部原足鉤排列成完整的環狀。有些種類腹部有蠟腺，能泌出蠟粉覆在體上。幼蟲通常利用植物葉片造巢，但美洲的巨弄蝶幼蟲則蛀入龍舌蘭、絲蘭及蘆薈的莖、葉、根內。弄蝶幼蟲基本上以寄主植物葉片為食，通常主要於夜間攝食。弄蝶蛹修長或粗壯，部分種類口吻延伸超過翅端，甚至腹部末端。有些種類體表有蠟粉覆蓋。蛹體以縊蛹方式附著，於尾端及後胸分別有絲線連結。弄蝶化蛹於老熟幼蟲巢內或裸露在外。

面，估計世界上弄蝶約有500餘屬，3500種左右，而弄蝶多樣性最高的地區一般咸信是在美洲熱帶地區。根據Warren *et al*.（2009）的分析結果，弄蝶科可分為大弄蝶（Coeliadinae）、壯弄蝶（Eudaminae）、花弄蝶（Pyrginae）、鏈弄蝶（Heteropterinae）、澳洲弄蝶（Trapezitinae）、具繮弄蝶（Euschemoninae）及弄蝶（Hesperiinae）七亞科。臺灣地區棲息著約34屬63種弄蝶。

## 幼蟲食性 Larval Hosts

　　雙子葉植物與單子葉植物均可為弄蝶的幼蟲寄主植物，在臺灣地區以後者為多。

尖翅絨弄蝶頭部背面

弄蝶科脈相圖（綠弄蝶）

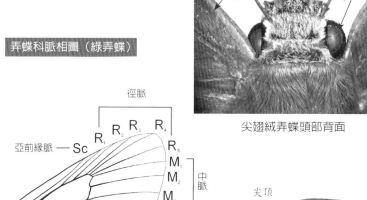

橙翅傘弄蝶觸角

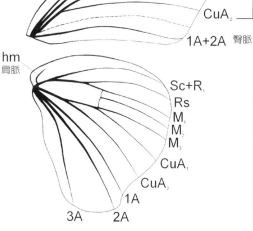

尖翅絨弄蝶左中足（上）與左後足（下）

# 傘弄蝶屬　　　*Burara* Swinhoe, [1893]

模式種 Type Species　│ *Ismene vasutana* Moore, [1866]，即反緣傘弄蝶
　　　　　　　　　　　│ *Burara vasutana*（Moore, [1866]）。

## 形態特徵與相關資料 Diagnosis and other information

　　中大型弄蝶。體型壯碩，翅形寬闊，翅膀色彩主要呈帶有橙色或綠色調的褐色，翅腹面並具有呈放射狀的脈間細線紋。雄蝶後足脛節生有包覆於特化鱗叢下的長毛束。多數種類的雄蝶在前翅背面具有性標。雌雄二型性頗為發達。

　　本屬約有16種，主要分布於東洋區，也延伸至澳洲區西部及舊北區東部。

　　成蝶主要於黃昏及陰天活動，有訪花性及溼地吸水習性。

　　幼蟲通常大多以黃褥花科Malpighiaceae、五加科Araliaceae、使君子科Combretaceae等植物為寄主植物。

　　本屬過去多置於鉤紋弄蝶屬*Bibasis*（模式種：*Goniloba sena* Moore, [1866]，即*Bibasis sena*（Moore, [1866]））中，Chiba（1995，1997，2009）根據形態特徵將本屬分離，留在鉤紋弄蝶屬的有3種，牠們翅形狹窄、缺乏性標與雌雄二型性，而且是日行性物種。

　　分布於臺灣地區的種類有一種。

・*Burara jaina formosana*（Fruhstorfer, 1911）（橙翅傘弄蝶）

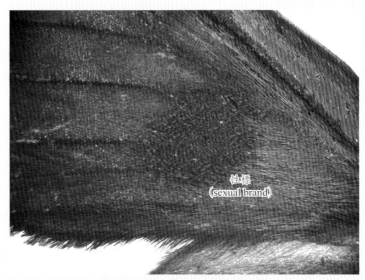

橙翅傘弄蝶雄蝶左前翅背面性標

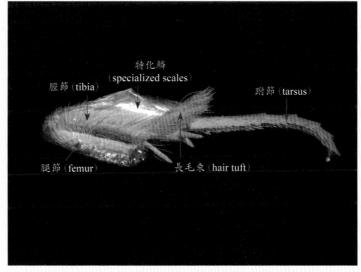

橙翅傘弄蝶雄蝶後足

# 橙翅傘弄蝶

特有亞種

*Burara jaina formosana* (Fruhstorfer)

▌模式產地：*jaina* Moore, [1866]：印度；*formosana* Fruhstorfer, 1911：臺灣。

| 英 文 名 | Orange Awlet |
|---|---|
| 別 名 | 鸞褐弄蝶、鳶色弄蝶 |

弄蝶科
傘弄蝶屬

## 形態特徵 Diagnostic characters

　　雌雄斑紋相似。軀體背側被淺灰色毛，腹面覆有橙色鱗毛。前翅翅形近於直角三角形，但外緣呈弧形，以雌蝶弧度較大。後翅近於等邊三角形，但翅後端略為突出。雄蝶翅背面底色茶褐色，前翅前緣基半部有橙色鱗毛，呈條狀分布。前翅基部亦有橙色鱗毛，其外側有一由黑色特化鱗形成之性標。翅腹面淺褐色，前翅後側有一片奶黃色，中室外側有同色小紋，翅前緣有同色細條排成與前緣約略垂直之紋列。後翅各室內有呈放射狀排列的橙色細線紋。前翅緣毛呈褐色，後翅緣毛呈橙色。雌蝶翅底色銅褐色，前翅前緣亦有橙色毛，但較雄蝶稀疏，翅面上無雄蝶所具有之黑色性鱗及橙色毛。腹面與雄蝶相似，但前翅後方之奶黃色部分明顯縮減。雄蝶後足脛節特化鱗叢銀白色，其下的長毛束橙色。

## 生態習性 Behaviors

　　多化性蝶種。成蟲飛行活潑快速，好訪花，雄蝶常至溼地吸水。冬季以幼蟲態越冬。

## 雌、雄蝶之區分 Distinctions between sexes

　　雌蝶前翅背面缺乏性標，腹面後緣奶黃色紋較小。

## 近似種比較 Similar species

　　在臺灣地區無類似種。

| 分布 Distribution | 棲地環境 Habitats | 幼蟲寄主植物 Larval hostplants |
|---|---|---|
| 在臺灣地區主要分布於臺灣本島低、中海拔地區，其他分布區域涵蓋東洋區之大陸部分及安達曼群島、婆羅洲等地。 | 常綠闊葉林、海岸林。 | 在臺灣地區以黃褥花科 Malpighiaceae 的猿尾藤 *Hiptage benghalensis* 為幼蟲寄主植物。取食部位是成熟葉片。 |

| 1 | 2 | 3 | 4 | 5 | 6 | 7 | 8 | 9 | 10 | 11 | 12 |

弄蝶科

傘弄蝶屬

130%

♂

1cm

♀

1cm

| 變異 Variations | 豐度 / 現狀 Status | 附記 Remarks |
|---|---|---|
| 不顯著。 | 目前數量尚多。 | 本種與長翅弄蝶的幼期常同時棲息在同一猿尾藤植株上，不過本種主要以老熟葉片為食並於老熟葉片產卵，長翅弄蝶則取食新芽、新葉並僅在新芽上產卵。 |

# 絨弄蝶屬

*Hasora* Moore, [1881]

**模式種** Type Species | *Goniloba badra* Moore, 1858，即鐵色絨弄蝶 *Hasora badra badra*（Moore, 1858）。

## 形態特徵與相關資料 Diagnosis and other information

　　中大型弄蝶。前、後翅翅形均頗長，後翅臀區突出呈葉狀。前翅1A+2A脈基部明顯彎曲。雄蝶後足脛節無毛束。許多種類雄蝶於前翅翅表具有性標。雌蝶於前翅常有半透明斑紋，雄蝶則此等斑紋缺乏或不明顯。

　　絨弄蝶屬是大弄蝶亞科中種類最多的大屬，擁有約30種，廣泛分布於東洋區及澳洲區，向東遠及斐濟群島。臺灣地區目前已知有5種棲息。

　　成蝶於日間或黃昏活動，訪花性明顯。

　　幼蟲以豆科Fabaceae植物為寄主植物。

　　分布於臺灣地區的種類有五種。

- *Hasora chromus chromus*（Cramer, [1780]）（尖翅絨弄蝶）
- *Hasora badra badra*（Moore, [1858]）（鐵色絨弄蝶）
- *Hasora taminatus vairacana* Fruhstorfer, 1911（圓翅絨弄蝶）
- *Hasora anura taiwana* Hsu, Tsukiyama & Chiba, 2005（無尾絨弄蝶）
- *Hasora mixta limatus* Hsu & Huang, 2008（南風絨弄蝶）

**Key to species of the genus *Hasora* in Taiwan**

❶ 後翅中央有一條縱走細白帶；雌蝶前翅有兩枚象牙色小斑.....................❷

　後翅中央沒有縱走細白帶；雌蝶前翅有三枚明顯的米黃色斑紋 ...............❸

❷ 翅背面長毛帶綠色；前翅翅頂尖；雌蝶前翅中央後側的斑紋弦月狀 ............
　........................................................ *chromus*（尖翅絨弄蝶）

　翅背面長毛不帶綠色；前翅翅頂圓鈍；雌蝶前翅中央後側的斑紋橢圓形......
　........................................................ *taminatus*（圓翅絨弄蝶）

❸ 後翅腹面中室端具有一明顯白點；雄蝶前翅背面不具性標...........................
　........................................................❹

　後翅腹面中室端沒有白點或僅有模糊白點；雄蝶前翅背面具有性標 ............
　........................................................ *mixta*（南風絨弄蝶）

❹ 翅腹面泛紫色；後翅臀區具有葉狀突 .........................*badra*（鐵色絨弄蝶）

　翅腹面呈褐色；後翅臀區缺乏葉狀突 ...........................*anura*（無尾絨弄蝶）

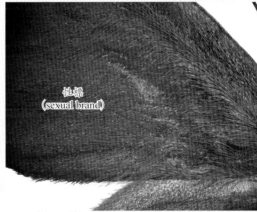

尖翅絨弄蝶雄蝶左前翅背面性標　　　　　　　　　南風絨弄蝶雄蝶左前翅背面性標

# 鐵色絨弄蝶

*Hasora badra badra* (Moore)

▌模式產地：*badra* Moore, [1858]：印尼爪哇。

| 英 文 名 | Common Awl |
|---|---|
| 別　　名 | 鐵色絨毛弄蝶、三斑趾弄蝶、豆弄蝶 |

## 形態特徵 Diagnostic characters

雌雄斑紋明顯相異。前翅翅形近於直角三角形，外緣稍微呈弧形。後翅修長，略呈橢圓形，後端有明顯的葉狀突。翅表褐色，無紋，翅基有同色長毛。翅腹面底色褐色而泛紫色。前翅後側有一塊黃白斑。前、後翅外半部均有一斜行淺色帶。前翅前緣外側有一片藍黑色鱗。後翅中室端有一小白點。葉狀突呈黑褐色，其前方有一白色短條。緣毛呈淺褐色。雌蝶於中室端、$M_3$室基部及$CuA_2$室中央各有一枚明顯的半透明米黃色斑。另於前緣外側接近翅頂處有一列同色小斑，排列與翅緣垂直。翅基生有黃褐色長毛，翅腹面色彩與雄蝶相近，但前翅之半透明米黃斑均見於相應位置。

## 生態習性 Behaviors

世代重疊的多化性蝶種。成蝶飛行快速，好訪花。

## 雌、雄蝶之區分 Distinctions between sexes

雄蝶翅面缺乏淺色斑紋，雌蝶則在前翅翅面具有三枚半透明米黃色斑，翅頂附近也有同色小斑紋。

## 近似種比較 Similar species

在臺灣地區與本種形態相近者有無尾絨弄蝶及南風絨弄蝶，特別是後者因翅腹面有金屬光澤尤其相似，不過本種於後翅腹面中室端位置有一明顯白色斑點，南風絨弄蝶則白色斑點模糊或完全消失。

| 分布 Distribution | 棲地環境 Habitats | 幼蟲寄主植物 Larval hostplants |
|---|---|---|
| 廣泛分布於全島低、中海拔地區。其他分布區域包括日本西表島、南亞、東南亞各地，但在菲律賓只見於巴拉望。 | 常綠闊葉林。 | 豆科 Fabaceae 之鷺藤 *Milletia pachycarpa* 及疏花魚藤 *Derris laxiflora*。取食部位是葉片。 |

20~24mm

3000
2000
1000
0
0~1000m

1cm

160%

弄蝶科

絨弄蝶屬

1cm

| 變異 Variations | 豐度 / 現狀 Status | 附記 Remarks |
|---|---|---|
| 不顯著。 | 目前為數量尚多的常見種。 | 本種與南風絨弄蝶在臺灣地區呈異域分布，前者棲息在臺灣本島，後者則棲息在蘭嶼。臺灣地區的族群屬於指名亞種。 |

# 南風絨弄蝶

*Hasora mixta limatus* Hsu & Huang

▌模式產地：*mixta* Mabille, 1876；菲律賓；*limatus* Hsu & Huang, 2008；臺灣蘭嶼。

| 英 文 名 | Lesser Awl |
|---|---|
| 別　　名 | 迷趾弄蝶 |

弄蝶科

絨弄蝶屬

## 形態特徵 Diagnostic characters

雌雄斑紋明顯相異。前翅翅形近於直角三角形，外緣稍微呈弧形。後翅修長，略呈橢圓形，後端有明顯的葉狀突。翅表褐色，無紋，翅基有同色長毛，翅中央至後緣約 1／4 處有一黑色條狀性標。翅腹面底色褐色，上泛藍紫色金屬光澤，並有不同程度之淺黃綠色部分。前翅後側有一塊淺黃褐色斑。後翅中室端有一模糊的小白點。葉狀突呈黑褐色，其前方有一黃白色小紋。緣毛呈淺褐色。雌蝶於中室端、$M_3$ 室基部及 $CuA_2$ 室中央各有一枚明顯的半透明米黃色斑。有時於前緣外側接近翅頂處有一列同色小斑，排列與翅緣垂直。翅基生有淺黃褐色長毛，翅腹面色彩與雄蝶相近，但前翅之半透明米黃斑均見於相應位置。翅腹面金屬光澤的淺黃綠色部分比雄蝶發達。

## 生態習性 Behaviors

可能是世代重疊的多化性蝶種。成蝶飛行快速，好訪花，主要於午後、黃昏活動。

## 雌、雄蝶之區分 Distinctions between sexes

雄蝶翅面具有性標、缺乏淺色斑紋，雌蝶缺乏性標、在前翅翅面具有三枚半透明米黃色斑，翅頂附近也有同色小斑紋。

## 近似種比較 Similar species

在臺灣地區與本種形態相近者有無尾絨弄蝶及鐵色絨弄蝶，後者因翅腹面有金屬光澤較相似，但是鐵色絨弄蝶後翅腹面中室端位置有

| 分布 Distribution | 棲地環境 Habitats | 幼蟲寄主植物 Larval hostplants |
|---|---|---|
| 在臺灣地區目前已知棲息地限臺東蘭嶼。其他分布區域包括菲律賓、蘇拉威西、摩鹿加、巽它陸塊等地區。 | 熱帶雨林、海岸林。 | 豆科 Fabaceae 之蘭嶼魚藤？*Paraderris piscatoria*。取食部位是葉片。本種的寄主植物分類地位尚待進一步確認。 |

19~24mm

0~100m

一明顯白色斑點，本種則白色斑點模糊或完全消失。另外，本種在臺

灣地區只見於蘭嶼，後者則分布於臺灣本島。

160%

♂

1cm

♀

1cm

| 變異 Variations | 豐度／現狀 Status | 附記 Remarks |
|---|---|---|
| 翅腹面之藍紫色金屬光澤與淺黃綠色部分的發達程度個體變異顯著。 | 目前已知棲息地限於臺東蘭嶼，數量似乎不多。 | 在臺灣地區，本種遲至2006年才正式發現，2008年才作為新亞種命名發表，是臺灣蝶相的最新成員。有趣的是，蝴蝶通常越往熱帶色彩越鮮豔，本種的色彩卻愈往熱帶愈晦黯，蘭嶼的亞種是南風絨弄蝶分布最北端者，也是所有亞種當中斑紋最美麗者。 |

# 尖翅絨弄蝶

*Hasora chromus chromus* (Cramer)

▌模式產地：*chromus* Cramer, [1780]：印度。

| 英 文 名 | White-banded Awl |
|---|---|
| 別　　名 | 沖繩絨毛弄蝶、琉球絨毛弄蝶、雙斑趾弄蝶 |

## 形態特徵 Diagnostic characters

雌雄斑紋明顯相異。前翅翅形近於銳角等邊三角形，翅頂尖。後翅近橢圓形，翅後端具有明顯葉狀突。翅表底色暗褐色，前翅基半部覆黑褐色鱗，翅中央至後緣約1／4處有一灰色條狀斜行性標。翅基有泛綠色的黃灰色長毛。後翅翅基至臀區處生有大面積黃灰色長毛。翅腹面底色較背面為淺，為略帶黃灰色之褐色，並稍帶紫色光澤，前翅外側有一淺色帶，呈黃灰色，有時泛白，其內側有一片暗色區。後翅中央有一條縱走斜帶，呈白色而稍帶藍紫色。緣毛褐色。葉狀突部位有明顯黑褐色斑。雌蝶翅背面缺乏雄蝶所具有之黑褐鱗及性斑，且於 $M_3$ 及 $CuA_2$ 室近基部處各有一枚象牙色弦月紋，翅頂內側有時也有象牙色小斑，最多時可有兩枚。前翅於翅表小斑的相應位置有同樣的小斑。

## 生態習性 Behaviors

世代重疊的多化性蝶種。成蟲飛行活潑快速，不易觀察，好於黃昏、陰天時活動。

## 雌、雄蝶之區分 Distinctions between sexes

雄蝶翅面缺乏淺色斑紋並具有條狀性標，雌蝶則在前翅具有兩枚象牙色弦月紋並缺乏性標。

## 近似種比較 Similar species

在臺灣地區與本種形態相近者只有圓翅絨弄蝶，但本種前翅翅形較尖，雌蝶前翅中央後側的斑紋為弦月狀，翅背面長毛明顯帶有綠色色調。

| 分布 Distribution | 棲地環境 Habitats | 幼蟲寄主植物 Larval hostplants |
|---|---|---|
| 在臺灣地區主要分布於臺灣本島沿海及離島低海拔地區，其他分布區域涵蓋東洋區之華南、東南亞、南亞大部分地區，以及新幾內亞、澳洲，向東遠及斐濟、關島等地。 | 海岸林、公園、道路植栽附近等。 | 豆科 Fabaceae 之水黃皮 *Pongamia pinnata*。取食部位是葉片。 |

17~24mm

160%

0~500m

弄蝶科

絨弄蝶屬

♂

1cm

♀

1cm

| 變異 Variations | 豐度／現狀 Status | 附記 Remarks |
|---|---|---|
| 雌蝶翅表象牙色斑紋的大小變異頗大。 | 目前為數量豐富的常見種。 | 原先主要分布於臺灣本島沿海及離島有水黃皮生長的地方，後來水黃皮成為常用園藝植物與行道樹，尖翅絨弄蝶的棲息地也隨之擴大到島內城市、道路邊等地。臺灣地區的族群屬於指名亞種。 |

33

# 無尾絨弄蝶

*Hasora anura taiwana* Hsu, Tsukiyama & Chiba

▌模式產地：*anura* Niceville, 1889；錫金；*taiwana* Hsu, Tsukiyama & Chiba, 2005；臺灣。

| 英 文 名 | Slate Awl |
|---|---|
| 別　　名 | 無尾絨毛弄蝶、無趾弄蝶 |

弄蝶科

絨弄蝶屬

## 形態特徵 Diagnostic characters

雌雄斑紋明顯相異。前翅翅形近於直角三角形，外緣稍微呈弧形。後翅頗圓，葉狀突不明顯。翅表褐色，除了前翅前緣外側有數枚黃白色小點以外無紋，翅基有褐色長毛。翅腹面底色褐色。前、後翅外半部均有一斜行淺色線，後翅淺色線後端有一黃白色小紋。後翅中室端有一黃白色小點。緣毛呈淺褐色。雌蝶翅底色較暗，於中室端、$M_3$室基部及$CuA_2$室中央各有一枚明顯的半透明米黃色斑。另於前緣外側接近翅頂處有一列同色小斑，排列與翅緣垂直。翅基生有黃褐色長毛，翅腹面色彩與雄蝶相近，但前翅之半透明米黃斑均見於相應位置。

## 生態習性 Behaviors

一年一代，成蝶飛行快速，會訪花，雄蝶有吸水習性。冬季以成蟲態休眠越冬。

## 雌、雄蝶之區分 Distinctions between sexes

雄蝶翅面缺乏淺色斑紋，雌蝶則在前翅翅面具有三枚半透明米黃色斑，翅頂附近也有同色小斑紋。

## 近似種比較 Similar species

在臺灣地區與本種形態相近者有鐵色絨弄蝶及南風絨弄蝶。本種翅腹面缺乏金屬光澤，後翅缺乏葉狀突，鐵色絨弄蝶及南風絨弄蝶翅則腹面均具有明顯的金屬光澤，而且後翅有明顯葉狀突。

| 分布 Distribution | 棲地環境 Habitats | 幼蟲寄主植物 Larval hostplants |
|---|---|---|
| 主要分布於臺灣中部中海拔山地。其他亞種分布於華東、華南、華西、喜馬拉雅地區、印度阿薩密、中南半島北部等地區。 | 常綠闊葉林。 | 豆科Fabaceae之臺灣紅豆樹*Ormosia formosana*。取食部位是新芽、幼葉。 |

19~24mm

600~2500m

160%

1cm

♂

1cm

♀

| 變異 Variations | 豐度／現狀 Status | 附記 Remarks |
|---|---|---|
| 不顯著。 | 稀有種。 | 臺灣地區的無尾絨弄蝶過去被認為與中國大陸分布的亞種ssp. *china* Evans,1949（模式產地：四川）相同，Hsu *et al*.（2005）發現兩者在形態與利用的寄主植物上有明顯差異，而將臺灣分布之族群命名為亞種ssp. *taiwana*。 |

*35*

# 圓翅絨弄蝶

*Hasora taminatus vairacana* Fruhstorfer

▌模式產地：*taminatus* Hübner, [1818]：斯里蘭卡（"Surinam"）；*vairacana* Fruhstorfer, 1911：臺灣。

| 英 文 名 | Banded Awl |
| --- | --- |
| 別　　名 | 臺灣絨毛弄蝶、銀針趾弄蝶、苅藤絨弄蝶 |

## 形態特徵 Diagnostic characters

雌雄斑紋明顯相異。前翅翅形近於直角三角形，翅頂近圓弧狀。後翅近橢圓形，翅後端有明顯葉狀突。翅表底色呈暗褐色，前翅基半部覆有黑褐色鱗，翅中央至後緣約1／3處有一黑色線形性標，縱走但前端向外彎曲。後翅翅基至臀區處生有大面積黃灰色長毛。翅腹面底色較背面淺，呈略帶黃灰色之褐色，稍帶紫色光澤，前翅有一片寬闊的暗色區。後翅中央有一條縱走斜帶，呈白色。臀區葉狀突有一大塊黑褐色斑。緣毛呈暗褐色。雌蝶葉背面無雄蝶所具有之黑褐鱗及性標，且於$M_3$及$CuA_2$室近基部處各有一枚象牙色斑。前翅於翅背面小斑之相應部位亦有同樣的小斑。

## 生態習性 Behaviors

多化性蝶種。成蝶飛行活潑快速，好訪花，雄蝶會到溼地吸水。

## 雌、雄蝶之區分 Distinctions between sexes

雄蝶翅面缺乏淺色斑紋並具有條狀性標，雌蝶則在前翅具有兩枚象牙色弦月紋並缺乏性標。

## 近似種比較 Similar species

在臺灣地區與本種形態相近者只有尖翅絨弄蝶，但本種前翅翅形較圓，雌蝶前翅中央後側的斑紋為橢圓形或圓形，翅背面長毛不帶綠色色調。

| 分布 Distribution | 棲地環境 Habitats | 幼蟲寄主植物 Larval hostplants |
| --- | --- | --- |
| 廣泛分布於臺灣本島全島低、中海拔山區，離島蘭嶼也有發現記錄。其他亞種分布於華南、華西、中南半島、南亞、東南亞等地區。 | 常綠闊葉林。 | 豆科Fabaceae之蕗藤*Milletia pachycarpa*及疏花魚藤*Derris laxiflora*。取食部位是葉片。 |

16~22mm

1 2 3 4 5 6 7 8 9 10 11 12

200~2500m

弄蝶科

絨弄蝶屬

高溫型（雨季型）

160%

♂

1cm

♀

1cm

| 變異 Variations | 豐度／現狀 Status | 附記 Remarks |
|---|---|---|
| 低溫型（乾季型）翅腹面白色細帶模糊。雌蝶翅表象牙色斑紋的大小變異頗大。 | 目前為數量尚多的常見種。 | 徐（2002）曾將光葉魚藤 *Derris nitida* 亦列為本種在臺灣地區的寄主植物，該記錄實係疏花魚藤的錯誤鑑定。 |

弄蝶科

絨弄蝶屬

低溫型（乾季型）

1cm

160%

♂

♀

1cm

# 長翅弄蝶屬 *Badamia* Moore, [1881]

模式種 Type Species | *Papilio exclamationis* Fabricius, 1775，即長翅弄蝶 *Badamia exclamationis*（Fabricius, 1775）。

## 形態特徵與相關資料 Diagnosis and other information

　　中大型弄蝶。擁有弄蝶中最修長的前翅，後翅輪廓凹凸明顯。雄蝶後足脛節具有一淺褐色硬毛束，收藏於後胸與腹部間的溝槽中。

　　長翅弄蝶屬只有2種，其中的長翅弄蝶以其長距離遷移的能力著稱，分布廣泛而且缺乏亞種分化。本屬的另一種，太平洋長翅弄蝶*B. atrox*（Butler, 1877）（模式產地：南太平洋忠誠列島之利弗島 Lifu Island）則缺乏遷移性而分布限於大洋洲西部。

　　成蝶於日間活動，訪花性明顯。

　　幼蟲以黃褥花科Malpighiaceae及使君子科Combretaceae等植物為寄主植物。

　　分布於臺灣地區的種類有一種。

・*Badamia exclamationis*（Fabricius, 1775）（長翅弄蝶）

長翅弄蝶雄蝶後足脛節硬毛束與胸腹間收藏溝槽

# 長翅弄蝶

*Badamia exclamationis* (Fabricius)

▌模式產地：*exclamationis* Fabricius, 1775：南印度。

| 英 文 名 | Brown Awl |
|---|---|
| 別　　名 | 淡綠弄蝶、猿尾藤弄蝶、窄翅角紋弄蝶 |

## 形態特徵 Diagnostic characters

前翅修長，近於鈍角三角形。後翅外緣弧形而於2A脈末端突出呈角狀。翅背面底色褐色，翅基附近具淺黃灰色及褐色毛，尤以後翅沿內緣最為濃密。前翅中室、$M_3$、$CuA_1$、$CuA_2$各室有黃白色斑紋，前緣接近翅頂處有時可見數枚同色小點。黃白色斑紋以雌蝶較為發達。腹部形成由深褐色與黃白色交錯分布的斑紋。緣毛褐色。雄蝶後足脛節具有收藏於後胸與腹部的溝槽中的淺褐色硬毛束。

## 生態習性 Behaviors

世代重疊的多化性蝶種。成蝶飛行快速，好訪花。

## 雌、雄蝶之區分 Distinctions between sexes

雌蝶後足脛節缺乏硬毛束，前翅白黃色斑紋通常比雄蝶來得大型而明顯。

## 近似種比較 Similar species

在臺灣地區沒有類似的種類。

| 分布 Distribution | 棲地環境 Habitats | 幼蟲寄主植物 Larval hostplants |
|---|---|---|
| 廣泛分布於臺灣本島低、中海拔地區，以中、南部較常見。離島蘭嶼亦有分布。臺灣地區以外廣泛分布於東洋區及澳洲區之廣大地域。 | 常綠闊葉林、海岸林、熱帶雨林。 | 在臺灣地區以猿尾藤*Hiptage benghalensis*、西印度櫻桃（巴貝多櫻桃）*Malpighia glabra*等黃褥花科Malpighiaceae植物為幼蟲寄主植物。取食部位是新芽、幼葉。 |

22~29mm

0~1500m

| 1 | 2 | 3 | 4 | 5 | 6 | 7 | 8 | 9 | 10 | 11 | 12 |

130%

♂

1cm

♀

1cm

| 變異 Variations | 豐度／現狀 Status | 附記 Remarks |
|---|---|---|
| 前翅白黃色斑紋的大小富個體變異，翅頂附近的小斑點常消失。 | 目前數量尚多。 | 本種最顯著的特徵是其修長的前翅。在國外有許多長翅弄蝶作長距離遷移的觀察。棲息在東南亞的長翅弄蝶依翅形而有「長翅型」與「短翅型」之分，有些意見認為這兩種翅型可能類似蝗蟲的情形，分別代表遷移性強的群居型與遷移性弱的獨居型。 |

# 綠弄蝶屬

*Choaspes* Moore, [1881]

模式種 Type Species | *Hesperia benjaminii* Guérin-Ménéville, 1843，即綠弄蝶*Choaspes benjaminii*（Guérin-Ménéville, 1843）。

## 形態特徵與相關資料 Diagnosis and other information

中大型弄蝶。體型壯碩，擁有鮮豔的藍、綠色翅膀，後翅臀區並鑲有橙、黃色斑紋。雄蝶後足脛節基部生有兩組長毛束（毛筆器），其中一組位於內側，長度較短而與長翅弄蝶同位置毛束類似，收藏於後胸與腹部的溝槽中，另一組位於外側，長度較長，於後足脛節後段的毛狀鱗叢內側。部分種類的雄蝶在前、後翅背面均具有性標。

本屬約有8種，主要分布於東洋區，但是也延伸至澳洲區西部的蘇拉威西、新幾內亞及舊北區的日本、朝鮮半島等地區。

成蝶主要於黃昏及陰天活動，有訪花性及溼地吸水習性。本種的鮮豔色彩被懷疑可能是對有毒、難吃燈蛾或夜蛾的擬態，也可能綠弄蝶本身便有毒、難吃。

幼蟲以清風藤科 Sabiaceae 植物為寄主植物。

分布於臺灣地區的種類有兩種。

- *Choaspes benjaminii formosanus*（Fruhstorfer, 1911）（綠弄蝶）
- *Choaspes xanthopogon chrysopterus* Hsu, 1988（褐翅綠弄蝶）

臺灣地區
## 檢索表　　　　　　　　　　　　　　　　　　　綠弄蝶屬

Key to species of the genus *Choaspes* in Taiwan

❶ 雄蝶翅背面底色暗藍綠色；雌蝶翅背面基部長毛藍綠色 .............................
............................................................. *benjaminii*（綠弄蝶）

雄蝶翅背面底色褐色；雌蝶翅背面基部長毛淺藍色 .....................................
............................................................. *xanthopogon*（褐翅綠弄蝶）

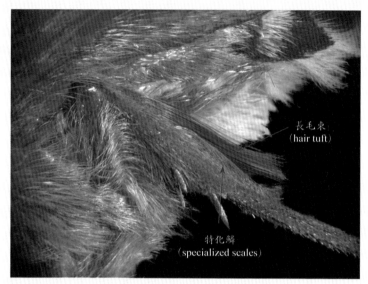

長毛束 (hair tuft)

特化鱗 (specialized scales)

綠弄蝶雄蝶後足脛節外側毛束

綠弄蝶終齡幼蟲 Final instar larva of *Choaspes benjamini formosanus* （南投縣鹿谷鄉鳳凰谷，750 m，2012. 07. 08.）。

# 綠弄蝶

*Choaspes benjaminii formosanus* (Fruhstorfer)

▌模式產地：*benjaminii* Guérin-Ménéville, 1843；印度；*formosanu*s Fruhstorfer, 1911；臺灣。

| 英 文 名 | Indian Awlking |
|---|---|
| 別　　名 | 大綠弄蝶 |

弄蝶科

綠弄蝶屬

## 形態特徵 Diagnostic characters

　　雌雄斑紋相似。下唇鬚第一、二節粗而覆橙黃色鱗，第三節細小而呈黑褐色。胸部背側覆藍褐色長毛，腹部腹面有橙黃色斑紋。前翅翅形近於三角形，外緣稍微呈弧形。後翅頗圓，臀區有一葉狀突。翅表底色暗藍綠色，翅基部有藍綠色長毛，後翅臀區沿外緣有橙紅色斑紋。翅腹面底色綠色，沿翅脈覆黑褐色鱗，後翅臀區附近有橙紅色及黑褐色斑紋。緣毛除了臀區附近為橙紅色以外呈褐色。雌蝶翅面底色較雄蝶暗色，藍綠色長毛與底色的對比較顯著。雄蝶後足脛節基部生有兩組黃褐色長毛束。

## 生態習性 Behaviors

　　多化性蝶種。成蝶飛行快速，好訪花。雄蝶有溼地吸水習性。冬季以幼蟲態休眠越冬。

## 雌、雄蝶之區分 Distinctions between sexes

　　雌蝶後足脛節缺乏長毛束，翅背面底色深致使翅基長毛與底色對比較雄蝶明顯。

## 近似種比較 Similar species

　　在臺灣地區與本種類似的種類僅有褐翅綠弄蝶一種。本種的翅背面底色呈暗藍綠色，褐翅綠弄蝶則呈褐色或黑褐色。另外，本種雌蝶翅背面基部長毛呈藍綠色，褐翅綠弄蝶則呈淺藍色。

| 分布 Distribution | 棲地環境 Habitats | 幼蟲寄主植物 Larval hostplants |
|---|---|---|
| 廣泛分布於臺灣本島低、中海拔地區。離島蘭嶼亦有發現記錄，應無常駐族群。臺灣地區以外分布於東洋區大陸部分及大陸性島嶼。 | 常綠闊葉林。 | 在臺灣地區以山豬肉*Meliosma rhoifolia*、綠樟*M. squamulata*、筆羅子*M. rigida*、紫珠葉泡花樹*M. callicarpifolia*等清風藤科Sabiaceae植物為幼蟲寄主植物。取食部位是葉片。 |

22~27mm

0~2500m

140%

1cm

♂

♀

1cm

| 變異 Variations | 豐度 / 現狀 Status | 附記 Remarks |
|---|---|---|
| 不顯著。 | 雖然在臺灣分布普遍，但是數量一般不多。 | 有些意見認為亞種 ssp. *formosanus* 與翅色偏綠的亞種 ssp. *japonica*（Murray, 1875）（模式產地：日本）分別代表氣候較寒冷的地區的夏型與春型，因此可視為同一亞種。若從此說，則 *japonica* 有命名法上的優先權。 |

# 褐翅綠弄蝶

*Choaspes xanthopogon chrysopterus* Hsu

▌模式產地：*xanthopogon* Kollar, [1844]：喜馬拉雅（尼泊爾）；*chrysopterus* Hsu, 1988：臺灣。

英文名 | Similar Awlking

別　名 | 黃毛綠弄蝶、黃色綠弄蝶

弄蝶科

綠弄蝶屬

## 形態特徵 Diagnostic characters

雌雄斑紋相異。下唇鬚第一、二節粗而覆橙黃色鱗，第三節細小而呈黑褐色。雄蝶胸部背側長毛綠褐色，雌蝶淺藍色，兩者腹部腹面均有橙黃色斑紋。前翅翅形近於三角形，外緣稍微呈弧形。後翅頗圓，臀區有一葉狀突。雄蝶翅表底色褐色，翅基部有具金屬光澤的綠褐色長毛；雌蝶翅表底色黑褐色，翅基部有淺藍色長毛。後翅臀區沿外緣有橙紅色斑紋。翅腹面底色綠色，沿翅脈覆黑褐色鱗，後翅臀區附近有橙紅色及黑褐色斑紋。緣毛除了臀區附近為橙紅色以外呈褐色。雄蝶後足脛節基部生有兩組褐色長毛束。

## 生態習性 Behaviors

化性尚未充分瞭解，不過似乎一年至少有兩世代。成蝶於黃昏及陰天活動，飛行快速，好訪花。冬季以幼蟲態休眠越冬。

## 雌、雄蝶之區分 Distinctions between sexes

雄蝶後足脛節具有長毛束，翅背面底色褐色，翅基長毛綠褐色。雌蝶後足脛節缺乏長毛束，翅背面底色呈黑褐色，翅基長毛則呈淺藍色。

## 近似種比較 Similar species

在臺灣地區與本種類似的種類只有綠弄蝶一種。本種的翅背面底色呈褐色或黑褐色，綠弄蝶則為暗藍綠色。另外，本種雌蝶翅背面基部長毛呈淺藍色，綠弄蝶則為藍綠色。

| 分布　Distribution | 棲地環境　Habitats | 幼蟲寄主植物　Larval hostplants |
|---|---|---|
| 一般分布於臺灣本島中、高海拔山地，但在北部可棲息在海拔較低的森林中。臺灣以外分布於臺馬拉雅、中南半島北部、華西、華西南等地區。 | 常綠闊葉林。 | 在臺灣地區以清風藤科Sabiaceae的阿里山清風藤 *Sabia transarisanensis* 及臺灣清風藤 *S. swinhoei* 為幼蟲寄主植物。取食部位是葉片。 |

20~24mm

300~2500m

弄蝶科

綠弄蝶屬

140%

1cm

♂

♀

1cm

| 變異 Variations | 豐度／現狀 Status | 附記 Remarks |
|---|---|---|
| 不顯著。 | 數量一般不多。 | 由於褐翅綠弄蝶成蝶於黃昏及陰天活動，致使牠遲至 1986 年才被發現。<br>有些意見認為褐翅綠弄蝶在臺灣的族群屬於分布於亞洲大陸的指名亞種，由於褐翅綠弄蝶不見於鄰近臺灣的華東、華南地區，本書暫保留使用臺灣亞種之亞種名。 |

# 帶弄蝶屬 *Lobocla* Moore, [1884]

模式種 Type Species | *Plesioneura liliana* Atkinson, 1871，即帶弄蝶
*Lobocla liliana*（Atkinson, 1871）。

## 形態特徵與相關資料 Diagnosis and other information

中型弄蝶。翅膀底色主要呈暗褐色，而於前翅有明顯的斜行白帶。雄蝶前翅前緣具有內藏細密棉毛的前緣褶。除此構造以外雌雄二型性不發達。

本屬有7種，主要分布於東洋區大陸及大陸性島嶼，也延伸至舊北區東部。

成蝶棲息於闊葉林林地，有訪花性。

幼蟲以豆科Fabaceae植物為寄主植物。

分布於臺灣地區的種類有一種。

· *Lobocla bifasciata kodairai*（Sonan, 1936）（雙帶弄蝶）

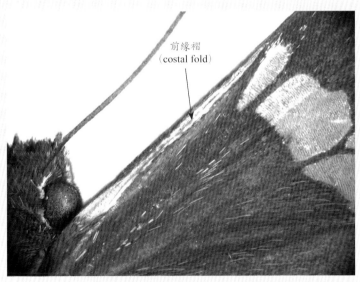

前緣褶
（costal fold）

雙帶弄蝶前翅前緣褶及其內之綿毛

雙帶弄蝶*Lobocla bifasciata kodairai*（南投縣仁愛鄉能高越嶺道，
1600m，2012. 07. 06.）。

脈葉木藍葉上巢內之雙帶弄蝶幼蟲Larva of *Lobocla bifasciata*
*kodairai* in an opened shelter on a leaflet of *Indigofera venulosa*（臺
中市和平區谷關，1000m，2011. 08. 12.）。

# 雙帶弄蝶

*Lobocla bifasciata kodairai* (Sonan)

▌模式產地：*bifasciata* Bremer & Grey 1853：北京；*kodairai* Sonan, 1936：臺灣。

| 英 文 名 | Marbled Flat |
| --- | --- |
| 別　　名 | 白紋弄蝶 |

## 形態特徵 Diagnostic characters

雌雄斑紋相似。除了下唇鬚呈灰白色外軀體黑褐色。前翅翅形接近直角三角形，但外緣呈弧形。後翅甚圓，但翅後端略為突出。雄蝶翅背面底色暗褐色，前翅中央有一邊緣不整齊的白帶，靠近翅頂處有三枚小白點，$M_1$ 及 $M_2$ 室中央各有一枚小白斑。前翅前緣具有前緣褶。翅腹面底色與白紋與背面相同，後翅有灰白色與淺紫色鱗形成的雲狀紋。雌蝶前翅缺乏前緣褶。

## 生態習性 Behaviors

一年一化，成蝶於夏季出現。成蟲飛行快速，會訪花。冬季以老熟幼蟲態越冬。

## 雌、雄蝶之區分 Distinctions between sexes

雌蝶前翅前緣缺乏前緣褶，翅形較雄蝶寬闊，M 室內白斑較雄蝶明顯。

## 近似種比較 Similar species

在臺灣地區與本種相似的是袖弄蝶屬之種類，但本種前翅 $M_3$ 室基部有明顯三角形白斑，與中央白帶緊密相接，袖弄蝶類則在 $M_3$ 室最多只見一小白點，且遠離中央斑帶。

| 分布 Distribution | 棲地環境 Habitats | 幼蟲寄主植物 Larval hostplants |
| --- | --- | --- |
| 在臺灣地區主要分布於臺灣本島中海拔地區，其他分布區域涵蓋中國大陸東南半壁及朝鮮半島。 | 常綠闊葉林。 | 在臺灣地區以豆科 Fabaceae 的脈葉木藍 *Indigofera venulosa*、山黑扁豆 *Dumasia villosa* 及苗栗野紅豆 *D. miaoliensis* 等植物為幼蟲寄主植物。取食部位是葉片。 |

19~24mm

500~2500m

1 2 3 4 5 6 7 8 9 10 11 12

150%

1cm

♂

1cm

♀

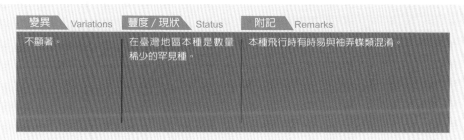

| 變異 Variations | 豐度 / 現狀 Status | 附記 Remarks |
|---|---|---|
| 不顯著。 | 在臺灣地區本種是數量稀少的罕見種。 | 本種飛行時有時易與袖弄蝶類混淆。 |

# 星弄蝶屬 *Celaenorrhinus* Hübner, [1819]

模式種 Type Species | *Papilio eligius* Stoll, [1781]，即星弄蝶 *Celaenorrhinus eligius*（Stoll, [1781]）。

## 形態特徵與相關資料 Diagnosis and other information

　　中型弄蝶。翅形寬闊，膀底色主要呈暗褐色，而於前翅有白色或黃色的帶紋或斑點，後翅通常綴有白色或黃色的小斑點。雄蝶有許多第二性徵，包括後足脛節具有一長毛束、胸部腹面於後端有一團特化鱗，以及第二腹節腹面有一對線形發香袋。除此等構造以外在外觀上雌雄二型性不發達。本屬有許多外型酷似的種類，是臺灣地區種類鑑定最困難的弄蝶類群之一。

　　本屬約有90種，分布呈泛熱帶分布，可見於亞洲、非洲及美洲熱帶。

　　本屬成員為森林性蝶類，有訪花性。

　　幼蟲以爵床科Acanthaceae、蕁麻科Urticaceae及木犀科Oleaceae等植物為寄主植物。

　　目前臺灣地區記錄有7種，但是其中的魑魅星弄蝶*C. chihhsiaoi* Hsu, 1990分類地位有疑義，本書暫不包含之。

- *Celaenorrhinus pulomaya formosanus* Fruhstorfer, 1909（尖翅星弄蝶）
- *Celaenorrhinus kurosawai* Shirôzu, 1960（黑澤星弄蝶）
- *Celaenorrhinus ratna* Fruhstorfer, 1908（小星弄蝶）
- *Celaenorrhinus horishanus* Shirôzu, 1960（埔里星弄蝶）
- *Celaenorrhinus major* Hsu, 1990（臺灣流星弄蝶）
- *Celaenorrhinus maculosus taiwanus* Matsumura, 1919（大流星弄蝶）

臺灣地區

## 檢索表　　　　　　　　　　　　　　　　星弄蝶屬

Key to species of the genus *Celaenorrhinus* in Taiwan

❶ 後翅腹面基部有放射狀黃色條紋 ............................................................❷

　後翅腹面基部無放射狀黃色條紋 ............................................................❸

❷ 前翅$M_3$室白斑大於$CuA_2$室白斑 ..............................*major*（臺灣流星弄蝶）

　前翅$M_3$室白斑小於$CuA_2$室白斑 ..........................*maculosus*（大流星弄蝶）

❸ 前翅背面CuA$_2$室外端有兩枚白斑 ......................................................... ❹
前翅背面CuA$_2$室外端只有一枚白斑，若有兩枚斑點，則内側斑呈黃色 ........
.................................................................................. *pulomaya*（尖翅星弄蝶）

❹ 前翅背面中央白斑列前方無黃色細紋 ...................................................... ❺
前翅背面中央白斑列前方有一黃色細線紋 .......... *horishanus*（埔里星弄蝶）

❺ 後翅背面黃斑鮮明 ............................................................ *ratna*（小星弄蝶）
後翅背面黃斑不鮮明 ............................................ *kurosawai*（黑澤星弄蝶）

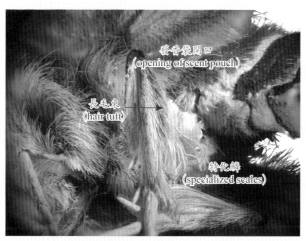

大流星弄蝶雄蝶第二性徵側面觀

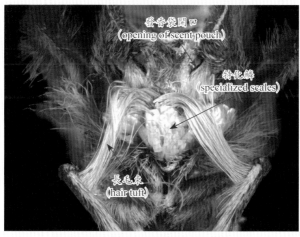

埔里星弄蝶雄蝶第二性徵腹面觀

# 尖翅星弄蝶

 特有亞種

*Celaenorrhinus pulomaya formosanus* Fruhstorfer

弄蝶科

星弄蝶屬

模式產地：*pulomaya* Moore, 1865；錫金；*formosanua* Fruhstorfer, 1909；臺灣。

| 英 文 名 | Angled Flat |
|---|---|

| 別　　名 | 蓬萊小黃紋弄蝶、臺灣小黃紋弄蝶、尖翅小星弄蝶、璞小星弄蝶 |
|---|---|

## 形態特徵 Diagnostic characters

雌雄斑紋相似。觸角末端錘部基部具一不鮮明的白黃色環。腹部背側褐色，有時有不鮮明的黃色細環，腹側黃黑相間。前翅翅形接近三角形，外緣長度超過內緣或與內緣等長。外緣在雄蝶近於直線狀，雌蝶呈弧形。後翅甚圓。翅背面底色暗褐色。前翅中室端及$CuA_1$室中央各有一鮮明白斑。$M_3$室基部有一枚小白斑。$CuA_2$室外端有一枚或兩枚淺色小斑，若只有一枚，則為白斑，若有兩枚，則內側斑呈黃色或黃白色。$M_1$、$M_2$室中央各有一枚小白紋。翅頂附近另有三枚排成一列的小白紋。後翅綴有許多細小黃色斑紋，緣毛黃黑相間，黃色部分白色、白黃色或黃色。翅腹面斑紋色彩與背面相似。雄蝶後足脛節長毛束呈泛淺褐色之黃白色。

## 生態習性 Behaviors

一年一化，成蝶於夏季出現。成蟲於林床上、林緣活動，飛行靈敏活潑，會訪花。

## 雌、雄蝶之區分 Distinctions between sexes

雌蝶缺乏雄蝶所具有的第二性徵。

## 近似種比較 Similar species

在臺灣地區本種與其他星弄蝶屬種類外形特徵可資之處包括以下幾點：1.本種前翅外緣長度超過內緣或與內緣等長，其他星弄蝶的前翅外緣長度則短於內緣；2.本種前翅背面$CuA_2$室外端只有一枚小白斑，若有兩枚，則外側斑白色、內側斑黃色或黃白色。

| 分布 Distribution | 棲地環境 Habitats | 幼蟲寄主植物 Larval hostplants |
|---|---|---|
| 在臺灣地區分布於臺灣本島中海拔地區，臺灣以外分布於喜馬拉雅、華西及華西南等地區。 | 常綠闊葉林。 | 以爵床科Acanthaceae之臺灣馬藍*Strobilanthes formosanus*及曲莖馬藍*S. flexicaulis*等植物為寄主植物。 |

1 2 3 4 5 6 7 8 9 10 11 12

140%

1cm

♂

1cm

♀

| 變異 Variations | 豐度／現狀 Status | 附記 Remarks |
|---|---|---|
| 前翅背面CuA$_2$室外端之內側斑常消失；後翅黃色小斑點鮮明程度多變異。 | 目前數量尚多。 | 由於前翅外緣呈直線狀，使本種前翅翅頂外觀上特別尖。另外，本種和黑澤星弄蝶是臺灣星弄蝶屬中體型最小的種類。 |

# 黑澤星弄蝶

特有種

*Celaenorrhinus kurosawai* Shirôzu

▌模式產地：*kurosawai* Shirôzu, 1960：臺灣。

| 英 文 名 | Kurosawa's Flat |
| --- | --- |
| 別　　名 | 姬小黃紋弄蝶、黑澤小星弄蝶 |

## 形態特徵 Diagnostic characters

雌雄斑紋相似。觸角末端錘部基部具一鮮明白環。腹部背側褐色，有時有不鮮明的黃色細環，腹側黃黑相間。前翅翅形接近三角形，外緣弧形。後翅甚圓。翅背面底色暗褐色。前翅中室端及$CuA_1$室中央各有一鮮明白斑。$M_3$室基部有一枚、$CuA_2$室外端有兩枚較小白斑。$M_1$、$M_2$室中央各有一枚小白紋。翅頂附近另有三枚排成一列的小白紋。中室白斑前方時有黃色小紋。後翅綴有黃色斑紋，但常消退而模糊不清，緣毛黃黑相間，黃色部分白色或淡黃色。翅腹面斑紋色彩與背面相似，但後翅黃紋常較背面鮮明。雄蝶後足脛節長毛束淺褐色。

## 生態習性 Behaviors

一年一化，成蝶於夏季出現。成蟲於林床上活動，飛行靈敏活潑，會訪花。

## 雌、雄蝶之區分 Distinctions between sexes

雌蝶缺乏雄蝶所具有的第二性徵。

## 近似種比較 Similar species

體型小、後翅黃紋不鮮明的特點與尖翅星弄蝶相似，但是本種前翅內緣較外緣長後、$CuA_2$室外端有兩枚鮮明的小白斑。

| 分布 Distribution | 棲地環境 Habitats | 幼蟲寄主植物 Larval hostplants |
| --- | --- | --- |
| 主要分布於臺灣本島中海拔地區。 | 常綠闊葉林。 | 以爵床科 Acanthaceae 之蘭嵌馬藍 *Strobilanthes rankanensis* 等植物為寄主植物。 |

| 1 | 2 | 3 | 4 | 5 | 6 | 7 | 8 | 9 | 10 | 11 | 12 |

140%

弄蝶科

星弄蝶屬

1cm

♂

♀

1cm

| 變異 Variations | 豐度／現狀 Status | 附記 Remarks |
|---|---|---|
| 前翅CuA₁室白斑前方的黃色小紋頗多變異。腹部黃色細環有時消失。 | 一般數量不多。 | 本種和尖翅星弄蝶是臺灣星弄蝶屬中體型最小的種類。 |

# 小星弄蝶

特有亞種

*Celaenorrhinus ratna* Fruhstorfer

▌模式產地：*ratna* Fruhstorfer, 1908：臺灣。

| 英 文 名 | Fruhstorfer's Flat |
|---|---|
| 別　　名 | 白鬚小黃紋弄蝶、白鬚小星弄蝶、暗色斑裳弄蝶 |

## 形態特徵 Diagnostic characters

雌雄斑紋相似。觸角末端錘部基部具一鮮明白環。腹部黃黑相間。前翅翅形接近三角形，外緣弧形。後翅甚圓。翅背面底色暗褐色。前翅中室端及$CuA_1$室中央各有一鮮明白斑。$M_3$室基部有一枚、$CuA_2$室外端有兩枚較小白斑。$M_1$、$M_2$室中央各有一枚小白紋。翅頂附近另有三枚排成一列的小白紋。後翅綴有鮮明黃色斑紋，緣毛黃黑相間，黃色部分白黃色、黃色或橙色。翅腹面斑紋色彩與背面相似，但後翅黃紋常較背面鮮明。雄蝶後足脛節長毛束呈泛淺褐色之黃白色。

## 生態習性 Behaviors

一年兩化，成蝶於夏至秋季出現。成蟲好於林床、溪澗活動，飛行靈敏活潑，會訪花。

## 雌、雄蝶之區分 Distinctions between sexes

雌蝶缺乏雄蝶所具有的第二性徵。

## 近似種比較 Similar species

本種觸角有白環的特徵與黑澤星弄蝶相似，但是本種體型較後者大，後翅黃紋也較後者鮮明。

| 分布 Distribution | 棲地環境 Habitats | 幼蟲寄主植物 Larval hostplants |
|---|---|---|
| 在臺灣主要分布於臺灣本島中海拔地區。臺灣以外分布於華西南及喜馬拉雅地區。 | 常綠闊葉林。 | 以爵床科Acanthaceae之臺灣馬藍*Strobilanthes formosanus*、蘭嵌馬藍*S. rankanensis*、曲莖馬藍*S. flexicaulis*等植物為寄主植物。 |

21~23mm

| 1 | 2 | 3 | 4 | 5 | 6 | 7 | 8 | 9 | 10 | 11 | 12 |

1000~2000m

110%

1cm

♂

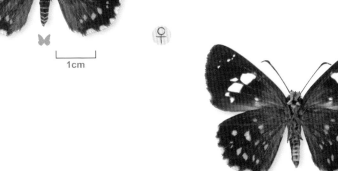

♀

1cm

| 變異 Variations | 豐度／現狀 Status | 附記 Remarks |
|---|---|---|
| 後翅緣毛黃色部分色調深淺有變異，後翅黃色小斑點鮮明程度變化也多。 | 一般數量不多。 | 本種是目前臺灣產星弄蝶中唯一已知非年一化的種類。 |

# 埔里星弄蝶

特有種

*Celaenorrhinus horishanus* Shirôzu

┃模式產地：*horishanus* Shirôzu, 1960；臺灣。

| 英 文 名 | Puli Flat |
|---|---|
| 別 名 | 埔里小黃紋弄蝶、埔里小星弄蝶、臺灣星弄蝶 |

## 形態特徵 Diagnostic characters

雌雄斑紋相似。觸角末端錘部基部常具一不鮮明之白環。腹部背側褐色，有時有不鮮明的黃色細環，腹側黃黑相間。前翅翅形接近三角形，外緣弧形。後翅甚圓。翅背面底色暗褐色。前翅中室端及$CuA_1$室中央各有一大型白斑。$M_3$室基部有一枚、$CuA_2$室外端有兩枚較小白斑。$M_1$、$M_2$室中央各有一枚小白紋。翅頂附近另有三枚排成一列的小白紋。$CuA_1$室白斑前方時有黃色短線紋。後翅綴有鮮明黃色斑紋，緣毛白黑相間，白色部分乳白色或黃白色。翅腹面斑紋色彩與背面相似，但後翅黃紋常較背面鮮明。雄蝶後足脛節長毛束呈泛淺褐色之黃白色。

## 生態習性 Behaviors

一年一代，成蝶於春季至初夏活動。成蟲好於林床、溪澗活動，飛行靈敏活潑，會訪花。

## 雌、雄蝶之區分 Distinctions between sexes

雌蝶缺乏雄蝶所具有的第二性徵。

## 近似種比較 Similar species

與臺灣產其他星弄蝶比較，本種前翅$CuA_1$室白斑顯得格外狹長。前翅背面中室白斑前方的黃色短線紋也以本種最明顯。

| 分布 Distribution | 棲地環境 Habitats | 幼蟲寄主植物 Larval hostplants |
|---|---|---|
| 分布於臺灣本島低、中海拔地區。 | 常綠闊葉林。 | 以爵床科Acanthaceae之臺灣馬藍*Strobilanthes formosanus*、蘭嵌馬藍*S. rankanensis*、曲莖馬藍*S. flexicaulis*、長穗馬蘭*S. longespicatus*等植物為寄主植物。 |

20~23mm

3000
2000
1000
0

500~2000m

1 2 3 4 5 6 7 8 9 10 11 12

1cm

♂

140%

1cm

♀

| 變異 Variations | 豐度/現狀 Status | 附記 Remarks |
|---|---|---|
| 前翅白色斑紋之大小及形狀、後翅黃色小斑點鮮明程度多變化頗。CuA₁室白斑前方黃色短線紋有時消失。 | 局部地區較常見以外，一般數量不多。 | 同宗星弄蝶Celaenorrhinus consanguinea Leech, 1891（模式產地：四川）與本種近似，關係有待探討。另外最初因交尾器構造與本種有異而分離的魑魅星弄蝶C. chihhsiaoi Hsu, 1990（模式產地：臺灣）分類地位有待檢討。本種在臺灣通常是出現季節最早的星弄蝶。 |

# 臺灣流星弄蝶

特有種

*Celaenorrhinus major* Hsu

▌模式產地：*major* Hsu, 1990：臺灣。

| 英 文 名 | Taiwan Spotted Flat |
|---|---|
| 別 名 | 江崎小黃紋弄蝶 |

弄蝶科

星弄蝶屬

## 形態特徵 Diagnostic characters

雌雄斑紋相似。觸角末端錘部基部具一不鮮明黃白環。腹部色彩黃黑相間。前翅翅形接近三角形，外緣弧形。後翅甚圓。翅背面底色暗褐色。前翅中室端及$CuA_1$室中央各有一鮮明白斑。$M_3$室基部有一枚、$CuA_2$室外端有兩枚較小白斑，前者較後者大型或大小相若。$M_1$、$M_2$室中央各有一枚小白紋。翅頂附近另有三枚排成一列的小白紋。後翅綴有許多鮮明的黃色斑紋，緣毛黃黑相間，但前端黃色部分常消退。翅腹面斑紋色彩與背面相似，但翅基有作放射狀排列的黃色條紋。雄蝶後足脛節長毛束白色。

## 生態習性 Behaviors

一年一化，成蝶於初夏出現。成蟲於林床上活動，飛行靈敏活潑，會訪花。

## 雌、雄蝶之區分 Distinctions between sexes

雌蝶缺乏雄蝶所具有的第二性徵。

## 近似種比較 Similar species

在臺灣地區與本種最近似的種類是大流星弄蝶，後者除了體型較大、出現季節較遲以外，外部形態上最容易區別的特徵是大流星弄蝶前翅$M_3$室基部小白斑小於$CuA_2$室外端的小白斑。

| 分布 Distribution | 棲地環境 Habitats | 幼蟲寄主植物 Larval hostplants |
|---|---|---|
| 主要分布於臺灣本島中海拔地區。 | 常綠闊葉林。 | 以蕁麻科Urticaceae冷水麻類*Pilea* spp.為寄主植物。 |

| 1 | 2 | 3 | 4 | 5 | 6 | 7 | 8 | 9 | 10 | 11 | 12 |

20~22mm

1000~2000m

140%

弄蝶科

星弄蝶屬

1cm

♂

1cm

♀

| 變異 Variations | 豐度／現狀 Status | 附記 Remarks |
|---|---|---|
| 前翅白色斑紋之大小、形狀多變化。後翅外緣前端緣毛之黃色部分有時消退。 | 一般數量少。 | 本種原先被認為是華西地區分布的流星弄蝶 C. oscula Evans, 1949（模式產地：四川），Hsu（1990）根據外部特徵命名、記述為不同亞種 ssp. major。Devyatkin（2000）進一步將 major 升格為獨立種。 |

63

# 大流星弄蝶

特有亞種

*Celaenorrhinus maculosus taiwanus* Matsumura

▌模式產地：*maculosus* C. & R.Felder, [1867]：上海；*taiwanus* Matsumura, 1919：臺灣。

| 英 文 名 | Large Spotted Flat |
|---|---|
| 別 名 | 大型小黃紋弄蝶、斑星弄蝶 |

弄蝶科

星弄蝶屬

## 形態特徵 Diagnostic characters

雌雄斑紋相似。觸角末端錘部基部具一黃白環。腹部色彩黃黑相間。前翅翅形接近三角形，外緣弧形。後翅甚圓。翅背面底色暗褐色。前翅中室端及$CuA_1$室中央各有一鮮明白斑。$M_3$室基部有一枚、$CuA_2$室外端有兩枚較小白斑，前者較後者小型。$M_1$、$M_2$室中央各有一枚小白紋。翅頂附近另有三枚排成一列的小白紋。後翅綴有許多鮮明的黃色斑紋，緣毛黃黑相間，但前端黃色部分常消退。翅腹面斑紋色彩與背面相似，但翅基有作放射狀排列的黃色條紋。

## 生態習性 Behaviors

一年一化，成蝶於夏季出現。成蟲於林床上、林緣活動，飛行靈敏活潑，會訪花。

## 雌、雄蝶之區分 Distinctions between sexes

雌蝶缺乏雄蝶所具有的第二性徵。

## 近似種比較 Similar species

在臺灣地區與本種最近似的種類是臺灣流星弄蝶，後者除了體型較小、出現季節較早以外，其前翅$M_3$室基部小白斑大於$CuA_2$室外端的小白斑或兩者大小相若。

| 分布 Distribution | 棲地環境 Habitats | 幼蟲寄主植物 Larval hostplants |
|---|---|---|
| 在臺灣地區分布於臺灣本島中海拔地區，臺灣以外分布於華東、華中、華西及華南等地區。 | 常綠闊葉林。 | 以蕁麻科Urticaceae之長柄冷水麻 *Pilea angulata* 為寄主植物。 |

22~25mm

1 2 3 4 5 6 7 8 9 10 11 12

1000~2000m

120%

弄
蝶
科

星弄蝶屬

♂

1cm

♀

1cm

| 變異　Variations | 豐度 / 現狀　Status | 附記　Remarks |
|---|---|---|
| 前翅白色斑紋之大小、形狀變化頗多。後翅外緣前端緣毛之黃色部分有時消退。 | 目前數量尚多。 | 本種是目前臺灣已記錄星弄蝶中體型最大的種類，出現季節比其他的星弄蝶來得晚，大約8月才到高峰。 |

# 襟弄蝶屬

*Pseudocoladenia* Shirôzu & Saigusa, [1962]

模式種 Type Species | *Coladenia dan fabia* Evans, 1949，即黃襟弄蝶 *Pseudocoladenia dan fabia*（Evans, 1949）。

## 形態特徵與相關資料 Diagnosis and other information

中型弄蝶。翅底色主要呈黃褐色，前翅有明顯的半透明白斑，後翅有深褐色斑點。雄蝶後足脛節密被纓毛，除此構造以外雌雄二型性不發達。

本屬成員依意見不同包含1至數種，分布於東洋區。

成蝶棲息於闊葉林林地及溪流附近，有訪花性。

幼蟲以莧科Amaranthaceae植物為寄主植物。

分布於臺灣地區的種類有一種。

• *Pseudocoladenia dan sadakoe*（Sonan & Mitono, 1936）（黃襟弄蝶）

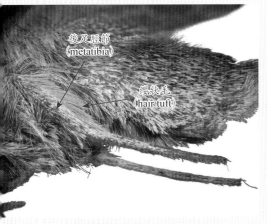

黃襟弄蝶雄蝶後足脛節 　　　　　　黃襟弄蝶雌蝶後足脛節

# 黃襟弄蝶  特有亞種

*Pseudocoladenia dan sadakoe* (Sonan & Mitono)

模式產地：*dan* Fabricius1787：印度；*sadakoe* Sonan & Mitono, 1936：臺灣。

| 英 文 名 | Fulvous Pied Flat |
|---|---|
| 別 名 | 八仙山弄蝶、丹黃斑弄蝶 |

## 形態特徵 Diagnostic characters

雌雄斑紋相近似。前翅翅形接近三角形。後翅半圓形。翅背面底色深黃褐色。前翅中室端有一鮮明半透明白斑，其前方有一同色桿狀小紋。$M_3$室及$CuA_2$室基部各有一枚半透明白斑。翅頂附近另有三枚排成一列的小白紋。前、後翅翅面均有一片鏤空的黃褐色紋，後翅緣毛黃黑相間。翅腹面斑紋色彩與背面相似，但翅面黃褐色紋較背面淺色、模糊。

## 生態習性 Behaviors

一年可能兩化以上，成蝶於夏季及秋季出現。成蟲於好於林床、溪澗活動，飛行靈敏活潑，會訪花，雄蝶會在林間空曠處作領域占有。

## 雌、雄蝶之區分 Distinctions between sexes

雌蝶缺乏雄蝶所具有的第二性徵。另外，雄蝶前翅翅頂較雌蝶為尖，而且前翅白斑泛黃。

## 近似種比較 Similar species

在臺灣地區僅有臺灣窗弄蝶與本種略為相像，但是前種翅面缺乏黃褐色紋，而且後翅也具有白斑。

| 分布 Distribution | 棲地環境 Habitats | 幼蟲寄主植物 Larval hostplants |
|---|---|---|
| 分布於臺灣本島中海拔地區。 | 常綠闊葉林。 | 以莧科Ammaranthaceae之日本牛膝 *Achyranthes bidentata* var. *japonica* 及一種分類地位尚未確定的牛膝為寄主植物。取食部位是葉片。 |

900~1500m

弄蝶科

襟弄蝶屬

臺灣亞種

150%

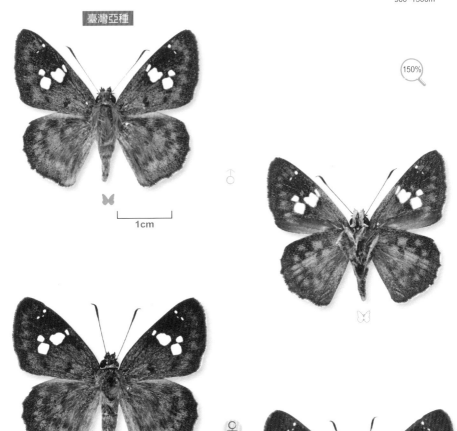

1cm

♂

1cm

♀

| 變異 Variations | 豐度／現狀 Status |
|---|---|
| 似乎並不顯著。 | 臺灣地區的已知產地少，而且在每處產地均數量稀少。 |

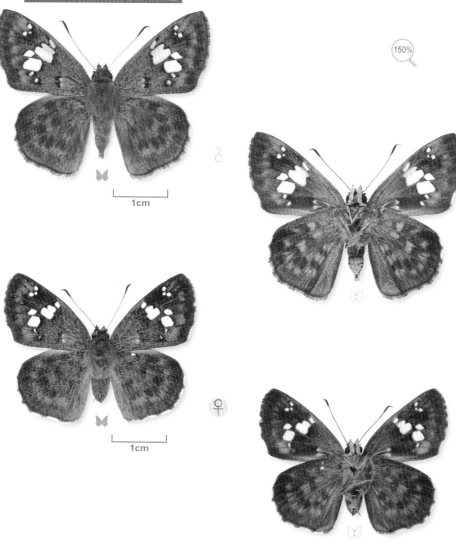

參考分類單元：馬祖分布之亞種

150%

弄蝶科

襟弄蝶屬

1cm

1cm

♂

♀

附記　Remarks

馬祖地區棲息著另一亞種ssp.*fabia* Evans,1949（模式產地：印度阿薩密），該亞種翅面黃褐色紋呈泥黃色，不像臺灣亞種帶有紅褐色，牠的前翅白斑也比臺灣亞種發達。另外，馬祖的黃襟弄蝶是一年多代的多化性物種，在當地的寄主植物則是紫莖牛膝 *A. aspera* var. *rubro-fusca*。

有些研究者根據雄蝶交尾器抱器形態認為黃襟弄蝶應當分為2～3個物種，這種看法可能正確，不過由於已知的12亞種中，有5亞種（包括指名亞種）分布於印度地區，在尚未研究清楚這些亞種的形態、寄主植物利用及物候學之前實難以作可靠的分類釐訂。

# 窗弄蝶屬 *Coladenia* Moore, [1881]

模式種 Type Species | *Plesioneura indrani* Moore, 1865，即三色窗弄蝶 *Coladenia indrani*（Moore, 1865）。

## 形態特徵與相關資料 Diagnosis and other information

中型弄蝶。翅膀底色主要呈褐色或暗褐色，翅面綴有明顯的半透明白斑，後翅有深褐色斑點。雄蝶後足脛節具有長毛束，除此構造以外雌雄二型性不發達。本屬成員在外觀上與黃襟弄蝶類似，但是兩者雄性交尾器構造差異明顯，後足脛節上的二次性徵構造亦不相同。

本屬約有22種，分布於東洋區。

成蝶棲息於闊葉林林地及溪流附近，有訪花性。

幼蟲以薔薇科Rosaceae、胡桃科Juglandaceae等植物為寄主植物。

分布於臺灣地區的種類有一種。

• *Coladenia pinsbukana* （Shimonoya & Murayama, 1976）（臺灣窗弄蝶）

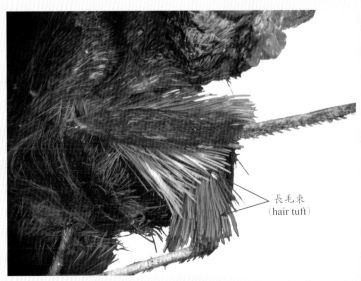

長毛束
（hair tuft）

花窗弄蝶雄蝶後足脛節外長毛束

# 臺灣窗弄蝶

特有種

*Coladenia pinsbukana* (Shimonoya & Murayama)

▌模式產地：*pinsbukana* Shimonoya & Murayama, 1976：臺灣。

| 英 文 名 | Taiwan Spotted Pied Flat |
| --- | --- |
| 別　　名 | 黃後翅弄蝶、臺灣黃襟弄蝶 |

## 形態特徵 Diagnostic characters

雌雄斑紋相似。前翅呈三角形，外緣微凸呈弧狀。後翅略呈方形，外緣微波浪狀。翅膀底色黃褐色，綴有透明斑紋。前翅$M_3$、$CuA_1$及中室具鮮明的透明斑點，中室前端具兩額外小斑點；$CuA_2$室具兩斑點。$R_3$至$R_5$室各具一小點排成直線。後翅中室末端具一鮮明斑點；各翅室內側具額外透明或黑褐色點。翅背面斑紋與腹面相似。

## 生態習性 Behaviors

一年一化，成蝶於春季出現。

## 雌、雄蝶之區分 Distinctions between sexes

雌蝶缺乏雄蝶所具有的第二性徵且腹部末端具鱗毛叢。

## 近似種比較 Similar species

黃襟弄蝶與本種略為相像，但是前種翅面有黃褐色紋，而且後翅無白斑。

| 分布 Distribution | 棲地環境 Habitats | 幼蟲寄主植物 Larval hostplants |
| --- | --- | --- |
| 本島中、北部低海拔地區。 | 常綠闊葉林。 | 尚未明悉。 |

弄蝶科

窗弄蝶屬

♂

150%

1cm

♀

1cm

| 變異 Variations | 豐度/現狀 Status | 附記 Remarks |
|---|---|---|
| 不顯著。 | 已知產地極少,為數量稀少之稀有種。 | 本種自發表後近40年僅有一隻全模標本雄蝶之記錄,直至2016年有自然生態愛好者於北部低海拔山區拍得生態照後才再度被發現。 |

# 颯弄蝶屬 *Satarupa* Moore, [1866]

模式種 Type Species | 颯弄蝶*Satarupa gopala* Moore, [1866]。

## 形態特徵與相關資料 Diagnosis and other information

中、大型弄蝶。翅膀底色呈暗褐色，前翅綴有明顯的半透明白斑，後翅有大片白紋及黑褐色斑點。雌雄二型性不發達。本屬成員在外觀上與瑟弄蝶屬相似，早期兩者常視為同屬。

本屬約有6～7種，分布於東洋區。

成蝶棲息於闊葉林林地及溪流附近，有訪花性。

幼蟲以芸香科Rutaceae植物為寄主植物。

分布於臺灣地區的種類有兩種。

- *Satarupa majasra* Fruhstorfer, 1909（小紋颯弄蝶）
- *Satarupa formosibia* Strand, 1927（臺灣颯弄蝶）

臺灣地區
## 檢索表 颯弄蝶屬

**Key to species of the genus *Satarupa* in Taiwan**

❶ 前翅CuA$_1$室白斑寬度只略寬於CuA$_2$前側斑；前翅中室白斑小，其內緣與CuA$_1$白斑距離遠 ..................................... *majasra*（小紋颯弄蝶）

前翅CuA$_1$室白斑寬度大於CuA$_2$前側斑寬度兩倍；前翅中室白斑大，其內緣與CuA$_1$白斑內緣切齊 .......................................... *formosibia*（臺灣颯弄蝶）

# 小紋颯弄蝶

特有種

*Satarupa majasra* Fruhstorfer

▊模式產地：*majasra* Fruhstorfer, 1909：臺灣。

| 英文名 | Majasra Large White Flat |
|---|---|
| 別名 | 大白裙弄蝶、大環弄蝶 |

## 形態特徵 Diagnostic characters

雌雄斑紋相似。軀體腹面白色，背面褐色而於腹部覆白色鱗片。前翅翅形三角形，外緣近於直線狀。後翅橢圓形。翅背面底色暗褐色。前翅中室端有一鮮明白斑，翅中央有一列縱走白色斑列，兩者明顯分離。$M_1$、$M_2$室中央有時具有一小白點，但是時常消失。翅頂附近另有三枚排成一列的短小白條。後翅翅面有一寬闊白帶，其外側綴有由橢圓形黑褐色斑點形成的弧形斑列。後翅外緣有數枚小白紋，其相應部分之緣毛白色，其他部分之緣毛黑褐色。翅腹面斑紋色彩與背面相似，惟後翅白色部分擴及翅基。

## 生態習性 Behaviors

一年一化，成蝶於初夏出現。成蟲於林床上、林緣、溪流邊等場所活動，飛行強勁快速，會訪花。雄蝶會至溼地吸水。本種休憩時將翅平攤。本種冬季以幼蟲態休眠過冬。

## 雌、雄蝶之區分 Distinctions between sexes

雌蝶除了翅形輪廓較圓之外與雄蝶相似。

## 近似種比較 Similar species

在臺灣地區與本種類似的種類是臺灣颯弄蝶，兩者之區別如下：1.本種前翅外緣呈直線狀，後者則呈弧形；2.本種前翅中室端白斑遠離$CuA_1$室白斑，後者則相互

| 分布 Distribution | 棲地環境 Habitats | 幼蟲寄主植物 Larval hostplants |
|---|---|---|
| 分布於臺灣本島山區。 | 常綠闊葉林。 | 以芸香科Rutaceae之吳茱萸*Tetradium ruticarpum*、賊仔樹*T. glabrifolium*及食茱萸*Zanthoxylum ailanthoides*等植物為寄主植物。 |

25~34mm

500~2000m

接近；3.本種前翅M₁、M₂室小白點不明顯或消失，後者則很明顯；4.本種前翅CuA₁白斑接近方形，寬度只略寬於CuA₂前側斑，後者則呈矩形或平行四邊形，且寬度為CuA₂前側斑2倍以上。

110%

1cm

1cm

| 變異 Variations | 豐度／現狀 Status | 附記 Remarks |
|---|---|---|
| 中室端白斑的大小、形狀變異頗多。M₁、M₂室中央的小白點時常消失。 | 通常數量少。 | 本種長期被視為颯弄蝶Satarupa gopala（Moore, 1866）（模式產地：錫金）之臺灣亞種。築山（1995）指出過去華西、華南至蘇俄遠東地區被當作颯弄蝶者均應屬於峽型颯弄蝶S. nymphalis（Speyer, 1879）（模式產地：阿穆爾），因此臺灣產的族群若不視為特有種，則應視作峽型颯弄蝶之亞種。 |

75

# 臺灣颯弄蝶

 特有種

*Satarupa formosibia* Strand

▌模式產地：*formosana* Matsumura, 1910（*Satarupa formosana* Fruhstorfer, 1909之異物同名，替代名 *formosibia* Strand, 1921）：臺灣。

| 英 文 名 | Formosan Large White Flat |
| 別　　名 | 臺灣大白裙弄蝶、臺灣大環弄蝶 |

## 形態特徵 Diagnostic characters

雌雄斑紋相似。軀體腹面白色，背面褐色而於腹部覆白色鱗片。前翅翅形三角形，外緣弧形。後翅近圓形。翅背面底色暗褐色。前翅中室端有一鮮明白斑，翅中央有一列縱走白色斑列，兩者相互接近而使白斑內緣切齊。$M_1$、$M_2$室中央各具有一明顯小白點。翅頂附近另有三枚排成一列的短小白條。後翅翅面有一寬闊白帶，其外側綴有由橢圓形黑褐色斑點形成的弧形斑列。後翅外緣有數枚小白紋，其相應部分之緣毛白色，其他部分之緣毛黑褐色。翅腹面斑紋色彩與背面相似，惟後翅白色部分擴及翅基。

## 生態習性 Behaviors

一年一化，成蝶於夏季出現。成蟲於林床上、林緣、溪流邊等場所活動，飛行強勁快速，會訪花。雄蝶會至溼地吸水。本種休憩將翅平攤。本種冬季以幼蟲態休眠過冬。

## 雌、雄蝶之區分 Distinctions between sexes

雌蝶除了翅形輪廓較圓之外與雄蝶相似。

## 近似種比較 Similar species

在臺灣地區與本種類似的種類是小紋颯弄蝶，與後者相較，本種有以下特徵：1.本種前翅外緣呈弧形；2.本種前翅中室端白斑與$CuA_1$

| 分布 Distribution | 棲地環境 Habitats | 幼蟲寄主植物 Larval hostplants |
| --- | --- | --- |
| 分布於臺灣本島中海拔山區。 | 常綠闊葉林。 | 以芸香科Rutaceae之吳茱萸*Tetradium ruticarpum*、賊仔樹*T. glabrifolium*及食茱萸*Zanthoxylum ailanthoides*等植物為寄主植物。 |

30~32mm

| 1 | 2 | 3 | 4 | 5 | 6 | 7 | 8 | 9 | 10 | 11 | 12 |

室白斑相互接近；3.本種前翅M₁、M₂室白色斑點明顯；4.本種前翅 CuA₁白斑呈矩形或平行四邊形，寬度為CuA₂前側斑2倍以上。

弄蝶科

颯弄蝶屬

♂

100%

1cm

♀

1cm

| 變異 Variations | 豐度 / 現狀 Status | 附記 Remarks |
|---|---|---|
| 前翅白斑的大小、形狀變異頗多。 | 通常數量很少。 | 本種最初由松村松年博士命名為*Satarupa formosana* Matsumura, 1910（模式產地：臺灣），該學名為 *Satarupa formosana* Fruhstorfer, 1910之異物同名，松村博士於1929年提出替代名*Satarupa formosicola*，不幸的是Strand已於1927年提出替代名*formosibia*，因此*formosicola*便成為無效的同物異名。 |

77

# 瑟弄蝶屬 *Seseria* Matsumura, [1919]

模式種 Type Species | *Suastus nigroguttatus* Matsumura, 1910，即臺灣瑟弄蝶 *Seseria formosana*（Fruhstorfer, 1909）。

## 形態特徵與相關資料 Diagnosis and other information

　　中型弄蝶。翅膀底色呈褐色，前翅綴有半透明白斑。後翅有黑褐色斑點，而大部分種類上有發達的白紋。雌蝶產卵孔周圍具有用以塗敷卵表的細密綿毛。雌雄二型性不發達。本屬成員在外觀上與颯弄蝶屬類似，但本屬成員通常體型較小而且前翅中室無白斑。

　　本屬有6種，分布於東洋區。

　　成蝶棲息於闊葉林、溪流附近等場所，有訪花性。

　　幼蟲以樟科Lauraceae及木蘭科Magnoliaceae植物為寄主植物。

　　分布於臺灣地區的種類有一種。

・*Seseria formosana*（Fruhstorfer, 1909）（臺灣瑟弄蝶）

鱗毛叢
（hair tuft）

臺灣瑟弄蝶雌蝶腹端構造

# 臺灣瑟弄蝶 特有種

*Seseria formosana* (Fruhstorfer)

▌模式產地：*formosana* Fruhstorfer, 1909；臺灣。

| 英 文 名 | Formosan Flat |
|---|---|
| 別　　名 | 大黑星弄蝶、臺灣黑星弄蝶 |

## 形態特徵 Diagnostic characters

雌雄斑紋相似。軀體褐色。前翅翅形三角形。後翅頗圓，外緣略成角狀。翅背面底色褐色。前翅中央有一蜿蜒排列，$M_2$、$M_3$及$CuA_1$室的黃白斑較為大型，其餘則頗為細小。後翅翅面有一列由黑褐色小斑點形成的弧形斑列。前翅緣毛褐色，後翅緣毛黑白相間。翅腹面斑紋色彩與背面相似。

## 生態習性 Behaviors

一年多代。成蟲於林緣、溪流邊等場所活動，飛行敏捷靈活，有訪花性。雄蝶會至溼地吸水。本種休憩將翅平攤。本種冬季以幼蟲態休眠過冬。

## 雌、雄蝶之區分 Distinctions between sexes

雌蝶翅形輪廓較圓，而且腹部末端具有橙黃色軟毛。

## 近似種比較 Similar species

在臺灣地區無類似種類。

| 分布 Distribution | 棲地環境 Habitats | 幼蟲寄主植物 Larval hostplants |
|---|---|---|
| 分布於臺灣本島低、中海拔地區。 | 常綠闊葉林，有時也見於都市林地。 | 以樟科Lauraceae之樟樹*Cinnamomum comphora*、錫蘭肉桂*C. zeylanicum*、假長葉楠*Machilus japonica*、大葉楠*M. japonica* var. *kusanoi*、豬腳楠*M. thunbergii*、臺灣檫樹*Sassafras randaiense*、黃肉樹（小梗黃肉楠）*Litsea hypophaea*、山胡椒*L. cubeba*等植物為寄主植物。木蘭科Magnoliaceae之含笑花*Michaelia fuscata*上亦曾發現其幼蟲。取食部位是葉片。 |

1 2 3 4 5 6 7 8 9 10 11 12

19~23mm

0~1000m

160%

弄蝶科

瑟弄蝶屬

♂

1cm

♀

1cm

| 變異 Variations | 豐度 / 現狀 Status | 附記 Remarks |
|---|---|---|
| 前翅白斑的大小、形狀變異頗多。 | 目前數量尚多。 | 本種是瑟弄蝶屬當中唯一後翅不具有白色斑紋的種類。 |

# 裙弄蝶屬

*Tagiades* Hübner, [1819]

模式種 Type Species | *Papilio japetus* Stoll, [1781]，即裙弄蝶 *Tagiades japetus*（Stoll, [1781]）。

## 形態特徵與相關資料 Diagnosis and other information

中型弄蝶。翅膀底色主要呈黑褐色，前翅有半透明小白斑，許多種類後翅有白紋及黑褐色斑點。Evans（1949）將本屬分為Japetus及Nestus兩群，其中Nestus群雄蝶後足脛節具有長毛束，兩群之雌蝶產卵孔周圍均具有一叢用以塗覆卵表的細長綿狀鱗毛，除此等第二性徵以外雌雄二型性不發達。Huang *et al.*（2020）將玉帶弄蝶屬*Daimio*併入本屬。

本屬成員至少有12種，分布極廣，涵蓋非州區、東洋區及澳洲區。

成蝶主要棲息於闊葉林，有訪花習性，休憩時翅膀攤平。

幼蟲以薯蕷科Dioscoreaceae植物為寄主植物。

分布於臺灣地區的種類有三種。

- *Tagiades cohaerens* Mabille, 1914（白裙弄蝶）
- *Tagiades trebellius martinus* Plötz, 1884（熱帶白裙弄蝶）
- *Tagiades tethys moori*（Mabille, 1876）（玉帶裙弄蝶）

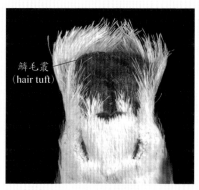

鱗毛叢（hair tuft）

白裙弄蝶雌蝶腹端構造

## 臺灣地區 檢索表　　　　　　　　　　　　　　裙弄蝶屬

### Key to species of the genus *Tagiades* in Taiwan

❶ 前翅斑紋大型；後翅背面斑紋帶狀 ............................ *tethys*（玉帶裙弄蝶）
　 前翅斑紋小型；後翅背面斑紋塊狀 ..........................................................❷

❷ 後翅沿外緣有兩列黑褐色斑列；後翅外緣黑褐色斑列延伸至臀區；腹部背側黑白相間 ...................................................... *cohaerens*（白裙弄蝶）
　 後翅沿外緣僅有一列黑褐色斑列；後翅外緣黑褐色斑列不及臀區；腹部背側黑褐色 ...................................................... *trebellius*（熱帶白裙弄蝶）

# 白裙弄蝶

*Tagiades cohaerens* Mabille

■模式產地：*cohaerens* Mabille, 1914：臺灣。

| 英 文 名 | Evan's Snow Flat |
|---|---|
| 別　　名 | 滾邊裙弄蝶 |

## 形態特徵 Diagnostic characters

雌雄斑紋相似。軀體腹面白色，背面黑褐色與白色相間。前翅翅形三角形，外緣明顯呈弧形。後翅扇形。翅背面底色黑褐色。前翅中室端有一至兩只小白點，若有兩只則前者形狀狹長而且長軸與後緣約略平行，中室前方另有一只小白點。翅面接近翅頂處有一列由白色小斑點組成之點列。後翅翅面有一白色部分，其內沿外緣綴有兩列由黑褐色斑紋形成的弧形斑列。前翅緣毛黑褐色，後翅緣毛部分白色，部分黑褐色。翅腹面斑紋色彩與背面相似，但色調較淺。另後翅白色部分延伸至翅基。雌蝶腹端綿毛呈灰黑色。

## 生態習性 Behaviors

一年多代。成蟲於林床上、林緣、溪流、樹冠邊等場所活動，訪花習性明顯。本種休憩將翅平攤。本種產卵時雌蝶會將腹端的鱗毛塗敷於卵表以保護卵粒。

## 雌、雄蝶之區分 Distinctions between sexes

雌蝶翅形較寬闊，前翅白色小斑點較發達。雄蝶後足脛節內側具有淺褐色長毛束，雌蝶腹端具有一叢灰黑色細長綿狀鱗毛。

## 近似種比較 Similar species

在臺灣地區與本種類似的種類是熱帶白裙弄蝶，兩者之區別如下：1.本種前翅中室前側白斑點長軸與後緣平行，後者則與前緣平行；2.本種後翅沿外緣有兩列黑褐

| 分布 Distribution | 棲地環境 Habitats | 幼蟲寄主植物 Larval hostplants |
|---|---|---|
| 在臺灣地區廣泛分布於臺灣本島。離島龜山島亦有發現記錄。其他分布區域包括華西、阿薩密、喜馬拉雅及中南半島等地區。 | 常綠闊葉林、熱帶季風林、海岸林。 | 以薯蕷科Dioscoreaceae之裡白葉薯榔*Dioscorea cirrhosa*、日本薯蕷*D. japonica*、華南薯蕷*D. collettii* 等植物為寄主植物。取食部位是葉片。 |

0~2500m

色斑列，後者則僅有一列黑褐色斑
列；3.本種後翅外緣黑褐色斑列延

伸至臀區，後者則否；4.本種腹部
背側黑白相間，後者則為黑褐色。

弄蝶科

裙弄蝶屬

160%

1cm

1cm

| 變異 Variations | 豐度／現狀 Status | 附記 Remarks |
|---|---|---|
| 前翅白色小斑點及後翅黑褐色斑紋的大小、形狀變異頗多。 | 目前數量尚多。 | 本種的模式產地就在臺灣，因此臺灣亞種便是指名亞種。 |

# 熱帶白裙弄蝶

*Tagiades trebellius martinus* Plötz

▌模式產地：*trebellius* Höpffer, 1874：蘇拉威西；*martinus* Plötz, 1884：菲律賓。

| 英 文 名 | Island Snow Flat |
|---|---|
| 別　　名 | 蘭嶼白裙弄蝶、南洋白裙弄蝶 |

## 形態特徵 Diagnostic characters

雌雄斑紋相似。軀體腹面白色，背面主要呈黑褐色，而有少許白色鱗片散布。前翅翅形三角形，外緣明顯呈弧形。後翅扇形。翅背面底色黑褐色。前翅中室端有兩只小白點，位於前者形狀狹長而且長軸與前緣約略平行，中室前方另有一只小白點。翅面接近翅頂處有一列由白色小斑點組成之點列。後翅翅面有一白色部分，其內沿外緣綴有一列由黑褐色斑紋形成的弧形斑列，但未及臀區。前翅緣毛黑褐色，後翅緣毛部分白色，部分黑褐色。翅腹面斑紋色彩與背面相似，但色調較淺。另後翅白色部分延伸至翅基。雌蝶腹端綿毛呈黃褐色或褐色。

## 生態習性 Behaviors

一年多代。成蟲於林緣、溪流、樹冠上等場所活動，訪花習性明顯。雄蝶有明顯之領域行為。本種休憩將翅平攤。本種產卵時雌蝶會將腹端的鱗毛塗敷於卵表以保護卵粒。

## 雌、雄蝶之區分 Distinctions between sexes

雌蝶翅形較寬闊，前翅白色小斑點較發達。雄蝶後足脛節內側具有白色及淺褐色長毛束，雌蝶腹端具有一叢淺黃色細長綿狀鱗毛。

## 近似種比較 Similar species

在臺灣地區與本種類似的種類是白裙弄蝶，兩者之區別如下：
1. 本種前翅中室前側白斑點長軸與

## 分布 Distribution

在臺灣地區主要分布於臺灣本島南部平地及低山地區，但近期有分布向北擴大的趨勢。離島綠島及蘭嶼亦有分布。其他分布區域涵蓋東洋區及澳洲區之許多島嶼。

## 棲地環境 Habitats

熱帶季風林、海岸林。

12~22mm

0~200m

前緣平行，後者則與後緣平行；2.本種後翅沿外緣只有一列黑褐色斑列，後者則有兩列黑褐色斑列；3.本種後翅外緣黑褐色斑列不延伸

至臀區，後者則延伸至臀區；4.本種腹部背側主要呈黑褐色，後者則黑白相間。

160%

♂

1cm

♀

1cm

| 幼蟲寄主植物 Larval hostplants | 變異 Variations | 豐度 / 現狀 Status |
|---|---|---|
| 以薯蕷科Dioscoreaceae之裡白葉薯榔*Dioscorea cirrhosa*、大薯*D. alata*、蘭嶼薯蕷*D. cumingii*等植物為寄主植物。取食部位是葉片。 | 不顯著。 | 目前數量尚多。 |

# 玉帶裙弄蝶

*Tagiades tethys moori* (Mabille)

▌模式產地：*tethys* Ménétriès, 1857；日本；*moori*, Mabille, 1876；四川。

| 英 文 名 | China Flat |
|---|---|
| 別　　名 | 玉帶弄蝶、小環弄蝶、黑弄蝶、白斑弄蝶 |

## 形態特徵 Diagnostic characters

　　雌雄斑紋相似。軀體腹面泛白色，背面黑褐色，腹部有白色細環。前翅翅形接近三角形，翅頂圓鈍，外緣明顯呈弧形。後翅扇形。翅背面底色黑褐色。前翅中央有白色碎紋。翅面接近翅頂處有一列由白色小斑點組成之點列。後翅翅面有一白帶，以及一列由黑褐色斑點形成的弧形斑列。緣毛黑白相間。翅腹面斑紋色彩與背面相似，但色調較淺。後翅白色部分延伸至翅基，使黑褐色弧形斑列格外鮮明。雌蝶腹端綿毛呈黃褐色。

## 生態習性 Behaviors

　　一年多代。成蟲於林緣、溪流邊、樹冠邊等場所活動，訪花習性明顯。本種休憩將翅平攤。本種產卵時雌蝶會將腹端的鱗毛塗敷於卵表以保護卵粒。冬季以老熟幼蟲態越冬。

## 雌、雄蝶之區分 Distinctions between sexes

　　雌蝶前翅白色斑紋及後翅白帶有較雄蝶明顯的傾向。雄蝶後足脛節內側具有褐色長毛束，雌蝶腹端具有一叢淺黃色細長綿狀鱗毛。

## 近似種比較 Similar species

　　在臺灣地區無形態相似之種類。

| 分布 Distribution | 棲地環境 Habitats | 幼蟲寄主植物 Larval hostplants |
|---|---|---|
| 在臺灣地區廣泛分布於臺灣本島低、中海拔地區。其他分布區域涵蓋中國大陸東南半壁、朝鮮半島、日本、阿穆爾、緬甸等地區。 | 常綠闊葉林、熱帶季風林。 | 以薯蕷科Dioscoreaceae之裡白葉薯蕷*Dioscorea cirrhosa*、日本薯蕷*D. japonica*、華南薯蕷*D. collettii*、大薯*D. alata*等植物為寄主植物。取食部位是葉片。 |

16~20mm

0~2500m

1cm

170%

♂

1cm

♀

弄蝶科

裙弄蝶屬

| 變異 Variations | 豐度／現狀 Status | 附記 Remarks |
|---|---|---|
| 後翅白帶寬窄變異頗多。 | 目前數量尚多。 | 本種在臺灣的族群有時被視為特有亞種，而以*niitakana* Matsumura, 1907（模式產地：臺灣）為亞種名。<br>本種原本被置於單種屬*Daimio* Murray, [1875]中，Huang *et al.*（2020）改置於裳弄蝶屬內。 |

# 白弄蝶屬

*Abraximorpha* Elwes & Edwards, [1897]

模式種 Type Species | *Pterygospidea davidii* Mabille, 1876，即白弄蝶 *Abraximorpha davidii*（Mabille, 1876）。

## 形態特徵與相關資料 Diagnosis and other information

中型弄蝶。翅膀底色呈白色，翅面具有許多淡黑色斑點。雄蝶前足基節具有延伸至中胸腹面之長毛束，雌蝶產卵孔周圍具有一叢用以塗覆卵表的細密綿狀鱗毛，除此等構造以外雌雄二型性不發達。

本屬成員僅有1種，分布於東亞。

成蝶主要棲息於闊葉林，有訪花習性，休憩時翅膀攤平。

幼蟲以薔薇科 Rosaceae 植物為寄主植物。

分布於臺灣地區的種類有一種。

· *Abraximorpha davidii ermasis* Fruhstorfer, 1914

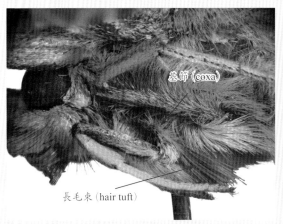

基節（coxa）

長毛束（hair tuft）

白弄蝶雄蝶前足基節長毛束

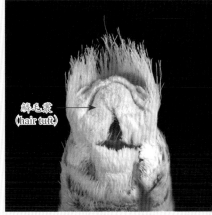

鱗毛叢（hair tuft）

白弄蝶雌蝶腹端構造

# 白弄蝶  特有亞種

*Abraximorpha davidii ermasis* Fruhstorfer

▍模式產地：*davidii* Mabille, 1876：四川；*ermasis* Fruhstorfer, 1914：臺灣。

| 英 文 名 | Chequered Flat |
|---|---|
| 別　　名 | 夕斑弄蝶、白花斑弄蝶 |

## 形態特徵 Diagnostic characters

雌雄斑紋相似。頭、胸呈橙黃色至黃褐色，腹部白色。前翅翅形呈狹長之三角形，外緣明顯呈弧形。後翅圓，外緣波浪狀。翅背面底色黑褐色而有大面積白色部分，致使其外觀呈現白底黑斑的效果。黑褐色部分內亦散布許多白色鱗片。翅面上並生有白色毛。前翅緣毛主要為黑褐色，後翅緣毛則主要為黑白色。翅腹面斑紋色彩與背面相似，但缺少白色長毛，翅脈明顯呈白色。雄蝶前足基節有黃褐色長毛束，雌蝶腹端有黃白色綿狀毛叢。

## 生態習性 Behaviors

一年多代。成蟲於林緣、溪流邊等場所活動，訪花習性明顯。本種休憩將翅平攤。本種產卵時雌蝶會將腹端的鱗毛塗敷於卵表以保護卵粒。冬季以幼蟲態越冬。

## 雌、雄蝶之區分 Distinctions between sexes

雄蝶前足基節具有長毛束，雌蝶腹端具有一叢黃白色細長綿狀鱗毛。

## 近似種比較 Similar species

在臺灣地區無形態相似之種類。

| 分布 Distribution | 棲地環境 Habitats | 幼蟲寄主植物 Larval hostplants |
|---|---|---|
| 在臺灣地區廣泛分布於臺灣本島低、中海拔地區。臺灣以外分布於華西、華西南、華南、華東、華中、中南半島北部等地區。 | 常綠闊葉林、常綠落葉闊葉混生林。 | 以薔薇科Rosaceae之樨葉懸鉤子*Rubus alnifoliolatus*、變葉懸鉤子*R. corchorifolius*、臺灣懸鉤子*R. formosensis*、斯氏懸鉤子*R. swinhoei*等植物為寄主植物。取食部位是葉片。 |

100~2500m

弄蝶科

白弄蝶屬

1cm ♂

150%

1cm ♀

| 變異 Variations | 豐度/現狀 Status |
|---|---|
| 翅面白紋及黑紋個體變異均著。 | 目前數量尚多。 |

# 黃星弄蝶屬 *Ampittia* Moore, [1882]

模式種 Type Species | *Hesperia maro* Fabricius, 1798，該分類單元是小黃星弄蝶*Ampittia dioscorides*（Fabricius, 1793）之同物異名。

## 形態特徵與相關資料 Diagnosis and other information

中、小型弄蝶。身軀纖細。翅膀底色呈黑褐色，翅面具有黃色斑點。對應前翅CuA$_1$脈基部與中室連結之位置與R$_1$脈基部與中室連結之位置，前者更靠外側。部分種類之雄蝶前翅CuA$_2$室內具有性標。雄蝶黃色斑紋通常較雌蝶發達。

本屬成員約有7種，分布於東洋區及非洲區。

成蝶主要棲息於闊葉林，有訪花、溼地吸水習性，飛行姿態較為羸弱。

幼蟲以禾本科Poaceae植物為寄主植物。

分布於臺灣地區的種類有兩種。

- *Ampittia dioscorides etura*（Mabille, 1891）（小黃星弄蝶）
- *Ampittia virgata myakei*（Matsumura, 1910）（黃星弄蝶）

性標
(sexual brand)

黃星弄蝶雄蝶右前翅性標

## 臺灣地區 檢索表 黃星弄蝶屬

Key to species of the genus *Ampittia* in Taiwan

❶ 雄蝶前翅基部填滿黃紋，性標直線形； 雌蝶後翅M室黃斑分為內側紋及外側紋，內側紋常消失 ............................................. *dioscorides*（小黃星弄蝶）
　雄蝶前翅基部僅有模糊黃紋，性標曲線狀； 雌蝶後翅M室黃斑不分離成內側紋及外側紋 ............................................................. *virgata*（黃星弄蝶）

小黃星弄蝶*Ampittia dioscorides etura*（臺南市新化區新化，2008. 10. 20.）。

黃星弄蝶*Ampittia virgata myakei*（屏東縣牡丹鄉旭海，2012. 01. 05.）。

# 小黃星弄蝶

*Ampittia dioscorides etura* (Mabille)

■模式產地：*dioscorides* Fabricius, 1793；印度；*etura* Mabille, 1891；香港。

| 英 文 名 | Bush Hopper |
|---|---|
| 別 名 | 小黃斑弄蝶 |

## 形態特徵 Diagnostic characters

　　雌雄斑紋明顯相異。軀體背側黑褐色，腹側黃色。前翅翅形三角形，外緣弧形，翅頂尖。後翅頗圓。雄蝶翅背面底色褐色。前翅沿前緣有鮮明黃條，中室內亦有黃條，$M_3$ 及 $CuA_1$ 室各有一鮮明黃斑，$CuA_2$ 室亦常有一小黃斑。翅基另有模糊的黃紋。$CuA_2$ 室有一線狀性標。後翅中央有一黃色斜帶。緣毛黃色，而於翅脈末端呈黑褐色。翅腹面覆蓋程度不等之黃色鱗片，形成斑駁之黃、黑色花紋。雌蝶翅面黃斑較不發達，前翅背面翅基黃紋減退，僅餘中室端小黃斑，並且缺少性標。後翅黃帶內翅脈一般較鮮明，有時黃帶消失，M室黃斑內外分離。

## 生態習性 Behaviors

　　一年多代。成蟲棲息於溼地、溪流邊、河岸、水田邊等場所生長的草叢中，飛行活潑敏捷，有訪花性。

## 雌、雄蝶之區分 Distinctions between sexes

　　雌蝶翅背面黃色紋遠不如雄蝶發達，尤其前翅背面基部之黃斑幾乎完全消失；後翅M室分為內側紋及外側紋，內側紋常消失；前翅缺乏性標。

## 近似種比較 Similar species

　　在臺灣地區斑紋最類似的種類是黃星弄蝶，特別是雌蝶，兩者可藉以下幾點區分：1.本種體型明顯較小；2.本種雄蝶前翅基部填滿黃

| 分布 Distribution | 棲地環境 Habitats | 幼蟲寄主植物 Larval hostplants |
|---|---|---|
| 在臺灣地區分布於臺灣本島平地至低海拔地區。臺灣以外金門地區亦有分布。此外廣泛分布於東洋區各地。 | 河岸、溪邊、淡水性溼地、水田。 | 以禾本科Poaceae之李氏禾*Leersia hexandra*為寄主植物。 |

9~12mm

0~800m

紋，黃星弄蝶只有稀疏的黃色鱗；
3.本種性標直線形，黃星弄蝶性標

曲線狀；4.本種雌蝶後翅M室黃斑
內外分離，黃星弄蝶則否。

♂

1cm

240%

♀

1cm

| 變異 Variations | 豐度／現狀 Status | 附記 Remarks |
|---|---|---|
| 翅面黃斑之形狀、數目頗多變異，尤其是雌蝶。 | 雖然本種在條件合適的淡水性溼地數量往往不少，但是其族群常隨溼地消失而消滅。 | 本種在香港及東南亞部分地區有以水稻為寄主植物的記錄，目前在臺灣與金門地區則未有這樣的記錄。 |

# 黃星弄蝶

特有亞種

*Ampittia virgata myakei* (Matsumura)

模式產地：*virgata* Leech, 1890：華中（湖北）；*myakei* Matsumura, 1910：臺灣。

| 英文名 | Spotted Bush Hopper |
|---|---|
| 別　名 | 狹翅黃星弄蝶、鉤形黃斑弄蝶、細翅黃星弄蝶、阿里山細翅弄蝶 |

## 形態特徵 Diagnostic characters

雌雄斑紋相異。軀體背側黑褐色，腹側黃色。前翅翅形三角形，外緣弧形，翅頂尖。後翅頗圓。雄蝶翅背面底色褐色。前翅沿前緣基半部有鮮明黃條，中室內有一鉤狀黃紋，$M_3$及$CuA_1$室各有一鮮明黃斑，$R_3$至$R_5$室亦有排成一列的小黃斑。翅基另有模糊的黃紋。$CuA_2$室有一曲線狀性標。後翅中央有一列斜行黃色短條。緣毛黃色，而於翅脈末端呈黑褐色。翅腹面大部分覆蓋黃色鱗片，並於後翅形成一列排成弧形的子彈狀斑紋。雌蝶翅面黃斑不發達，前翅背面前緣及中室黃紋減退，僅餘中室端小黃斑，並且缺少性標。後翅黃紋亦減退，有時幾近消失，M室黃斑若存在則內外不分離。

## 生態習性 Behaviors

一年多代。成蟲棲息於森林邊緣、溪流邊，飛行活潑敏捷，有訪花及溼地吸水習性。

## 雌、雄蝶之區分 Distinctions between sexes

雌蝶翅背面黃色紋不如雄蝶發達，前翅背面前緣及中室黃斑大部分消失；前翅缺乏性標。

## 近似種比較 Similar species

在臺灣地區，本種雌蝶斑紋與黃點弄蝶類似，兩者可藉以下幾點區分：1.本種體型通常較大；2.本種雌蝶前翅$CuA_2$室常有黃斑，黃點弄蝶則無；3.本種後翅有一列黃斑，黃點弄蝶只有兩枚。

| 分布 Distribution | 棲地環境 Habitats | 幼蟲寄主植物 Larval hostplants |
|---|---|---|
| 在臺灣地區分布於臺灣本島平地至中、高海拔地區。臺灣以外廣泛分布於中國大陸南部。 | 常綠闊葉林、常綠落葉闊葉混生林、常綠硬葉林。 | 以禾本科Poaceae之芒*Miscanthus sinensis*及五節芒*M. floridulus*為寄主植物。 |

12~16mm

| 1 | 2 | 3 | 4 | 5 | 6 | 7 | 8 | 9 | 10 | 11 | 12 |

0~2800m

♂

1cm

230%

♀

1cm

| 變異 Variations | 豐度／現狀 Status | 附記 Remarks |
|---|---|---|
| 翅面黃斑之形狀、數目多變異。高海拔處所產之個體後翅腹面斑紋較為模糊。 | 目前數量尚多。 | 本種的種小名常被誤拼為 *miyakei*。 |

# 弧弄蝶屬 *Aeromachus* de Nicéville, [1890]

模式種 Type Species | *Thanaos stigmata* Moore, 1878，即具標弧弄蝶 *Aeromachus stigmata*（Moore, 1878）。

## 形態特徵與相關資料 Diagnosis and other information

小型弄蝶。觸角末端之尖頂通常很短。翅膀底色呈黑褐色，前翅中央常具有作弧形排列的白色或黃色點列，尤其是雌蝶。部分種類之雄蝶前翅 $CuA_2$ 室內具有性標。

本屬成員有十餘種，分布於東洋區及舊北區東部。

成蝶主要棲息於闊葉林，有訪花、溼地吸水習性。

幼蟲以禾本科Poaceae植物為寄主植物。

分布於臺灣地區的種類目前認為有三種。

• *Aeromachus inachus formosana* Matsumura, 1931（弧弄蝶）
• *Aeromachus matudai* Murayama, 1943（霧社弧弄蝶）
• *Aeromachus bandaishanus* Murayama & Shimonoya, 1968（萬大弧弄蝶）

臺灣地區
## 檢索表　　　　　　　　　　　　　　　　　弧弄蝶屬

### Key to species of the genus *Aeromachus* in Taiwan

❶ 前翅弧狀點列白色 ......................................................... *inachus*（弧弄蝶）
　 前翅弧狀點列黃色 ................................................................................ ❷
❷ 後翅腹面無紋 ................................................. *bandaishanus*（萬大弧弄蝶）
　 後翅腹面具黃色斑點 ........................................... *matudai*（霧社弧弄蝶）

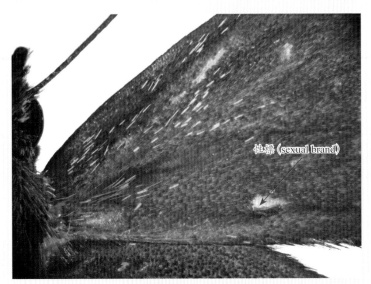

性標 (sexual brand)

弧弄蝶雄蝶右前翅性標

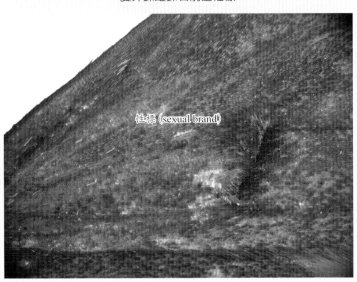

性標 (sexual brand)

具標弧弄蝶雄蝶右前翅性標

# 弧弄蝶  特有亞種

*Aeromachus inachus formosana* Matsumura

模式產地：*inachus* Ménètriès,1859；阿穆爾；*formosana* Matsumura,1931；臺灣。

| 英 文 名 | Scrub Hopper |
|---|---|
| 別　　名 | 河伯鍔弄蝶、星點小弄 |

## 形態特徵 Diagnostic characters

雌雄斑紋相似。軀體背側黑褐色，腹側白色。前翅翅形三角形，外緣弧形。後翅頗圓。雄蝶翅背面底色褐色。前翅中央有排成弧形的白色點列，中室端有一小白點，1A+2A脈中央前側有一細小黃白色性標，後翅無紋。翅腹面有發達的灰白色鱗片覆蓋前翅前半部及後翅基半部與沿翅脈部分。前、後翅中央均有一排成弧形的白色點列，而於亞外緣均另有一排成弧形、較為模糊的灰白色斑列。後翅翅基常有數只小白點。內緣毛褐色，外緣毛褐、白相間。雌蝶前翅翅形較尖、翅面白色點列較明顯。

## 生態習性 Behaviors

一年多代。成蟲常於森林邊緣、崩塌地等陽光充足的場所活動，飛行活潑敏捷，有訪花性。冬季時以三齡幼蟲休眠過冬。

## 雌、雄蝶之區分 Distinctions between sexes

雄蝶於前翅1A+2A脈中央前側有一細小黃白色性標，雌蝶則無此構造。雄蝶前翅翅頂很尖，在雌蝶則較為圓鈍。另外，雌蝶的前翅白色點列通常比較鮮明。

## 近似種比較 Similar species

在臺灣地區斑紋與本種類似的種類是萬大弧弄蝶與霧社弧弄蝶，但是本種翅面上的弧形點列呈白色，萬大弧弄蝶與霧社弧弄蝶則呈黃色。

| 分布 Distribution | 棲地環境 Habitats | 幼蟲寄主植物 Larval hostplants |
|---|---|---|
| 在臺灣地區分布於臺灣本島低、中海拔地區。臺灣以外分布於華中、華北、華東北、朝鮮半島、阿穆爾、日本等地區。 | 主要見於崩塌地、碎石坡、常綠闊葉林林緣。 | 以禾本科Poaceae之臺南大油芒*Spodiopogon tainanensis*為寄主植物。取食部位是葉片。 |

弄蝶科

弧弄蝶屬

11~13mm

300~2500m

1cm

♂

250%

1cm

♀

| 變異 Variations | 豐度 / 現狀 Status | 附記 Remarks |
|---|---|---|
| 前翅背面之弧形的白色點列有時消退。翅腹面之灰白色鱗片分布程度、白色斑點數目頗多變異。 | 本種一般不常見，但是在條件合適的崩塌地有時數量不少。 | 臺灣於1998年發生的921大地震引發許多土石流、泥石流與山體滑坡，對山區森林與溪流造成嚴重破壞，但是卻在一些地點產生許多崩塌地，致使本種在這些地點數量反而一時性增加。 |

# 萬大弧弄蝶 特有種

*Aeromachus bandaishanus* Murayama & Shimonoya

▌模式產地：*bandaishanus* Murayama & Shimonoya, 1968：臺灣。

| 英 文 名 | Taiwan Scrub Hopper |
|---|---|

| 別 名 | 姬狹翅弄蝶、萬大黃星弄蝶 |
|---|---|

## 形態特徵 Diagnostic characters

雌雄斑紋相似。軀體背側深黃褐色，腹側黃白色。前翅翅形三角形，外緣弧形。後翅頗圓。雄蝶翅背面底色深黃褐色。前翅中央有排成弧形的黃色點列，中室端有一小黃點，後翅無紋。翅腹面有黃色鱗片覆蓋前翅前半部及整個後翅。前翅中央亦有一排成弧形的黃色點列。後翅有時有數只模糊之黃色小點。緣毛深黃褐色。雌蝶前翅翅形較尖、翅面黃色點列較明顯。

## 生態習性 Behaviors

一年一代。成蝶於森林林床、林緣活動，飛行活潑敏捷，有訪花性。

「霧社弧弄蝶」全模標本

1cm

250%

| 分布 Distribution | 棲地環境 Habitats | 幼蟲寄主植物 Larval hostplants |
|---|---|---|
| 分布於臺灣本島中海拔地區。 | 常綠闊葉林。 | 以禾本科Poaceae植物為寄主植物，目前尚未作正式發表。 |

10~13mm

3000
2000
1000
0

1000~2500m

**弄蝶科**

弧弄蝶屬

## 雌、雄蝶之區分 Distinctions between sexes

　　雄蝶前翅翅頂很尖，在雌蝶則較為圓鈍。雌蝶的前翅黃色點列通常比較鮮明。

## 近似種比較 Similar species

　　霧社弧弄蝶與本種十分相似。根據霧社弧弄蝶的原始記載，霧社弧弄蝶的黃色斑點較本種發達。

♂

250%

1cm

♀

1cm

| 變異 Variations | 豐度 / 現狀 Status | 附記 Remarks |
|---|---|---|
| 前翅背面之弧形的黃色點列有時消退。翅腹面之黃色小斑點數目頗多變異。 | 一般數量很少、不常見。 | 霧社弧弄蝶 *Aeromachus matudai* Murayama（模式產地：臺灣）與本種分別由村山修一於1968年及1943年記述，兩者非常類似。然而，霧社弧弄蝶除了村山修一著作中提及以外，迄今已經數十載沒有發現符合其原記載特徵的標本。村山修一1968年之論文述及兩者交尾器結構不同，因此兩者間之關係尚待進一步探討。近年文獻中提及的「霧社星褐弄蝶」翅紋特徵並不符合霧社弧弄蝶之原記載，而與弧弄蝶特徵吻合。 |

# 點弄蝶屬 *Onryza* Watson, [1893]

模式種 Type Species | *Halpe meiktila de* Nicéville, 1891，即緬甸黃點弄蝶*Onryza meiktila*（de Nicéville, 1891）。

## 形態特徵與相關資料 Diagnosis and other information

　　小型弄蝶。觸角末端之尖頂長而呈鉤狀。翅膀底色呈黑褐色，翅背面有黃色斑點，前翅中室端有一對相互融合的黃色斑點，位於後方者向翅基延伸。部分種類之雄蝶後翅具有深色性標。

　　本屬成員有5種，分布於東洋區北部。

　　成蝶主要棲息於闊葉林，有訪花習性。

　　寄主植物尚無觀察報告，以禾本科Poaceae植物為寄主植物。

　　分布於臺灣地區的種類有一種。

・*Onryza maga takeuchii*（Matsumura, 1929）（黃點弄蝶）

弄蝶科

點弄蝶屬

# 黃點弄蝶

 特有亞種

*Onryza maga takeuchii* (Matsumura)

模式產地：*maga* Leech, 1890；湖北；*takeuchii* Matsumura, 1929；臺灣。

| 英 文 名 | Maga Bush Ace |
|---|---|
| 別　　名 | 秀棋弄蝶、謳弄蝶、竹內弄蝶、瑪噶弄蝶、小型細翅弄蝶 |

## 形態特徵 Diagnostic characters

　　雌雄斑紋相似。軀體背側黑褐色，腹側淺黃褐色。前翅翅形三角形，雄蝶後緣與外緣約略等長、翅頂尖，雌蝶則後緣較外緣長、翅頂較圓鈍。後翅扇形。翅背面底色褐色。前翅中室端有一對融合的黃色斑點，位於後方者向翅基延伸，$M_3$及$CuA_1$室各有一鮮明黃斑，$R_3$至$R_5$室亦有排成一列的小黃斑。後翅$M_3$及$CuA_1$室亦各有一鮮明黃斑。翅腹面大部分覆蓋淺黃褐色鱗片，黃斑的排列與翅背面相似，但是後翅前半部時有模糊的黃斑。雌蝶斑紋除了前翅中室端後側黃斑短小之外與雄蝶相似。後翅緣毛黃色，前翅緣毛黃黑交雜。

| 分布 Distribution | 棲地環境 Habitats | 幼蟲寄主植物 Larval hostplants |
|---|---|---|
| 在臺灣地區分布於臺灣本島中、高海拔山區。臺灣以外分布於華中、華東、華南等地區。 | 常綠闊葉林、常綠落葉闊葉混生林、亞高山草地、竹灌叢。 | 以禾本科Poaceae之竹亞科Bambusoideae為寄主植物，目前尚未作正式發表。 |

12~14mm

3000
2000
1000
0
1000~3000m

## 生態習性 Behaviors

一年一代，成蝶於初夏出現。成蟲棲息於森林邊緣、草原及竹原上，飛行活潑敏捷，有訪花習性。

## 雌、雄蝶之區分 Distinctions between sexes

雄蝶前翅翅形細窄而尖、雌蝶則寬而鈍。雄蝶前翅中室端之融合黃斑明顯向翅基方向延伸，雌蝶則否。

## 近似種比較 Similar species

在臺灣地區與本種外觀最類似的種類是黃星弄蝶，但是黃星弄蝶雄蝶前翅有性標，本種則否。至於雌蝶則可依以下幾點區分：1.本種體型通常較小；2.黃星弄蝶雌蝶前翅$CuA_2$室常有黃斑，本種則無；3.黃星弄蝶後翅有一列黃斑，本種則只有兩枚。

弄蝶科

點弄蝶屬

♂

1cm

♀

210%

1cm

| 變異 Variations | 豐度 / 現狀 Status | 附記 Remarks |
|---|---|---|
| 不顯著。 | 數量一般不多。 | 本種很容易與黃星弄蝶混淆，鑑定上應格外注意。 |

# 脈弄蝶屬

*Praethoressa* Huang,Chiba & Fan, 2019

| 模式種 Type Species | *Pamphila varia* Murray, [1875]，即日本脈弄蝶 *Praethoressa varia*（Murray, [1875]）。 |
| --- | --- |

## 形態特徵與相關資料 Diagnosis and other information

中型弄蝶。觸角末端之尖頂長而呈鉤狀。翅膀底色呈黑褐色，前翅背面常有兩枚白色斑點，雄蝶於$CuA_2$室內常有性標。雄蝶交尾器抱器常左右不對稱。

本屬成員已知2種，分布於東洋及古北區東部區。

成蝶主要棲息於闊葉林，有訪花、吸水習性。

幼蟲以禾本科Poaceae植物為寄主植物。

分布於臺灣地區的種類有一種。

· *Praethoressa horishana*（Matsumura, 1910）（臺灣脈弄蝶）

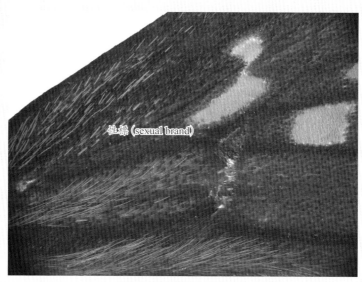

臺灣脈弄蝶雄蝶右前翅性標

# 臺灣脈弄蝶

特有種

*Praethoressa horishana* (Matsumura)

▌模式產地：*horishana* Matsumura, 1910；臺灣。

| 英 文 名 | Taiwan Ace |
|---|---|
| 別　　名 | 黃條褐弄蝶、黃條陀弄蝶 |

## 形態特徵 Diagnostic characters

雌雄斑紋相似。軀體黑褐色而有黃環，腹側較粗。前翅翅形三角形，雄蝶後緣與外緣約略等長、翅頂尖，雌蝶則後緣較外緣長、翅頂較圓鈍。後翅半圓形。翅背面底色褐色。前翅通常於中室端有一對白色斑點，M$_3$及CuA$_1$室各有一鮮明白斑，R$_3$至R$_5$室亦有排成一列的小白斑。後翅M$_3$及CuA$_1$室亦各有一模糊白斑。翅腹面除了有如同翅背面之白斑以外綴有許多黃色條紋及斑點。雄蝶於前翅背面CuA$_2$室內具有性標。雌蝶斑紋除了前翅中室端後側黃斑短小之外與雄蝶相似，且無性標。緣毛黃黑交雜。

## 生態習性 Behaviors

一年多代。成蟲棲息於森林邊緣，飛行活潑敏捷，有訪花習性。雄蝶會至溼地吸水。

## 雌、雄蝶之區分 Distinctions between sexes

雄蝶前翅翅頂較尖、雌蝶則較圓鈍。雄蝶前翅中室端之後側白斑有向翅基方向延伸的傾向，雌蝶則否。雄蝶於前翅背面具有性標，雌蝶則無。

## 近似種比較 Similar species

在臺灣地區只有昏列弄蝶外觀與本種較為類似，但是本種後翅黃紋鮮明而由條斑與小斑點組成，昏列弄蝶則黃紋黯淡而後翅腹面各室條斑內有褐色斑點。

| 分布 Distribution | 棲地環境 Habitats | 幼蟲寄主植物 Larval hostplants |
|---|---|---|
| 分布於臺灣本島低、中海拔山區。 | 常綠闊葉林。 | 以禾本科Poaceae之芒 *Miscanthus sinensis* 為寄主植物。取食部位是葉片。 |

16~19mm

0~1500m

1cm

180%

♂

1cm

♀

| 變異 Variations | 豐度／現狀 Status | 附記 Remarks |
|---|---|---|
| 不顯著。 | 數量一般不多。 | 有部分研究者認為本種與分布於日本、庫頁島的日本脈弄蝶*Praethoressa varia*（Murray, 1875）（模式產地：日本）交尾器類似，可能是其亞種，不過日本脈弄蝶幼蟲寄主植物主要為竹類植物，食性與本種有異，本書採用兩者不同種的處理。本種的種小名源自南投縣「埔里社」，在一些早期文獻中常被誤拼為*horishama*。 |

# 列弄蝶屬

## *Halpe* Moore, [1878]

模式種 Type Species | *Haple moorei* Watson, 1883。該分類單元係雙子列弄蝶*Halpe porus*（Mabille, 1877）之同物異名。

## 形態特徵與相關資料 Diagnosis and other information

中型弄蝶。觸角末端之尖頂長而呈鉤狀。翅膀底色呈黑褐色，前翅背面常有兩枚白色斑點，雄蝶於 $CuA_2$ 室內常有性標，其構造依種類不同而有很大變化。翅腹面通常翅室內有黃色或黃白色長條斑，內有褐色紋排成一列。

本屬種類繁多，目前已知約40種，分布於東洋區。

成蝶主要棲息於闊葉林，有訪花、吸水習性。

幼蟲以禾本科Poaceae之竹亞科Bambusoideae植物為寄主植物。

分布於臺灣地區的種類有一種。

• *Halpe gamma* Evans, 1937（昏列弄蝶）

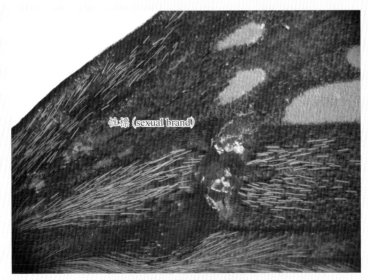

昏列弄蝶雄蝶右前翅性標

# 昏列弄蝶

*Halpe gamma* Evans

▌模式產地：*gamma* Evans, 1937：臺灣。

| 英 文 名 | Gamma Ace |
|---|---|
| 別 名 | 長斑酣弄蝶、黃斑小褐弄蝶 |

## 形態特徵 Diagnostic characters

雌雄斑紋相似。軀體褐色而有黃環，腹側較粗。前翅翅形三角形，雄蝶後緣與外緣約略等長、翅頂尖，雌蝶則後緣較外緣長、翅頂較圓鈍。後翅半圓形。翅背面底色褐色。前翅於中室端有一對白色斑點，$M_3$及$CuA_1$室各有一鮮明白斑，$R_3$至$R_5$室亦有排成一列的小白斑。後翅有黃色長毛。翅腹面密覆黃色鱗，除了有如同翅背面之白斑以外綴有許多黃色斑紋，於前翅亞外緣形成一列黃斑，於後翅則形成內有褐色斑的黃色條紋。雄蝶於前翅背面$CuA_2$室內具有性標。雌蝶無性標，斑紋除了前翅$CuA_2$室中央多一黃白斑以外與雄蝶相似。緣毛黃褐交雜。

## 生態習性 Behaviors

一年可能有兩世代。成蟲棲息於森林邊緣，飛行活潑敏捷，有訪花習性。雄蝶會至溼地吸水。

## 雌、雄蝶之區分 Distinctions between sexes

雄蝶前翅翅頂較尖、雌蝶則較圓鈍。雄蝶前翅$CuA_2$室內中央無黃白斑，雌蝶則有一黃白斑。雄蝶於前翅背面具有性標，雌蝶則無。

## 近似種比較 Similar species

在臺灣地區只有臺灣脈弄蝶外觀與本種較為類似，但是本種後翅腹面黃紋黯淡而各室條斑內有排成一列的褐色斑點，臺灣脈弄蝶則黃紋鮮明而由條斑與小斑點組成。

| 分布 Distribution | 棲地環境 Habitats | 幼蟲寄主植物 Larval hostplants |
|---|---|---|
| 在臺灣地區分布於臺灣本島低、中海拔山區。臺灣以外分布於越南、華中與華西地區。 | 常綠闊葉林。 | 幼蟲以禾本科 Poaceae 竹亞科 Bambusoideae 之各種竹類植物為寄主。 |

15~19mm

200~1500m

弄蝶科

列弄蝶屬

210%

♂

1cm

♀

1cm

| 變異 Variations | 豐度／現狀 Status |
|---|---|
| 不顯著。 | 數量通常很少。 |

# 白斑弄蝶屬 *Isoteinon* C. & R. Felder, [1862]

| 模式種 Type Species | 白斑弄蝶*Isoteinon lamprospilus* C. & R. Felder, 1862。 |
| --- | --- |

## 形態特徵與相關資料 Diagnosis and other information

　　中型弄蝶。觸角長度為前翅前緣長度1／2，其末端之尖頂短。中室長度較短，約為前翅前緣長度1／2強，其末端上緣彎曲，而與$M_2$脈基部間之橫脈內陷。後翅中室後緣直，缺乏大多數弄蝶末端前彎之傾向。軀體細瘦。

　　本屬為單種屬，東洋區特有。

　　成蝶主要棲息於闊葉林，不活潑，有訪花、吸水習性。

　　幼蟲以禾本科Poaceae植物為寄主植物。

　　僅有的一種在臺灣地區有分布。

・*Isoteinon lamprospilus formosanus* Fruhstorfer, 1911（白斑弄蝶）

白斑弄蝶*Isoteinon lamprospilus formosanus*（嘉義縣番路鄉觸口，300 m，2010. 09. 05.）。

# 白斑弄蝶

*Isoteinon lamprospilus formosanus* Fruhstorfer

▌模式產地：*lamprospilus* C. & R. Felder, 1862；浙江；*formosanus* Fruhstorfer, 1911；臺灣。

| 英 文 名 | Shiny Spotted Bob |
|---|---|
| 別　　名 | 旖弄蝶、狹翅弄蝶、白星弄蝶、細翅弄蝶 |

## 形態特徵 Diagnostic characters

雌雄斑紋相似。軀體背側黑褐色，腹部有黃環，腹側黃白色。翅面寬闊，前翅翅形三角形，外緣弧形，後翅甚圓。翅背面底色褐色。前翅於中室端、$M_3$室、$CuA_1$室及$CuA_2$室有一鮮明白斑，$R_3$至$R_5$室亦有排成一列的小白斑。後翅無紋。翅腹面覆赭色鱗，前翅白斑如同翅背面，後翅外側有白斑約略排成一圈，中室內亦有一只白斑。腹部末端超出後翅後緣。緣毛黃黑相間。

## 生態習性 Behaviors

一年多代。成蟲棲息於森林邊緣較為潮溼的場所，飛行不活潑，有訪花習性。雄蝶會至溼地吸水。成蝶休息時翅一般閉合，有時會將前翅張開成「Ｖ」字形作日光浴。冬季以終齡幼蟲態於巢內過冬。

## 雌、雄蝶之區分 Distinctions between sexes

除了雌蝶通常體型較大，白斑也常較大、較長以外，雌、雄成蝶難以區分。

## 近似種比較 Similar species

在臺灣地區沒有與本種類似的種類。

| 分布 Distribution | 棲地環境 Habitats | 幼蟲寄主植物 Larval hostplants |
|---|---|---|
| 在臺灣地區分布於臺灣本島平地至中海拔地區。臺灣以外見於中國大陸長江、珠江流域、越南北部、朝鮮半島南部及日本南部。 | 常綠闊葉林。 | 幼蟲以禾本科Poaceae之芒*Miscanthus sinensis*、五節芒*M. floridulus*、臺灣蘆竹*Arundo formosana*及甘蔗*Saccharum officinarum*等植物為寄主植物。取食部位是葉片。 |

1 2 3 4 5 6 7 8 9 10 11 12

弄蝶科

白斑弄蝶屬

170%

♂

1cm

1cm

♀

| 變異 Variations | 豐度／現狀 Status | 附記 Remarks |
|---|---|---|
| 不顯著。 | 數量尚多。 | 本種目前分類上被分為兩亞種，即ssp. *lamprospilus*及ssp. *formosanus*。越南北部的族群亦被歸屬於後者，此一遠距離相隔之地域族群而有類似表現型的現象很罕見，而且這種情形的外形相似不見得反映正確的親緣關係及演化歷史，值得進一步研究。 |

# 袖弄蝶屬 *Notocrypta* de Nicéville, [1889]

| 模式種 Type Species | *Plesioneura curvifascia* C. & R. Felder, 1862，即 袖弄蝶 *Notocrypta curvifascia* （C. & R. Felder, 1862）。 |
|---|---|

## 形態特徵與相關資料 Diagnosis and other information

中型弄蝶。觸角末端鉤狀、尖頂長。前翅$R_1$脈基部彎曲使中室前緣於該處凸出，$M_2$脈基部向後方屈曲。翅底色呈黑褐色，於前翅有一白色半透明斜行帶紋，許多種類於翅外側另有一些白色半透明小斑點。

本屬成員有十餘種，主要分布於東洋區及澳洲區。

成蝶主要棲息於闊葉林、海岸林陽光不直射的場所，飛行活潑，有訪花、吸食鳥糞之習性。

幼蟲以薑科Zingiberaceae植物為寄主植物。

分布於臺灣地區的種類有兩種，其中一種分為兩亞種。

· *Notocrypta curvifascia*（C. & R. Felder, 1862）（袖弄蝶）
· *Notocrypta feisthamelii arisana* Sonan, 1930（連紋袖弄蝶臺灣亞種）
· *Notocrypta feisthamelii alinkara* Fruhstorfer, 1911（連紋袖弄蝶菲律賓亞種）

### 臺灣地區
## 檢索表 　　　　　　　　　　　　　　袖弄蝶屬

**Key to species of the genus *Notocrypta* in Taiwan**

❶ 前翅腹面斜白帶僅及中室前緣 ................................. *curvifascia*（袖弄蝶）
　前翅腹面斜白帶超過中室前緣向前緣延伸 ............................................. ❷

❷ 翅面斜白帶乳白色；雄蝶前翅斜白帶外側無小白點..........................................
................................. *feisthamelii arisana*（連紋袖弄蝶臺灣亞種）
　翅面斜白帶白色；雄蝶前翅斜白帶外側有小白點 ..........................................
................................. *feisthamelii alinkara*（連紋袖弄蝶菲律賓亞種）

# 袖弄蝶

*Notocrypta curvifascia* (C. & R. Felder)

▌模式產地：*curvifascia* C. & R. Felder, 1862：浙江。

| 英 文 名 | Restricted Demon |
|---|---|
| 別　　名 | 黑弄蝶、曲紋袖弄蝶 |

## 形態特徵 Diagnostic characters

雌雄斑紋相似。軀體背側黑褐色，腹側灰褐色。前翅翅形三角形，外緣弧形，臀區稍微突出。翅背面底色黑褐色。前翅中室端、$CuA_1$ 室及 $CuA_2$ 室各有一白斑，共同組成一斜白帶。$M_2$ 及 $M_3$ 室各有一小白點，有時 $M_1$ 室亦有小白點。$R_3$ 至 $R_5$ 室有排成一列的小白斑。後翅無紋。翅腹面覆有濃淡不一的美麗紫色紋，白紋排列有如翅背面。緣毛黑褐色。

## 生態習性 Behaviors

一年多代。成蟲棲息於森林邊緣的潮溼場所，飛行活潑快速，有訪花習性，並常見吸食鳥糞。幼蟲作筒狀巢，化蛹於葉背。冬季通常以蛹態休眠過冬。

## 雌、雄蝶之區分 Distinctions between sexes

除了雌蝶通常體型較大、翅形較圓、白紋常較大、較顯著以外，雌、雄成蝶不易區分。

## 近似種比較 Similar species

在臺灣地區與本種最類似的種類是連紋袖弄蝶，但是本種前翅腹面斜白帶向前只延伸至中室端，而連紋袖弄蝶的斜白帶則向前翅前緣延伸。

| 分布 Distribution | 棲地環境 Habitats | 幼蟲寄主植物 Larval hostplants |
|---|---|---|
| 在臺灣地區分布於臺灣本島平地至中海拔地區，龜山島及馬祖亦有記錄。臺灣以外見於東洋區廣大地域，北達日本南部。 | 常綠闊葉林、熱帶季風林、熱帶雨林、海岸林。 | 幼蟲以薑科 Zingiberaceae 之月桃 *Alpinia speciosa*、臺灣月桃 *A. formosana*、山薑 *A. japonica*、姜黃 *Curcuma aromatica*、鬱金 *C. domestica*、三奈 *Zingiber kawagoii* 等植物為寄主植物。取食部位是葉片。 |

弄蝶科

袖弄蝶屬

140%

1cm

♂

♀

1cm

| 變異　Variations | 豐度／現狀　Status | 附記　Remarks |
|---|---|---|
| 除了前翅小白斑點大小、數目，斜白帶形狀有個體變異以外，不甚顯著。 | 數量尚多。 | 離島蘭嶼自1920年始便有觀察記錄，但後來發現棲息在蘭嶼的袖弄蝶並非本種，而屬於連紋袖弄蝶的菲律賓亞種。 |

# 連紋袖弄蝶  臺灣亞種

*Notocrypta feisthamelii arisana* Sonan

▌模式產地：*feisthamelii* Boisduval, 1832；印尼安汶；*arisana* Sonan, 1930；臺灣。

| 英 文 名 | Spotted Demon |
|---|---|
| 別　　名 | 阿里山黑弄蝶、阿里山連紋黑弄蝶、寬紋袖弄蝶 |

## 形態特徵 Diagnostic characters

　　雌雄斑紋相似。軀體背側黑褐色，腹側灰褐色。前翅翅形三角形，外緣弧形，臀區稍微突出。翅背面底色黑褐色。前翅於中室端、$CuA_1$室及$CuA_2$室各有一白斑，共同組成一斜白帶。白帶以外之白色斑點不發達，於雄蝶全然闕如，於雌蝶通常也很稀疏，但在最發達的場合則於$M_1$至$M_3$室及$R_3$至$R_5$室均各有一小白點，因此酷似袖弄蝶。後翅無紋。翅腹面覆有濃淡不一的美麗紫色紋，白紋排列有如翅背面。緣毛黑褐色。

## 生態習性 Behaviors

　　一年多代。成蟲棲息於較為陰暗、潮溼之闊葉林林床上，飛行活潑快速，有訪花習性。幼蟲作筒狀巢，化蛹於葉背。

## 雌、雄蝶之區分 Distinctions between sexes

　　雌蝶前翅常有白色小斑點，體型通常較大、翅形較圓。

## 近似種比較 Similar species

　　在臺灣地區與連紋袖弄蝶類似的種類是袖弄蝶，本種前翅腹面斜白帶向前翅前緣延伸，袖弄蝶則只及中室端。另外，連紋袖弄蝶棲息於蘭嶼的族群屬於菲律賓亞種，其前翅白帶色調較臺灣亞種更白、白帶較寬、白色小斑點較發達。

| 分布 Distribution | 棲地環境 Habitats | 幼蟲寄主植物 Larval hostplants |
|---|---|---|
| 在臺灣地區分布於臺灣本島北部及南部低至中海拔地區。臺灣以外見於東洋區廣大地域。本亞種所屬之alysos亞種群主要分布於亞洲大陸。 | 常綠闊葉林。 | 幼蟲以薑科Zingiberaceae之山薑 *A. japonica*為寄主植物。取食部位是葉片。 |

19~22mm

300~1500m

弄蝶科

袖弄蝶屬

1cm

140%

1cm

| 變異 Variations | 豐度 / 現狀 Status | 附記 Remarks |
|---|---|---|
| 前翅小白斑點大小、數目，斜白帶頗多變異，尤其在雌蝶。 | 通常數量不多。 | 連紋袖弄蝶在臺灣本島呈南、北間斷分布，中部山區缺乏採集、觀察記錄。 |

# 連紋袖弄蝶

菲律賓亞種

*Notocrypta feisthamelii alinkara* Fruhstorfer

▌模式產地：*feisthamelii* Boisduval, 1832：印尼安汶；*alinkara* Fruhstorfer, 1911：菲律賓。

| 英 文 名 | Spotted Demon |
| --- | --- |
| 別　　名 | 菲律賓連紋黑弄蝶、寬紋袖弄蝶 |

## 形態特徵 Diagnostic characters

雌雄斑紋相似。軀體背側黑褐色，腹側灰褐色。前翅翅形三角形，外緣弧形，臀區稍微突出。翅背面底色黑褐色。前翅於中室端、$CuA_1$室及$CuA_2$室各有一白斑，共同組成一斜白帶。白帶外側於$M_1$、$M_3$及$R_3$至$R_5$室各有一白色小斑點，有時$M_1$室亦有。後翅無紋。翅腹面覆有濃淡不一的美麗紫色紋，白紋排列有如翅背面。緣毛黑褐色。

## 生態習性 Behaviors

一年多代。成蟲棲息於陰暗、潮溼之林床上，飛行活潑快速，通常於黃昏日沒時分或陰天活動、訪花。幼蟲作筒狀巢，化蛹於葉背。

## 雌、雄蝶之區分 Distinctions between sexes

除了雌蝶翅形較圓以外，雌、雄蝶斑紋相似。

## 近似種比較 Similar species

在臺灣地區，蘭嶼分布之連紋袖弄蝶較臺灣本島亞種斑紋更像袖弄蝶，但仍具有前翅腹面斜白帶向前翅前緣延伸的特徵。與臺灣本島亞種相比，本亞種通常較小型、前翅白帶色調較白、白帶較寬、白色小斑點較發達。

| 分布 Distribution | 棲地環境 Habitats | 幼蟲寄主植物 Larval hostplants |
| --- | --- | --- |
| 在臺灣地區目前只於離島蘭嶼發現。臺灣以外見於東洋區廣大地域。本亞種所屬之feisthamelii亞種群主要分布於東南亞各島嶼。 | 熱帶雨林、海岸林。 | 幼蟲以薑科Zingiberaceae之呂宋月桃*Alpinia flabellata*為寄主植物。取食部位是葉片。 |

17~21mm

0~300m

140%

♂

1cm

♀

1cm

| 變異 Variations | 豐度／現狀 Status | 附記 Remarks |
|---|---|---|
| 前翅小白斑點大小、數目以及斜白帶多變異。 | 通常數量不多。 | 本亞種長期被誤認為是袖弄蝶，直到1989年才被釐清。本亞種在蘭嶼棲息的事實是蘭嶼生物相深受菲律賓生物相影響的良好例證之一。 |

## 薑弄蝶屬　*Udaspes* Moore, [1881]

模式種 Type Species | *Papilio folus* Cramer, [1775]，即薑弄蝶*Udaspes folus*（Cramer, [1775]）。

### 形態特徵與相關資料 Diagnosis and other information

　　中型弄蝶。觸角末端鉤狀、尖頂長，長度短於前翅前緣1／2。翅幅寬闊，後翅中室特別短，不及後翅長度1／3。翅底色呈黑褐色，翅面上有醒目之白色斑紋。

　　本屬與袖弄蝶屬近緣，兩者之成蝶交尾器及幼蟲特徵共通處多。

　　本屬成員有兩種，分布於東洋區。

　　成蝶主要棲息於闊葉林林緣、溪畔、河邊、海岸林等陽光充足的場所，飛行活潑，有訪花習性。

　　幼蟲以薑科Zingiberaceae植物為寄主植物。

　　分布於臺灣地區的種類有一種。

・*Udaspes folus*（Cramer, [1775]）（薑弄蝶）

# 薑弄蝶

*Udaspes folus* (Cramer)

▌模式產地：*folus* Cramer, [1775]："Surinam"（印度?）。

| 英 文 名 | Grass Demon |
|---|---|
| 別　　名 | 大白紋弄蝶 |

### 形態特徵 Diagnostic characters

　　雌雄斑紋相似。軀體背側黑褐色，腹側白色。前翅翅形近三角形，外緣明顯呈圓弧狀，後翅甚圓。翅背面底色黑褐色。前翅有數枚白色斑塊，後翅中央有一大型白色斑塊。翅腹面除了白色斑塊以外覆有濃淡不一的白紋及紅褐色紋。緣毛黑白相間。

### 生態習性 Behaviors

　　一年多代。成蟲棲息於林緣、溪流邊、河濱、市區公園、薑田等光線充足之場所，飛行活潑快速，有訪花習性。幼蟲作筒狀巢，化蛹於葉背。冬季通常以蛹態休眠過冬。

| 分布 Distribution | 棲地環境 Habitats | 幼蟲寄主植物 Larval hostplants |
|---|---|---|
| 在臺灣地區分布於臺灣本島平地至中海拔地區，離、外島之龜山島、蘭嶼、綠島及馬祖亦有記錄。臺灣以外見於東洋區廣大地域，北達日本南部。 | 常綠闊葉林、熱帶季風林、熱帶雨林、海岸林。 | 幼蟲以薑科Zingiberaceae之月桃*Alpinia speciosa*、臺灣月桃 *A. formosana*、薑黃*Curcuma aromatica*、穗花山奈*Hedychium coronanum*等植物為寄主植物。取食部位是葉片。 |

21~26mm

0~1000m

## 雌、雄蝶之區分 Distinctions between sexes

除了雌蝶通常體型較大、翅形較圓、白紋常較大、較顯著以外，雌、雄成蝶不易區分。

## 近似種比較 Similar species

在臺灣地區無形態類似的種類。

120%

♂

1cm

♀

1cm

| 變異 Variations | 豐度／現狀 Status | 附記 Remarks |
|---|---|---|
| 低溫期個體前翅背面翅頂附近之橙色鱗較為發達。 | 數量尚多。 | 本種缺乏地理變異，分布廣泛而無亞種分化。 |

# 黑星弄蝶屬 *Suastus* Moore, [1881]

模式種 Type Species | *Hesperia gremius* Fabricius, 1798，即黑星弄蝶 *Suastus gremius* (Fabricius, [1798])。

## 形態特徵與相關資料 Diagnosis and other information

中型弄蝶。下唇鬚第三節長，呈針狀而上挺。前翅CuA$_2$脈基部接近中室基部。翅底色呈褐色，後翅腹面上有黑色斑點為其特徵。

本屬成員有四種，分布於東洋區。

成蝶主要棲息於闊葉林，飛行活潑，有訪花習性。

幼蟲以棕櫚科Palmae植物為寄主植物。

分布於臺灣地區的種類有一種。

· *Suastus gremius*（Fabricius, [1798]）（黑星弄蝶）

# 黑星弄蝶

*Suastus gremius* (Fabricius)

模式產地：*gremius* Fabricius, 1798：印度。

| 英 文 名 | Indian Palm Bob |
|---|---|
| 別　　名 | 素弄蝶、黑點弄蝶、葵弄蝶 |

## 形態特徵 Diagnostic characters

雌雄斑紋相似。軀體背側黑褐色，腹側灰白色。前翅翅形三角形，外緣弧形，後翅甚圓。翅背面底色黑褐色。前翅於M$_3$室及CuA$_1$室各有一白斑，CuA$_2$室亦有一模糊白斑。R$_3$至R$_5$室或R$_4$至R$_5$室有排成一列的小白點。中室端常有一、兩只小白斑。後翅無紋。腹面底色灰褐色，除了前翅有白斑之外，後翅中室末端及亞外緣有數枚橢圓形或圓形小黑斑。緣毛淺褐色。

## 生態習性 Behaviors

一年多代。成蟲棲息於都市庭園、校園、公園、路旁，亦常見於闊葉林林緣等場所，有訪花習性。幼蟲作筒狀巢，化蛹於利用葉片作成之袋狀巢內。

| 分布 Distribution | 棲地環境 Habitats | 變異 Variations | 豐度 / 現狀 Status |
|---|---|---|---|
| 主要分布於臺灣本島平地至低海拔地區，中海拔地區少見，也見於離島之龜山島、綠島及澎湖。馬祖地區亦有記錄。臺灣以外見於華南、中南半島、印度次大陸，此外遠距離分布於印尼松巴及佛羅里斯島，近年並入侵日本南部之南西諸島並建立族群。 | 常綠闊葉林、熱帶季風林、熱帶雨林、海岸林以及都市綠地。 | 前翅白色斑點及後翅腹面黑色斑點之大小、數目頗多變異。 | 本種是數量眾多的園藝害蟲。 |

15~19mm

3000
2000
1000
0

0~1000m

## 雌、雄蝶之區分 Distinctions between sexes

　　雌蝶之翅面底色較淺，前翅白斑較白。

## 近似種比較 Similar species

　　本種後翅腹面之黑色斑點頗具特色，在臺灣地區無近似種。

180%

♂

1cm

♀

1cm

幼蟲寄主植物　Larval hostplants

幼蟲以諸多棕櫚科Palmae植物為食，包括山棕Arenga engleri、蒲葵Livistona chinensis var. subglobosa、圓葉蒲葵L. rotundifolia、臺灣海棗Phoenix hanceana var. formosana、加拿利海棗P. canariensis、海棗P. dactylifera、羅比親王海棗P. humilis var. loureiri、黃藤Daemonorops margaritae、檳榔Areca catechu、黃椰子Chrysaliclocarpus lutescens、酒瓶椰子Hyophorbe amaricaulis、棍棒椰子H. verschaffelti、觀音棕竹Rhapis excelsa、棕竹R. humilis、大王椰子Roystonea regia、華盛頓椰子Washingtonia filifera及壯幹棕櫚W. robusta等。取食部位是葉片。

附記　Remarks

由於棕櫚科植物是很受歡迎的園藝植物，而且大部種類可以作為本種之寄主植物，使本種成為都市綠地最常見的弄蝶之一。

# 蕉弄蝶屬 *Erionota* Mabille, [1878]

模式種 Type Species | *Papilio thrax* Linnaeus, 1767，即尖翅蕉弄蝶 *Erionota thrax* (Linnaeus, [1767])。

## 形態特徵與相關資料 Diagnosis and other information

　　大型弄蝶。下唇鬚第二節粗大，第三節短小。觸角頂端錘狀部基部呈白色。

　　軀體粗大強壯。前翅有黃白色斑紋，後翅無此等斑紋。後翅中室短，不及後翅長度1／2。複眼呈紅色，與夜間活動有關。

　　本屬成員有八種，分布於東洋區。

　　成蝶主要棲息於闊葉林，飛行強勁有力，有明顯之晨昏活動性與夜行性。有訪花及吸食腐爛物之習性。部分種類是著名的蕉類作物害蟲。

　　幼蟲以芭蕉科Musaceae植物為寄主植物。

　　本屬原本在臺灣地區並無分布，有一種於近年入侵並成功立足。

・ *Erionota torus* Evans, 1941（蕉弄蝶）

# 蕉弄蝶

*Erionota torus* (Evans)

▌模式產地：*torus* Evans, 1941；錫金。

| 英 文 名 | Banana Skipper |
|---|---|
| 別　　名 | 香蕉弄蝶、黃斑蕉弄蝶、巨弄蝶 |

## 形態特徵 Diagnostic characters

　　雌雄斑紋相似。軀體背側暗褐色，腹側淺褐色。前翅翅形三角形，外緣弧形，後翅扇形，臀區略突出。翅背面底色黑褐色。前翅於中室端、$M_3$室及$CuA_1$室各有一明顯之黃白色斑紋，後翅無紋。翅腹面翅面色調較淺，除了前翅黃白斑之外，翅面形成濃淡不一的斑紋。緣毛橙褐色。

## 生態習性 Behaviors

　　一年多代。成蟲棲息於闊葉林、果園等場所。成蝶於晝間停憩於枝葉間，受驚擾時則急速飛逃。黃昏時分開始活躍，於樹叢、蕉株

| 分布 Distribution | 棲地環境 Habitats | 幼蟲寄主植物 Larval hostplants |
|---|---|---|
| 在臺灣地區分布於臺灣本島平地至中海拔地區，也見於離島之龜山島與綠島。金門、馬祖地區亦有分布。臺灣以外見於華南、中南半島、印度次大陸，近年已入侵日本南部之南西諸島及菲律賓等地並建立族群。 | 常綠闊葉林、熱帶季風林、熱帶雨林、海岸林及都市綠地。 | 幼蟲以芭蕉科Musaceae的臺灣芭蕉*Musa formosana*、香蕉*M.* × *sapientum*、烹調蕉*M.* × *paradisiaca*的葉片。取食部位是葉片。 |

30~37mm

0~1000m

**弄蝶科**

蕉弄蝶屬

間快速飛舞，活動持續入深夜，時可於燈光下見到趨光個體。幼蟲作筒狀巢，體表被有白色蠟狀物質，化蛹於利用葉片作成之袋狀巢內。

## 雌、雄蝶之區分 Distinctions between sexes

雌蝶翅較寬闊、前翅外緣弧形傾向較強。

## 近似種比較 Similar species

在臺灣地區無近似種。

100%

♂

1cm

♀

1cm

| 變異 Variations | 豐度／現狀 Status | 附記 Remarks |
|---|---|---|
| 除了前翅黃白色斑點形狀略有變化以外，變異不顯著。 | 本種是數量眾多的蕉類作物害蟲。 | 蕉弄蝶在臺灣地區於1986年首次於屏東九如發現，當時高屏地區已分布廣泛並侵害許多蕉園，其後兩年內她便已擴散至臺東、臺南、嘉義各縣，不久後隨即遍布全島低山地及平地。由於在臺灣地區發現的外地自行遷入種多為地緣最近的菲律賓北部地區的種類，而本種在菲律賓北部並無分布，因此蕉弄蝶在臺灣的入侵係源自人為因素之可能性高。 |

# 赭弄蝶屬 *Ochlodes* Scudder, [1872]

模式種 Type Species | *Hesperia nemorum* Boisduval, 1852，該分類單元現今被認為係加州赭弄蝶 *Ochlodes agricola* (Boisduval, 1852) 的一亞種。

## 形態特徵與相關資料 Diagnosis and other information

中型弄蝶。足部具棘列。翅底色呈褐色，翅面上有白色或黃色斑點。雄蝶陽莖器末端右側具有大型突起。雄蝶前翅有狹長性標。

本屬成員約有22種，分布於舊北區、新北區及東洋區北端。

成蝶棲息於草原、森林邊緣、溪流附近等棲地，飛行活潑，有訪花習性。

幼蟲以禾本科 Poaceae 植物為寄主植物。

分布於臺灣地區的種類有兩種。

- *Ochlodes niitakanus* Sonan, 1936（臺灣赭弄蝶）
- *Ochlodes bouddha yuchingkinus* Murayama & Shimonoya, 1963（菩提赭弄蝶）

性標 (sexual brand)

菩提赭弄蝶雄蝶右前翅性標

臺灣地區

## 檢索表　　　　　　　　赭弄蝶屬

Key to species of the genus *Ochlodes* in Taiwan

❶ 前翅中室端具兩只分離小白斑；後翅淺色斑細小、黃色 ................................................................................................................ *niitakanus*（臺灣赭弄蝶）

前翅中室端小白斑融合為一；後翅淺色斑明顯、黃白色 ................................................................................................................ *bouddha*（菩提赭弄蝶）

# 臺灣赭弄蝶 特有種

*Ochlodes niitakanus* Sonan

▌模式產地：*niitakanus* Sonan, 1936：臺灣。

| 英 文 名 | Taiwan Darter |
|---|---|
| 別　　名 | 玉山黃斑弄蝶 |

## 形態特徵 Diagnostic characters

雌雄斑紋相異。軀體背側呈帶赭黃色之褐色，腹側黃褐色。前翅翅形三角形，外緣稍呈弧形，翅頂尖；後翅近半圓形。翅背面底色呈帶赭黃色之暗褐色。前翅於中室端有一至兩枚小白斑。$M_3$室及$CuA_1$室各有一白斑，$CuA_2$室有一模糊黃斑。$R_3$至$R_5$室或$R_4$至$R_5$室有排成一列的小白點。後翅Rs、$M_3$、$CuA_1$室內各有一黃色小斑點。腹面底色赭黃色。雄蝶於前翅背面之$CuA_1$及$CuA_2$室具有一灰色性標。雌蝶前翅斑點較白。緣毛橙色混淺褐色。

## 生態習性 Behaviors

一年一代。成蟲棲息於闊葉林林緣等場所，有訪花習性。幼蟲作筒狀巢，化蛹於利用葉片作成之巢內。冬季以四齡幼蟲休眠過冬。

## 雌、雄蝶之區分 Distinctions between sexes

雄蝶之前翅白斑呈黃白色、$CuA_1$室斑紋狹長，雌蝶則前翅白斑呈白色、$CuA_1$室斑紋較短。另外，雄蝶前翅背面有性標，雌蝶則否。

## 近似種比較 Similar species

在臺灣地區唯一近似種是菩提赭弄蝶，本種前翅中室端之小白斑通常分離為一前一後兩只小白點，菩提赭弄蝶則兩白斑有融合的傾向。本種後翅僅有模糊之黃色小斑點，菩提赭弄蝶則有明顯的白斑。

| 分布 Distribution | 棲地環境 Habitats | 幼蟲寄主植物 Larval hostplants |
|---|---|---|
| 分布於臺灣本島中海拔地區。 | 常綠闊葉林。 | 幼蟲以禾本科Poaceae植物為食，已知者包括川上氏短柄草*Brachypodium kawakamii*及膝曲莠竹*Microstegium geniculatium*等。取食部位是葉片。 |

1 2 3 4 5 6 7 8 9 10 11 12

16~20mm

1000~2500m

1cm

180%

1cm

弄蝶科

赭弄蝶屬

| 變異 Variations | 豐度/現狀 Status | 附記 Remarks |
|---|---|---|
| 前翅白色斑點之大小、數目有變異。 | 通常數量不多。 | 本種的學名過去多使用*formosana* Matsumura, 1919（模式產地：臺灣），然而後來發現該學名之模式標本其實屬於廣泛分布於歐亞大陸之小赭弄蝶*Ochlodes venatus*（Bremer & Grey, 1853）（模式產地：北京），疑係標籤有誤的日本產標本，因此本種學名應使用*niitakana* Sonan。另外，過去本種常被認為是亞洲大陸廣布種白斑赭弄蝶*O. subhyalina*（Bremer and Grey, 1853）（模式產地：北京）的亞種，但是本種其實與分布於華西地區之黃赭弄蝶*O. crataeis*（Leech, 1894）（模式產地：四川）較為近緣。 |

*129*

# 菩提赭弄蝶

*Ochlodes bouddha yuchingkinus* Murayama & Shimonoya

❙模式產地：*bouddha* Mabille, 1876；四川；*yuchingkinus* Murayama & Shimonoya, 1963；臺灣。

| | |
|---|---|
| 英 文 名 | Buddhist Darter |
| 別 　 名 | 雪山黃斑弄蝶 |

**弄蝶科**
赭弄蝶屬

## 形態特徵 Diagnostic characters

　　雌雄斑紋相異。軀體背側呈帶赭黃色之褐色，腹側黃褐色。前翅翅形三角形，外緣稍呈弧形，翅頂尖；後翅近半圓形。翅背面底色呈帶赭黃色之暗褐色。前翅於中室端有兩枚狹長小白斑，融合成「V」字形或幾近融合。$M_3$室及$CuA_1$室各有一白斑，$CuA_2$室有一模糊黃斑。$R_3$至$R_5$室或$R_4$至$R_5$室有排成一列的小白點。後翅 Rs、$M_3$、$CuA_1$室內各有一明顯的白色斑點。腹面底色赭黃色。雄蝶於前翅背面之$CuA_1$及$CuA_2$室具有一灰色性標。雌蝶前翅斑點較白。緣毛橙色混淺褐色。

## 生態習性 Behaviors

　　一年一代。成蟲棲息於闊葉林林緣等場所，有訪花習性。

## 雌、雄蝶之區分 Distinctions between sexes

　　雄蝶之前翅白斑呈黃白色、$CuA_1$室斑紋狹長，雌蝶則前翅白斑呈白色、$CuA_1$室斑紋較短。另外，雄蝶前翅背面有性標，雌蝶則否。

## 近似種比較 Similar species

　　在臺灣地區唯一近似種是臺灣赭弄蝶，本種前翅端中室之白斑狹長而有融合傾向，臺灣赭弄蝶則只有一或兩只細小白點。本種後翅有明顯的白斑，而臺灣赭弄蝶則僅有模糊之黃色小斑點。

| 分布 Distribution | 棲地環境 Habitats | 幼蟲寄主植物 Larval hostplants |
|---|---|---|
| 分布於臺灣本島中海拔地區，目前已發現的棲地均在中、北部。臺灣以外分布於華西、華西南及緬北地區。 | 常綠闊葉林。 | 已有記錄之幼蟲寄主植物是禾本科Poaceae之玉山箭竹*Yushania niitakayamensis*。取食部位是葉片。 |

15~19mm

1 2 3 4 5 6 7 8 9 10 11 12

1000~2000m

180%

1cm

♀

1cm

弄蝶科

赭弄蝶屬

| 變異 Variations | 豐度／現狀 Status | 附記 Remarks |
|---|---|---|
| 前翅白色斑點之大小、數目有變異。 | 通常數量很少。 | 本種最初被認為屬於分布於喜馬拉雅及中南半島北部之湮婆赭弄蝶Ochlodes siva Moore, 1878（模式產地：印度阿薩密）的亞種，後來才修訂為屬於O. bouddha Mabille。<br>本種的種小名意指釋迦牟尼、佛陀。 |

131

# 黃斑弄蝶屬 *Potanthus* Scudder, [1872]

模式種 Type Species | *Hesperia omaha* Edwards, 1863，即歐馬哈黃斑弄蝶 *Potanthus omaha*（Edwards, 1863）。

## 形態特徵與相關資料 Diagnosis and other information

小型弄蝶。觸角長度約為前翅前緣長度1／2，末端鉤狀。翅底色呈黑褐色，

翅面上有黃色斑紋。大多數種類雄蝶前翅有性標，一般細長而通常位於1A+2A脈上，也有位於中央斑帶內側而呈弧形的種類。

本屬種類繁多、鑑定困難，雄蝶之鑑定主要依靠交尾器鉤突（uncus）末端構造，抱器形態亦有幫助，雌蝶則至今缺乏可靠的鑑定方法。

本屬成員約有30種，主要分布於東洋區。

成蝶棲息於草原、森林邊緣、溪流附近等棲地，飛行活潑，有訪花習性。

幼蟲以禾本科Poaceae植物為寄主植物。

分布於臺灣地區的種類有四種。

- *Potanthus confucius angustatus*（Matsumura, 1910）（黃斑弄蝶）
- *Potanthus pava*（Fruhstorfer, 1911）（淡黃斑弄蝶）
- *Potanthus motzui* Hsu, Li & Li, 1990（墨子黃斑弄蝶）
- *Potanthus diffusus* Hsu, Tsukiyama & Chiba, 2005（蓬萊黃斑弄蝶）

Key to species of the genus *Potanthus* in Taiwan

❶ 後翅背面橙、黃色帶內翅脈不呈黑褐色；雄蝶前翅背面近翅頂之斑紋與中央
斑帶相連 .................................................................................... ❷
後翅背面橙、黃色帶內翅脈呈黑褐色；雄蝶前翅背面近翅頂之斑紋與中央斑
帶不相連 .................................................................................... ❸

❷ 前翅長<14mm；前翅背面$CuA_1$室基部無黃斑；後翅腹面黃色斑帶兩側鑲黑
褐色斑點 .............................................. *confucius*（黃斑弄蝶）
前翅長＞14mm；前翅背面$CuA_1$，室基部常有黃斑；後翅腹面黃色斑帶兩側
鑲黑褐色細線 ........................................ *pava*（淡黃斑弄蝶）

❸ 前翅背面中央斑帶之$M_1$及$M_2$室斑紋明顯偏向外側；後翅腹面底色泛綠色......
............................................................. *diffusus*（蓬萊黃斑弄蝶）
前翅背面中央斑帶成一直線；後翅腹面底色不泛綠色....................................
............................................................. *motzui*（墨子黃斑弄蝶）

＊黃斑弄蝶之乾季／低溫期個體偶爾在雌蝶前翅背面近翅頂之斑紋與中央斑帶分離。

黃斑弄蝶雄蝶右前翅性標

# 黃斑弄蝶 特有亞種

*Potanthus confucius angustatus* (Matsumura)

| | |
|---|---|
| 模式產地：*confucius*（C. & R. Felder, 1862）：浙江；*angustatus* Matsumura, 1910：臺灣。 | |
| 英 文 名 | Chinese Dart |
| 別　　名 | 黃弄蝶、孔子黃室弄蝶、臺灣黃斑弄蝶、小黃斑弄蝶 |

弄蝶科

黃斑弄蝶屬

## 形態特徵 Diagnostic characters

雌雄斑紋相似。軀體背側黑褐色，綴有橙黃色鱗；腹側橙黃色。前翅翅形鈍角三角形，外緣弧形，翅頂尖；後翅半圓形。翅背面底色暗褐色。前翅中央有一黃色斑帶，$R_3$至$R_5$室另有黃色斑形成小斑帶，兩者通常相連；中室至前緣有條形黃色紋。後翅中央亦有一黃色斑帶，$Sc+R_1$及Rs室內各有一黃色小斑點。腹面底色大部分為橙黃色，黃色斑紋內、外端鑲有黑褐色斑點。雄蝶於前翅背面1A+2A脈上有一黑色、具天鵝絨光澤之細條形性標。緣毛橙黃色及褐色。

## 生態習性 Behaviors

世代重疊之多化性蝶種。成蝶喜於陽光充足的草地、林緣、道路旁活動，好訪花。雄蝶有明顯的領域行為。幼蟲作筒狀巢，化蛹於利用葉片作成之巢內。

## 雌、雄蝶之區分 Distinctions between sexes

雌蝶前翅翅幅較寬、翅頂較鈍，前翅背面近翅頂之黃色斑帶與中央斑帶分離傾向較強。另外，雄蝶前翅背面有性標，雌蝶則否。

## 近似種比較 Similar species

以體型而言，在臺灣地區與本種最相似的種類是墨子黃斑弄蝶，最容易區別的特徵是本種翅腹面中央斑帶與底色對比不明顯、後翅背面中央斑帶內翅脈不呈黑色，墨子黃斑弄蝶則翅腹面底色較暗，與中央斑帶對比明顯。

## 分布 Distribution

在臺灣地區主要分布於臺灣本島低、中海拔地區，離島龜山島、綠島、蘭嶼亦有分布。金門及馬祖地區分布之族群屬於指名亞種ssp. *confucius*。其他分布區域涵蓋東洋區之華南、華西、華東、東南亞、南亞大部分地區。

## 棲地環境 Habitats

常綠闊葉林、熱帶季風林、海岸林、熱帶雨林。

10~13mm

1 2 3 4 5 6 7 8 9 10 11 12

0~1000m

高溫型（雨季型）

200%

1cm

♂

1cm

♀

| 幼蟲寄主植物 Larval hostplants | 豐度 / 現狀 Status |
|---|---|
| 幼蟲以禾本科 Poaceae 之毛馬唐 *Digitaria radicosa* var. *hirsuta*，白茅 *Imperata zylindrica*、印度鴨嘴草 *Ischaemum indicum*、五節芒 *Miscanthus floridulus*、芒 *M. sinensis*、兩耳草 *Paspalum conjugatum*、棕葉狗尾草 *Setaria palmifolia*、象草 *Penniserum purpurenum*、開卡蘆 *Phragmites vallatoria* 等多種植物為食。取食部位是葉片。 | 目前數量尚多。 |

低溫型（乾季型）

200%

1cm

♂

♀

1cm

變異 Variations

低溫期、乾季個體後翅腹面色彩常常暗化，部分個體甚至泛紅色，雌蝶偶爾可見前翅背面近翅頂之斑帶與中央斑帶分離的情形。後翅黃色斑點之大小變異頗著。

附記 Remarks

本種的亞種名angustatus常被誤拼為angusta或angustus。再者，英籍學者W. H. Evans所記述之韋氏黃斑弄蝶Potanthus wilemanni（Evans, 1934）（模式產地：臺灣）在命名後缺乏採集記錄，往昔記錄之個體均係墨子黃斑弄蝶或淡黃斑弄蝶之錯誤鑑定。有趣的是，後來曾有根據產自日本八重山群島之單一標本記述的、稱為宮下黃斑弄蝶

「宮下黃斑弄蝶」全模標本

200%

1cm

♂

*P. miyashita* Fujioka & Tsukiyama, 1976 （模式產地：西表島）或西表黃斑弄蝶的種類。該種後來經原命名者藤岡知夫及築山 洋檢討後認為與韋氏黃斑弄蝶同種，並處理為韋氏黃斑弄蝶的同物異名。兩位學者並懷疑宮下黃斑弄蝶的模式標本其實可能也採自臺灣。徐等（2019）在《臺灣蝶類誌》弄蝶科中，將其處理為黃斑弄蝶之同物異名，有興趣者請參照之。

# 淡黃斑弄蝶

*Potanthus pava* (Fruhstorfer)

▌模式產地：*pava* Fruhstorfer, 1911：臺灣。

| 英 文 名 | Formosan Dart |
|---|---|
| 別　　名 | 淡色黃斑弄蝶、淡黃弄蝶、寬紋黃室弄蝶 |

## 形態特徵 Diagnostic characters

雌雄斑紋相似。軀體背側黑褐色，綴有黃色鱗；腹側黃色。前翅翅形鈍角三角形，外緣弧形，翅頂尖；後翅半圓形。翅背面底色暗褐色。前翅中央有一黃色斑帶，$R_3$至$R_5$室另有黃色斑形成小斑帶，兩者通常相連。中室至前緣有條形黃色紋。$CuA_1$室基部常有黃斑。後翅中央亦有一黃色斑帶，$Sc+R_1$及Rs室內各有一黃色斑點。腹面底色大部分為黃色，黃色斑紋內、外端鑲有黑褐色短線。雄蝶於前翅背面1A+2A脈上有一黑色、具天鵝絨光澤之細條形性標。緣毛黃色及褐色。

## 生態習性 Behaviors

世代重疊之多化性蝶種。成蝶喜於陽光充足的林緣活動，好訪花。雄蝶有明顯的領域行為。幼蟲作筒狀巢，化蛹於利用葉片作成之巢內。

## 雌、雄蝶之區分 Distinctions between sexes

雌蝶前翅翅幅較寬、翅頂較鈍，前翅背面近翅頂之黃色斑帶與中央斑帶分離傾向較強。另外，雄蝶前翅背面有性標，雌蝶則否。雌蝶前翅$CuA_1$室基部缺乏黃斑。

## 近似種比較 Similar species

前翅$CuA_1$室基部黃斑是鑑定本種雄蝶的良好特徵，在此黃斑缺少時則有時易與黃斑弄蝶混淆，不過本種後翅腹面之黃色斑帶兩側鑲黑褐色細線，黃斑弄蝶則鑲黑褐色斑點。

| 分布 Distribution | 棲地環境 Habitats | 幼蟲寄主植物 Larval hostplants |
|---|---|---|
| 在臺灣地區主要分布於臺灣本島中、南部低海拔地區，北部罕見。離島龜山島、綠島、蘭嶼亦有分布。其他分布區域涵蓋東洋區之華南、華西、華東、南亞、中南半島等地區。菲律賓與蘇拉威西亦有分布。 | 常綠闊葉林、熱帶季風林、海岸林、熱帶雨林。 | 幼蟲以禾本科Poaceae之白茅*Imperata zylindrica*、五節芒*Miscanthus floridulus*、芒*M. sinensis*等植物為食。取食部位是葉片。 |

1 2 3 4 5 6 7 8 9 10 11 12

200%

♂

1cm

♀

1cm

| 變異 Variations | 豐度 / 現狀 Status | 附記 Remarks |
|---|---|---|
| 低溫期、乾季個體黃斑色調常較淺，體型較小。前翅中央斑帶之寬窄及後翅黃色斑點之大小變異頗著。雄蝶前翅CuA₁室基部黃斑有時消失。 | 目前數量尚多。 | 本種初命名時在論文正文及索引分別用了*pava*及*parva*之不同拼法，致使本種被許多研究者稱為*parva*或*parvus*。然而，本種最初命名時被認為是*yojana* Fruhstorfer, 1911（模式產地：爪哇）（該分類單元現今被認為是黃斑弄蝶 *P. confucius* 之亞種）的亞種，命名者並提及本種較 *yojana* 大型，可是 *parva* 的拉丁文意指「較小」，不符合命名者的原始觀察，因此不妥當，從而本種之種小名仍應使用 *pava*。 |

# 墨子黃斑弄蝶

*Potanthus motzui* Hsu, Li & Li

特有種

模式產地：*motzui* Hsu, Li & Li, 1990；臺灣。

| 英 文 名 | Mo Tzu's Dart |
|---|---|
| 別　　名 | 臺灣黃室弄蝶、細帶黃斑弄蝶 |

弄蝶科

黃斑弄蝶屬

## 形態特徵 Diagnostic characters

雌雄斑紋相似。軀體背側黑褐色，綴有橙黃色鱗；腹側橙黃色。前翅翅形鈍角三角形，外緣弧形，翅頂尖；後翅半圓形。翅背面底色暗褐色。前翅中央有一黃色斑帶，$R_3$至$R_5$室另有黃色斑形成小斑帶，兩者通常分離；中室至前緣有條形黃色紋。後翅中央亦有一黃色斑帶，其內翅脈黑褐色；Sc+$R_1$及Rs室內各有一黃色小斑點。腹面底色大部分為橙黃色。雄蝶於前翅背面1A+2A脈上有一黑色、具天鵝絨光澤之細條形性標。緣毛橙黃色及褐色。

## 生態習性 Behaviors

世代重疊之多化性蝶種。成蝶飛翔活潑敏捷，好棲息於林床及林緣有遮蔽的場所，好訪花，雄蝶有領域行為。幼蟲作筒狀巢，化蛹於利用葉片作成之巢內。

## 雌、雄蝶之區分 Distinctions between sexes

雌蝶前翅翅幅較寬、翅頂較鈍。雄蝶前翅背面有性標，雌蝶則否。

## 近似種比較 Similar species

以體型而言，在臺灣地區與本種最相似的種類是黃斑弄蝶，本種翅腹面由於底色較為黯淡，因此與中央斑帶對比明顯、後翅背面中央斑帶內翅脈呈黑色，黃斑弄蝶則翅腹面底色與中央斑帶對比不明顯、後翅背面中央斑帶內翅脈不呈黑色。

| 分布 Distribution | 棲地環境 Habitats | 幼蟲寄主植物 Larval hostplants |
|---|---|---|
| 分布於臺灣本島低、中海拔地區。 | 常綠闊葉林、熱帶季風林。 | 幼蟲以禾本科Poaceae之棕葉狗尾草*Setaria palmifolis*、毛馬唐*Digitaria radicosa* var. *hirsuta*、剛莠竹*Microstegium ciliatum*、五節芒*Miscanthus floridulus*、象草*Pennisetum purpureum*等植物為食。取食部位是葉片。 |

1 2 3 4 5 6 7 8 9 10 11 12

100~1200m

♂

200%

1cm

♀

1cm

| 變異 Variations | 豐度 / 現狀 Status | 附記 Remarks |
|---|---|---|
| 本種翅面斑帶寬窄、黃斑大小多變異。 | 目前數量尚多。 | 本種過去常被誤認為是韋氏黃斑弄蝶。本種的種小名 *motzui* 源自諸子百家中以「兼愛非攻」思想著名的戰國時代哲學家墨子。 |

# 蓬萊黃斑弄蝶

*Potanthus diffusus* Hsu, Tsukiyama & Chiba

▌模式產地：*diffusus* Hsu, Tsukiyama & Chiba, 2005：臺灣。

英 文 名│Large Formosan Dart

## 形態特徵 Diagnostic characters

　　雌雄斑紋相似。軀體背側黑褐色，綴有橙黃色鱗；腹側橙黃色。前翅翅形鈍角三角形，外緣弧形，翅頂尖；後翅半圓形。翅背面底色暗褐色。前翅中央有一橙黃色細斑帶，$R_3$至$R_5$室有橙黃色斑形成小斑帶，兩者通常分離。中室至前緣有條形橙黃色紋。後翅中央亦有一橙黃色斑帶，其內翅脈黑褐色，其內翅脈黑褐色$Sc+R_1$及Rs室內各有一橙黃色斑點，Rs室橙黃斑特別細小，甚至消失。腹面底色大部分為橙黃色，黃色斑紋內、外端鑲有模糊之黑褐色紋。雄蝶於前翅背面$1A+2A$脈上有一黑色、具天鵝絨光澤之細條形性標。緣毛橙黃色及褐色。

## 生態習性 Behaviors

　　一年可能有三或四世代。成蝶於陽光充足的樹冠、林緣活動，有訪花習性。雄蝶有明顯的領域行為。幼蟲作筒狀巢，化蛹於利用葉片作成之巢內。

## 雌、雄蝶之區分 Distinctions between sexes

　　雌蝶前翅翅幅較寬、翅頂較鈍。雄蝶前翅背面有性標，雌蝶則否。

## 近似種比較 Similar species

　　在臺灣地區與本種最相似的種類是墨子黃斑弄蝶，但是本種一般體型較大、翅背面中央斑帶較細、$M_1$及$M_2$室橙黃色斑紋外偏傾向更明顯。

| 分布 Distribution | 棲地環境 Habitats | 幼蟲寄主植物 Larval hostplants |
|---|---|---|
| 主要分布於臺灣本島中海拔地區，有時也可在低海拔地區發現。 | 常綠闊葉林。 | 尚未有正式記錄，幼蟲以禾本科Poaceae之芒*Miscanthus sinensis*等植物為食。取食部位是葉片。 |

13~16mm

3000
2000
1000
0
300~1400m

♂

1cm

♀

1cm

200%

弄蝶科

黃斑弄蝶屬

| 變異 Variations | 豐度／現狀 Status | 附記 Remarks |
|---|---|---|
| 翅背面中央斑帶之寬窄及翅腹面黑褐色紋之大小頗多個體變異。 | 通常數量稀少。 | 本種雖然是臺灣產的黃斑弄蝶屬中最大型的種類，卻遲至2005年始被記述、命名，牠與分布於亞洲大陸及日本之曲紋黃斑弄蝶 *Potanthus flavus*（Murray, 1875）（模式產地：日本）及分布於菲律賓的尼勃黃斑弄蝶 *P. niobe*（Evans, 1934）（模式產地：民答那峨）最近緣，可作為亞洲大陸生物相曾經由臺灣影響菲律賓生物相的證據。 |

# 橙斑弄蝶屬 *Telicota* Moore, [1881]

模式種 Type Species | *Papilio colon* Fabricius, 1775，即熱帶橙斑弄蝶 *Telicota colon*（Fabricius, 1775）。

## 形態特徵與相關資料 Diagnosis and other information

中型弄蝶。下唇鬚第三節粗短。觸角長度約為前翅前緣長度1／2，末端鉤狀。

前翅翅頂尖；中室前緣長，致使中室末端向前側方向突出。翅底色呈黑褐色，翅面上有橙黃色斑紋。雄蝶前翅有性標，位於$M_3$脈至1A+2A脈之間。

本屬種類繁多、鑑定困難，雄蝶之鑑定主要依靠交尾器鉤突（uncus）末端及抱器後緣之構造，雌蝶至今缺乏可靠的鑑定方法。

本屬成員估計在30種以上，分布於東洋區及澳洲區。

成蝶棲息於草原、森林邊緣、溪流附近等棲地，飛行快速，有訪花習性。

幼蟲以禾本科Poaceae植物為寄主植物。

分布於臺灣地區的種類有三種。

- *Telicota ohara formosana* Fruhstorfer, 1911（寬邊橙斑弄蝶）
- *Telicota bambusae horisha* Evans, 1934（竹橙斑弄蝶）
- *Telicota colon hayashikeii* Tsukiyama, Chiba & Fujioka, 1997（熱帶橙斑弄蝶）

臺灣地區
## 檢索表　　　　　　　　　　　　　　　橙斑弄蝶屬

### Key to species of the genus *Telicota* in Taiwan

**❶** 翅腹面底色色調明亮；雄蝶前翅黃色斑帶沿翅脈向外作線狀延伸 ............. **❷**

　翅腹面底色色調明顯較中央斑帶暗色；雄蝶前翅黃色斑帶不沿翅脈向外作線狀延伸 .................................. *ohara*（寬邊橙斑弄蝶）

**❷** 雄蝶前翅背面近翅頂之斑紋與中央斑帶相連；雄蝶性標位於前翅中央黑色帶狀部中央 ........................ *bambusae*（竹橙斑弄蝶）

　雄蝶前翅背面近翅頂之斑紋與中央斑帶分離；雄蝶性標位於前翅中央黑色帶狀部內側 ................................... *colon*（熱帶橙斑弄蝶）

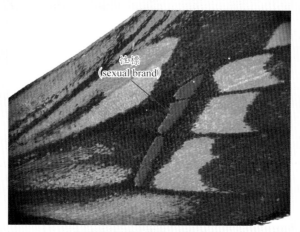

寬邊橙斑弄蝶雄蝶右前翅性標

熱帶橙斑弄蝶雄蝶右前翅性標

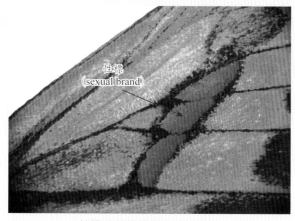

竹橙斑弄蝶雄蝶右前翅性標

# 寬邊橙斑弄蝶

*Telicota ohara formosana* Fruhstorfer

| 模式產地：*ohara* Plötz,1883，澳洲；*formosana* Fruhstorfer,1911；臺灣。

| 英 文 名 | Dark Palm Dart |
| 別　　名 | 竹紅弄蝶、黃紋長標弄蝶、大黃斑弄蝶 |

## 形態特徵 Diagnostic characters

　　雌雄斑紋相似。軀體背側黑褐色，綴有橙色鱗；腹側橙色。前翅翅形鈍角三角形，外緣弧形，翅頂尖；後翅半圓形。翅背面底色暗褐色。前翅中央有一橙色斑帶，$R_3$ 至 $R_5$ 室另有橙色斑形成小斑帶，兩者通常相連成一曲帶，中室至前緣及翅基有橙色紋，與橙色曲帶間形成一黑褐色條紋。後翅中央亦有一黃色斑帶，中室端有一橙色小斑。腹面底色大部分為暗橙色，中央斑帶橙色，其內、外端鑲黑褐色紋。雄蝶於前翅背面中央黑褐色條紋中央有一灰色線形性標。緣毛橙黃色，前翅雜有褐色。

## 生態習性 Behaviors

　　世代重疊之多化性蝶種。成蝶喜於林緣、道路旁陰涼處活動，好訪花。幼蟲作筒狀巢，化蛹於利用葉片作成之袋狀巢內。

## 雌、雄蝶之區分 Distinctions between sexes

　　雌蝶前翅翅幅較寬、翅頂較鈍，前翅背面翅基橙色紋較不發達。雄蝶前翅背面有灰色線形性標，雌蝶則否。

## 近似種比較 Similar species

　　棲息在臺灣地區的另外兩種橙斑弄蝶均類似本種，但是本種前翅外緣黑邊特別寬、雄蝶前翅黃色斑帶不沿翅脈向外作線狀延伸、雄蝶性標呈線形、翅腹面底色色調與中央斑帶對比明顯等特徵均可用以鑑定本種。

| 分布 Distribution | 棲地環境 Habitats | 幼蟲寄主植物 Larval hostplants |
| --- | --- | --- |
| 在臺灣地區主要分布於臺灣本島低、中海拔地區，離島龜山島及金門、馬祖地區亦有記錄。其他分布區域涵蓋東洋區之華南、華東、中南半島、東南亞、南亞及澳洲區之新幾內亞、澳洲等地區。 | 常綠闊葉林。 | 幼蟲以禾本科Poaceae之棕葉狗尾草*Setaria palmifolia*、象草*Pennisetum purpureum*及鋪地黍*Panicum repens*等植物為食。取食部位是葉片。 |

0~2000m

190%

♂

1cm

♀

1cm

| 變異 Variations | 豐度 / 現狀 Status | 附記 Remarks |
|---|---|---|
| 不顯著。 | 目前數量尚多。 | 本種常稱為「竹紅弄蝶」，致使許多研究者誤以為從竹類植物上發現的幼蟲即是本種，造成鑑定上的錯誤。其實本種係以禾本科Poaceae之黍亞科Panicoidaae為幼蟲寄主植物，而不食用竹亞科Bambusoideae，而在臺灣地區以竹類植物為幼蟲寄主的橙斑弄蝶其實是竹橙斑弄蝶（埔里紅弄蝶）。雖然亞種formosana的模式產地就是臺灣，但是中國大陸、港澳、海南等地區之寬邊橙斑弄蝶族群均屬於該亞種。 |

# 竹橙斑弄蝶

*Telicota bambusae horisha* Evans

▌模式產地：*bambusae* Moore, 1878；印度；*horisha* Evans, 1934；臺灣。

| 英 文 名 | Greenish Palm Dart |
|---|---|
| 別　　名 | 埔里紅弄蝶、紅翅長標弄蝶、夏黃斑弄蝶 |

## 形態特徵 Diagnostic characters

雌雄斑紋相似。軀體背側黑褐色，綴有橙色鱗；腹側橙色。前翅翅形鈍角三角形，外緣弧形，翅頂尖；後翅半圓形。翅背面底色暗褐色。前翅中央有一橙色斑帶，$R_3$ 至 $R_5$ 室、中室、翅前緣、翅基亦有橙色紋，橙色斑紋間形成一黑褐色條紋。後翅中央亦有一黃色斑帶，中室端有一橙色小斑。腹面底色大部分為色調稍暗之橙色，中央斑帶橙色，其內、外端鑲黑褐色紋。雄蝶於前翅背面中央黑褐色條紋中央有一灰色眉形性標。緣毛橙黃色，前翅雜有褐色。

## 生態習性 Behaviors

世代重疊之多化性蝶種。成蝶喜於林緣、林間空曠處、道路旁活動，好訪花。幼蟲作筒狀巢，化蛹於利用葉片作成之袋狀巢內。冬季溫度低的地區以終齡幼蟲休眠越冬。

## 雌、雄蝶之區分 Distinctions between sexes

雌蝶前翅翅幅較寬、翅頂較鈍，前翅背面橙色紋較不發達，橙色紋不沿翅脈向外延伸。雄蝶前翅背面有灰色眉形性標，雌蝶則否。

## 近似種比較 Similar species

在臺灣地區與本種最類似的種類是熱帶橙斑弄蝶，但是本種前翅黃色斑帶連續，熱帶橙斑弄蝶則常於 $M_1$ 脈分斷。另外，本種雄蝶性標位於前翅中央黑色帶狀部中央，而熱帶橙斑弄蝶則靠前翅中央黑色帶狀部內緣。

| 分布 Distribution | 棲地環境 Habitats | 幼蟲寄主植物 Larval hostplants |
|---|---|---|
| 在臺灣地區主要分布於臺灣本島低、中海拔地區，離島龜山島、綠島、蘭嶼及金門地區亦有記錄。其他分布區域涵蓋東洋區之華南、華西、華東、中南半島、南亞等地區。 | 常綠闊葉林、竹林。 | 幼蟲以禾本科Poaceae之綠竹*Bambusa oldhamii*、佛竹*B. ventricosa*、蓬萊竹*B. multiplex*、麻竹*Dendrocalamus latiflorus*、孟宗竹*Phyllostachys heterocycla*等多種竹亞科Bambusoideae植物為食，偶爾可在非竹類植物之芒*Miscanthus sinensis*及大黍*Panicum maximum*上見到幼蟲，但是多半在竹類植物植株附近，可能係源自從竹葉上掉落的幼蟲。取食部位是葉片。 |

14~19mm

| 1 | 2 | 3 | 4 | 5 | 6 | 7 | 8 | 9 | 10 | 11 | 12 |

0~1200m

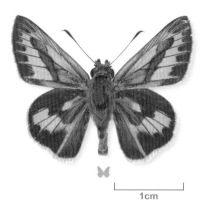

♂

1cm

190%

弄
蝶
科

橙斑弄蝶屬

♀

1cm

| 變異 Variations | 豐度／現狀 Status | 附記 Remarks |
|---|---|---|
| 不顯著。 | 本種是常見種。 | 本種的種小名常作ancilla（Herrich-Schäffer, 1869）（模式產地：澳洲），英籍學者J. N. Eliot於1967年首先指出bambusae與ancilla應為不同種，本書從其說。<br>本種的亞種名horisha意指臺灣中部舊地名「埔里社」之南投縣埔里地區，但中國大陸、港澳、海南、越南北部等地區之竹橙斑弄蝶族群均屬於該亞種。 |

# 熱帶橙斑弄蝶

*Telicota colon hayashikeii* Tsukiyama, Chiba & Fujioka

▌模式產地：*colon* Fabricius, 1775；印度；*hayashikeii* Tsukiyama, Chiba & Fujioka, 1997：
日本石垣島。

| 英 文 名 | Pale Palm Dart |
|---|---|
| 別 名 | 熱帶紅弄蝶、長標弄蝶 |

## 形態特徵 Diagnostic characters

　　雌雄斑紋相似。軀體背側黑褐色，綴有橙黃色鱗；腹側橙黃色。前翅翅形鈍角三角形，外緣弧形，翅頂尖；後翅近半圓形。翅背面底色暗褐色。前翅中央有一橙色斑帶，$R_3$ 至 $R_5$ 室、中室、翅前緣、翅基亦有橙色紋，橙色斑紋間形成一黑褐色條紋。後翅中央亦有一黃色斑帶，中室端有一橙色小斑。腹面底色大部分為泛黃綠色之橙黃色，中央斑帶橙黃色，其內、外端鑲黑褐色紋。雄蝶於前翅背面中央黑褐色條紋中央有一灰色眉形性標。緣毛橙黃色，前翅雜有褐色。

## 生態習性 Behaviors

　　世代重疊之多化性蝶種。成蝶喜於林緣、水邊空曠處活動，好訪花。幼蟲作筒狀巢，化蛹於利用葉片作成之巢內。

## 雌、雄蝶之區分 Distinctions between sexes

　　雌蝶前翅翅幅較寬、翅頂較鈍，前翅背面橙色紋較不發達，橙黃色紋沿翅脈向外延伸程度弱。雄蝶前翅背面有灰色眉形性標，雌蝶則否。

## 近似種比較 Similar species

　　在臺灣地區與本種最類似的種類是竹橙斑弄蝶，但是本種前翅黃色斑帶於 $M_1$ 脈分斷，而且雄蝶性標位於前翅中央黑色帶狀部內緣。

| 分布 Distribution | 棲地環境 Habitats | 幼蟲寄主植物 Larval hostplants |
|---|---|---|
| 在臺灣地區主要分布於臺灣本島中、南部低海拔地區，離島綠島、澎湖及金門地區亦有分布。其他分布區域涵蓋東洋區之華南、華西、華東、中南半島、南亞、東南亞及澳洲區之新幾內亞、澳洲、所羅門群島等地區。 | 常綠闊葉林林緣、河川沿岸荒地及田野、草本沼澤及草地。 | 幼蟲以禾本科 Poaceae 之五節芒 *Miscanthus floridulus*、象草 *Pennisetum purpureum*、大黍 *Panicum maximum*、蘆葦 *Phragmites australis*、開卡蘆 *P. vallatoria*、臺灣蘆竹 *Aruno donax* 及茭白 *Zizania latifolia* 等植物為食。取食部位是葉片。 |

13~18mm

0~600m

1 2 3 4 5 6 7 8 9 10 11 12

190%

♂

1cm

♀

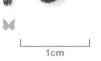

1cm

| 變異 Variations | 豐度／現狀 Status | 附記 Remarks |
|---|---|---|
| 不顯著，但乾季個體色彩常較淺色。 | 一般數量少，少數地點數量豐富。 | 臺灣產的本種過去常被認為屬於亞種 *stinga* Evans, 1949（模式產地：馬來亞）。 |

# 稻弄蝶屬 *Parnara* Moore, [1881]

模式種 Type Species | *Eudamus guttatus* Bremer & Grey, [1852]，即稻弄蝶*Parnara guttatus*（Bremer & Grey, [1852]）。

## 形態特徵與相關資料 Diagnosis and other information

中、小型弄蝶。下唇鬚平貼前頭，表面光滑。觸角短，長度僅前翅前緣長度1／3強，末端錘狀，尖頂細小。中足脛節無棘刺。前翅$M_2$脈基部後彎曲。翅底色呈褐色，翅面上有半透明白斑。雄蝶無性標。

本屬成員約有10種，分布於非洲區、東洋區及澳洲區。

成蝶棲息於草原、森林邊緣及水稻田等棲地，飛行快速，有訪花習性。許多種類是水稻害蟲，所謂「稻苞蟲」即包含本屬種類之幼蟲。

幼蟲以禾本科Poaceae植物為寄主植物。

分布於臺灣地區的種類有兩種。

• *Parnara guttata*（Bremer & Grey, 1852）（稻弄蝶）
• *Parnara bada*（Moore, 1878）（小稻弄蝶）

臺灣地區
## 檢索表　　　　　　　　　　　　　稻弄蝶屬

Key to species of the genus *Parnara* in Taiwan

❶ 前翅中室端有白斑；後翅腹面白斑銀白色 ...................... *guttata*（稻弄蝶）
　 前翅中室端無白斑；後翅腹面白斑黃白色 ...................... *bada*（小稻弄蝶）

小稻弄蝶*Parnara bada*（臺南市永康區永康，2010. 12. 05.）。

稻弄蝶*Parnara guttata*（新北市瑞芳區九份，2011. 11. 04.）。

# 稻弄蝶

*Parnara guttata* (Bremer & Grey)

▍模式產地：*guttata* Bremer & Grey, 1852：華北。

| 英 文 名 | Common Straight Swift |

| 別　　名 | 一文字弄蝶、一字紋稻苞蟲、單帶弄蝶、直紋稻弄蝶、列點弄蝶 |

## 形態特徵 Diagnostic characters

雌雄斑紋相似。軀體背側暗褐色，腹側黃白色。前翅翅形三角形，外緣稍呈弧形；後翅扇形，臀區略突出。翅背面底色暗褐色。前翅通常於中室端有兩枚小白斑。$M_2$、$M_3$及$CuA_1$室各有一白斑，排成一列斜紋。$R_3$至$R_5$室或$R_4$至$R_5$室有排成一列的小白點。後翅中央有由四枚白斑組成之一列斜紋。腹面底色黃褐色。緣毛褐色。

## 生態習性 Behaviors

一年多代。成蝶飛行迅速，有訪花習性。幼蟲作筒狀巢，化蛹於利用葉片作成之袋狀巢內。

## 雌、雄蝶之區分 Distinctions between sexes

雌蝶翅幅較廣、翅面白斑較大，此外不易區分。

## 近似種比較 Similar species

在臺灣地區唯一近似種是小稻弄蝶，不過本種前翅中室端有小白斑，小稻弄蝶則否；後翅腹面白斑銀白色，小稻弄蝶則為黃白色。

| 分布 Distribution | 棲地環境 Habitats | 幼蟲寄主植物 Larval hostplants |
|---|---|---|
| 在臺灣地區出現地點零星而不穩定，在北部及東海岸低地於秋季較常見。離島彭佳嶼、龜山島、綠島、蘭嶼及金門、馬祖地區亦有發現記錄。臺灣以外見於南亞及東亞許多地區。 | 草本沼澤、草地、常綠闊葉林。 | 本種雖是著名稻作害蟲，在臺灣地區目前卻沒有明確的為害稻作之記錄，目前已發現的幼蟲寄主植物只有禾本科Poaceae之稗 *Echinochloa crusgalli* 及印度鴨嘴草 *Ischaemum indicum*，無疑會利用許多其他禾草為幼蟲寄主植物。取食部位是葉片。 |

15~19mm

0~1000m

1 2 3 4 5 6 7 8 9 10 11 12

♂

1cm

170%

♀

1cm

| 變異 Variations | 豐度／現狀 Status | 附記 Remarks |
|---|---|---|
| 翅面底色深淺及後翅白色斑點之大小有變異。 | 通常數量少。 | 本種在日本地區是遷移能力很強的稻作害蟲，春季以後會作北向移動，秋季會作南向移動。然而，稻弄蝶在臺灣地區並不常見，而且發生不穩定，常見在某地出現後長期不見蹤影的情形，是否真有常駐族群，抑或只有由日本等地區遷入建立之一時性族群，尚待探討。由於稻弄蝶是知名稻作害蟲，因此農業上常將臺灣地區種植的水稻上的害蟲「稻苞蟲」視為本種，後來卻發現臺灣的稻苞蟲主要是小稻弄蝶及尖翅褐弄蝶，稻弄蝶在臺灣其實除了秋季以外頗為少見。 |

# 小稻弄蝶

*Parnara bada* (Moore)

▌模式產地：*bada* Moore, 1878：斯里蘭卡。

| 英 文 名 | Oriental Straight Swift |
|---|---|
| 別　　名 | 姬單帶弄蝶、么紋稻弄蝶、秋弄蝶、姬一文字弄蝶 |

## 形態特徵 Diagnostic characters

雌雄斑紋相似。軀體背側暗褐色，腹側黃白色。前翅翅形三角形，外緣稍呈弧形；後翅近扇形。翅背面底色暗褐色。前翅$M_2$、$M_3$及$CuA_1$室各有一小白斑，排成一列斜紋，但$M_2$斑微小而時常消失。$R_3$至$R_5$室有排成一列的小白點，但常部分消失。後翅中央有由數枚黃白斑組成之一列斜紋。腹面底色黃褐色或褐色。緣毛褐色。

## 生態習性 Behaviors

一年多代。成蝶飛行活潑敏捷，有訪花習性。幼蟲作筒狀巢，化蛹於利用葉片作成之袋狀巢內。

## 雌、雄蝶之區分 Distinctions between sexes

雌蝶翅幅較廣、翅面白斑較大，此外不易區分。

## 近似種比較 Similar species

在臺灣地區唯一近似種是稻弄蝶，不過本種前翅中室端無白斑、後翅腹面白斑黃白色而非銀白色。

| 分布 Distribution | 棲地環境 Habitats | 幼蟲寄主植物 Larval hostplants |
|---|---|---|
| 在臺灣地區分布於臺灣本島平地至中海拔地區。龜山島、綠島、蘭嶼、澎湖亦有記錄。金門及馬祖地區也有分布。其他分布區域涵蓋東洋區之華南、華東、中南半島、東南亞、南亞及澳洲區之蘇拉威西、澳洲等地區。 | 草本沼澤、草地、稻田、常綠闊葉林。 | 幼蟲以禾本科Poaceae之稻*Oryza sativa*、李氏禾*Leersia hexandra*、稗*Echinochloa crusgalli*、象草*Pennisetum purpureum*、臺灣蘆竹*Arundo formosana*、牛筋草*Eleusine indica*等植物為食。取食部位是葉片。 |

13~18mm

0~2500m

190%

♂

1cm

♀

1cm

| 變異 Variations | 豐度／現狀 Status | 附記 Remarks |
|---|---|---|
| 後翅白色斑點之大小、數目變異很大，數目可以少得僅有兩枚模糊小紋，也可多達五枚而形成一曲紋列。 | 數量豐富。 | 在臺灣地區是稻作害蟲之一。 |

# 禾弄蝶屬

*Borbo* Evans, [1949]

模式種 Type Species | *Hesperia borbonica* Boisduval, 1833，即勃本禾弄蝶 *Borbo borbonica*（Boisduval, 1833）。

## 形態特徵與相關資料 Diagnosis and other information

中、小型弄蝶。觸角長度短於前翅前緣長度1／2，末端尖頂短。前翅中室前緣末端明顯彎曲。翅底色呈褐色，翅面上有半透明白斑。

本屬成員約有22種左右，大部分分布於非洲區，少數分布於東洋區及澳洲區。

成蝶棲息於草原、常綠闊葉林等棲地，有訪花習性。

幼蟲以禾本科Poaceae植物為寄主植物。

分布於臺灣地區的種類有1種。

・*Borbo cinnara*（Wallace, 1866）（禾弄蝶）

禾弄蝶*Borbo cinnara*（臺南市新化區新化，2009. 10. 24.）。

禾弄蝶終齡幼蟲Final instar larva of *Borbo cinnara*（臺東縣臺東市康樂，2010. 09. 13.）。

假禾弄蝶*Pseudoborbo bevani*（南投縣仁愛鄉惠蓀林場，700m，2011. 12. 04.）。

# 禾弄蝶

*Borbo cinnara* (Wallace)

▌模式產地：*cinnara* Wallace, 1866：臺灣。

| 英 文 名 | Formosan Swift |
|---|---|
| 別　　名 | 秈弄蝶、臺灣單帶弄蝶、幽靈弄蝶、臺灣一文字弄蝶、山弄蝶 |

## 形態特徵 Diagnostic characters

雌雄斑紋相似。軀體背側為泛黃綠色之暗褐色，腹側為泛黃綠色之黃白色。前翅翅形三角形，外緣稍呈弧形；後翅近扇形，臀區突出。翅背面底色暗褐色。前翅中室端常有兩只白色小斑點；$M_2$、$M_3$及$CuA_1$室各有一小白斑，排成一列斜紋；$CuA_2$室中央有一黃白斑。$R_3$至$R_5$室亦各有一只小白點，但常部分消失。後翅無紋。翅腹面底色為泛黃綠色之褐色，除了前翅具有如同翅背面之白斑外，後翅有數只小白點。緣毛黃白色混褐色。

## 生態習性 Behaviors

世代重疊之多化性蝶種。成蝶有訪花習性。幼蟲作筒狀巢，化蛹於葉背。

## 雌、雄蝶之區分 Distinctions between sexes

不易區分，不過雌蝶翅幅常較廣、翅面白斑較大。

## 近似種比較 Similar species

在臺灣地區外觀最易混淆的種類是小稻弄蝶，不過本種前翅中室端常有小白點，小稻弄蝶則無；本種前翅$CuA_2$室內有一枚黃白斑，小稻弄蝶亦無；本種前翅R室白斑點之$R_5$斑位置偏外側，小稻弄蝶則否。

| 分布 Distribution | 棲地環境 Habitats | 幼蟲寄主植物 Larval hostplants |
|---|---|---|
| 在臺灣地區分布於臺灣本島平地至中海拔地區。龜山島、綠島、蘭嶼、澎湖、彭佳嶼亦有分布。金門、馬祖及東沙島地區也有分布。其他分布涵蓋東洋區及澳洲區大部分地區。 | 常綠闊葉林、熱帶季風林、熱帶雨林、海岸林、都市林、草本沼澤、草地、農田、公園、墓地、都市荒地等。 | 以許多禾本科Poaceae之禾草為食，包括柳葉箬*Isachne globosa*、巴拉草*Brachiria mutica*、鋪地黍*Panicum repens*、大黍*P. maximum*、兩耳草*Paspalum conjugation*、象草*Pennisetum purpureum*、牧地狼尾草*P. setosum*、蒺藜草*Cenchrus echinatus*、棕葉狗尾草*Setaria palmifolia*、稻*Oryza sativa*、毛馬唐*Digitaria radicosa* var. *hirsuta*、茭白*Zizania latifolia*等。取食部位是葉片。 |

14~18mm

| 1 | 2 | 3 | 4 | 5 | 6 | 7 | 8 | 9 | 10 | 11 | 12 |

0~1000m

200%

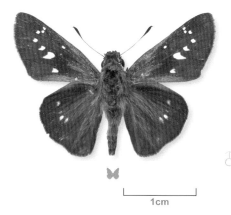

♂

1cm

♀

1cm

| 變異 Variations | 豐度 / 現狀 Status | 附記 Remarks |
|---|---|---|
| 前翅翅面白斑及後翅腹面白色斑點之大小、數目變異很大。 | 數量豐富。 | 本種的命名者即是動物地理學之父華萊士 A. R. Wallace，而本種也是臺灣產蝴蝶中最早被命名的種類之一。 |

## 假禾弄蝶屬 *Pseudoborbo* Lee, 1966

模式種 Type Species | *Hesperia bevani* Moore,1878，即假禾弄 *Pseudoborbo bevani*（Moore, 1878）。

### 形態特徵與相關資料 Diagnosis and other information

中、小型弄蝶。觸角長度約為前翅前緣長度1／2，末端尖頂短。下唇鬚第三節細小。翅底色呈褐色，翅面上有半透明白斑。中足脛節無棘刺。

本屬最初係根據雄蝶交尾器差異而從禾弄蝶屬*Borbo* Evans, 1949分離出來的屬，有些研究者認為應併回禾弄蝶屬。最近的系統發育研究傾向支持本屬與禾弄屬分離。

本屬成員僅有1種，分布於東洋區。

成蝶棲息於山坡草地等開闊地，有訪花習性。

幼蟲以禾本科Poaceae植物為寄主植物。

唯一代表種臺灣地區有分布。

· *Pseudoborbo bevani*（Moore, 1978）（假禾弄蝶）

# 假禾弄蝶

*Pseudoborbo bevani* (Moore)

▌模式產地：*bevani* Moore, 1878：印度。

| 英 文 名 | Bevan's Swift |
|---|---|
| 別　　名 | 小紋褐弄蝶、假籼弄蝶、擬秈弄蝶、偽禾弄蝶 |

## 形態特徵 Diagnostic characters

雌雄斑紋相似。軀體纖細，背側為泛黃褐色之暗褐色，腹側為灰白色。前翅翅形鈍角三角形，外緣稍呈弧形；後翅近扇形。翅背面底色暗褐色。前翅中室端常有一只白色小斑點；$M_1$、$M_2$、$M_3$及$CuA_1$室各有一小白斑，但在雄蝶$M_1$及$M_2$斑常減退、消失；$CuA_2$室中央有一模糊黃白斑，在雄蝶常消失。$R_3$至$R_5$室亦各有一只小白點，但常部分消失。後翅無紋。翅腹面底色為泛黃灰色之褐色，除了前翅具有如同翅背面之白斑外，後翅有數只細小白點。緣毛黃白色混褐色。

## 生態習性 Behaviors

多化性蝶種。成蝶有訪花習性。

| 分布 Distribution | 棲地環境 Habitats | 幼蟲寄主植物 Larval hostplants |
|---|---|---|
| 在臺灣地區分布於臺灣本島中海拔地區。其他分布區域包括東洋區之華東、華南、華西、南亞、東南亞及澳洲區之蘇拉威西、摩鹿加群島等地區。 | 常綠闊葉林及溪流附近之崩塌地。 | 已記錄之寄主植物為禾本科Poaceae之菅子草*Themeda caudata*。 |

15~17mm

0~1000m

## 雌、雄蝶之區分 Distinctions between sexes

雌蝶翅幅較廣、翅面白斑較大。

1cm

♀

1cm

## 近似種比較 Similar species

在臺灣地區最類似的種類是禾弄蝶，不過本種後翅臀區突出不顯著、腹面白斑細小。另外，本種的軀體在外形相似的種類當中顯得格外纖細。

200%

♂

| 變異 Variations | 豐度／現狀 Status | 附記 Remarks |
|---|---|---|
| 前翅翅面白斑及後翅腹面白色斑點之大小、數目多變異。 | 一般數量少。 | 離島蘭嶼、綠島及澎湖亦曾有記錄，但由於近年來這些島嶼均無假禾弄蝶的確實觀察或採集記錄，是否真有分布有待檢討。 |

# 褐弄蝶屬 *Pelopidas* Walker, [1881]

模式種 Type Species | *Pelopidas midea* Walker, 1870，該分類單元現今被認為是沙漠褐弄蝶*Pelopidas thrax*（Hübner, [1821]）之同物異名。

## 形態特徵與相關資料 Diagnosis and other information

中、大型弄蝶。觸角長度約為前翅前緣長度1／2，末端尖頂長。中足脛節具棘刺列。翅底色呈褐色，翅面上有半透明白斑。後翅中室內有一白色斑點。許多種類雄蝶於前翅背面$CuA_2$室內有一斜行線狀性標。

本屬成員有9種，分布於東洋區、澳洲區、舊北區南部及非洲區。

成蝶棲息於草原、森林、灌叢、沙漠等禾草生長的場所，有訪花習性。

幼蟲以禾本科Poaceae植物為寄主植物。

分布於臺灣地區的種類有4種。

- *Pelopidas conjuncta*（Herrich-Schäffer, 1869）（巨褐弄蝶）
- *Pelopidas sinensis*（Mabille, 1877）（中華褐弄蝶）
- *Pelopidas mathias oberthueri* Evans, 1937（褐弄蝶）
- *Pelopidas agna*（Moore, [1866]）（尖翅褐弄蝶）

臺灣地區
## 檢索表 褐弄蝶屬

### Key to species of the genus *Pelopidas* in Taiwan

**❶** 雄蝶於前後翅背面無線形性標；雌蝶前翅背面$CuA_1$室內僅有一只白斑點 ..................................................................... *conjuncta*（巨褐弄蝶）

雄蝶於前後翅背面有線形性標；雌蝶前翅背面$CuA_1$室內有兩只白斑點 ........ ................................................................................................ **❷**

**❷** 後翅腹面斑列及中室內白色斑點均鮮明 .................... *sinensis*（中華褐弄蝶）

後翅腹面斑列及中室內白色斑點均細小 ................................................ **❸**

**❸** 前翅中室白斑之延長連結線穿越雄蝶性標，於雌蝶達前翅後緣中央 ............. ............................................................................... *mathias*（褐弄蝶）

前翅中室白斑之延長連結線不穿越雄蝶性標，於雌蝶達前翅後緣內側 ........... ................................................................................. *agna*（尖翅褐弄蝶）

褐弄蝶雄蝶前翅性標與中室斑位置

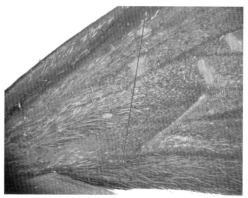
尖翅褐弄蝶雄蝶前翅性標與中室斑位置

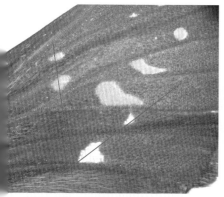
褐弄蝶雌蝶前翅中室斑位置

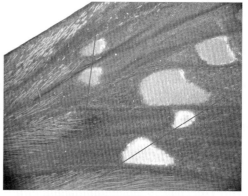
尖翅褐弄蝶雌蝶前翅中室斑位置

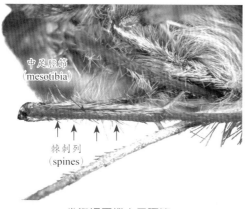
尖翅褐弄蝶中足脛節

# 褐弄蝶

*Pelopidas mathias oberthueri* Evans

▌模式產地：*mathias* Fabricius, 1798；印度；*oberthueri* Evans, 1937；天津。

| 英 文 名 | Small Branded Swift |
|---|---|
| 別 名 | 隱紋穀弄蝶、隱紋谷弄蝶 |

## 形態特徵 Diagnostic characters

雌雄斑紋相異。軀體背側為泛黃綠色之褐色，腹側為灰白色。前翅翅形鈍角三角形，外緣圓弧形；後翅近扇形，臀區突出。翅背面底色暗褐色。前翅中室端有兩枚小白斑；$M_2$、$M_3$及$CuA_1$室各有一半透明白斑，排列成一直線；雄蝶於$CuA_2$室有一斜行線狀性標，雌蝶則有兩枚黃白斑。$R_3$至$R_5$室亦各有一半透明白色小斑點。後翅無紋。翅腹面底色為泛綠色之褐色，白色斑紋類似翅背面，後翅中室多一白色斑點，並有一白色點列約略作弧形排列。後翅緣毛淺褐色，前翅緣毛暗褐色。

## 生態習性 Behaviors

多化性蝶種。成蝶飛行活潑敏捷，有訪花習性。幼蟲作筒狀巢，化蛹於葉背。

## 雌、雄蝶之區分 Distinctions between sexes

通常雄蝶翅面白紋較雌蝶細小。雄蝶前翅背面於$CuA_2$室有線狀性標，雌蝶則無。

## 近似種比較 Similar species

在臺灣地區與本種最近似的種類是尖翅褐弄蝶，分辨兩者雄蝶的方式是將前翅中室端的兩只白斑作一假想連結線向後延伸，穿過線形性標者是褐弄蝶，如果沒有穿過線形性標而落在其內側則是尖翅褐弄

| 分布 Distribution | 棲地環境 Habitats | 幼蟲寄主植物 Larval hostplants |
|---|---|---|
| 在臺灣地區分布於臺灣本島平地至中海拔地區。離島龜山鄉、綠島亦有發現。馬祖地區也有分布。其他分布區域包括舊北區東部、東洋區及澳洲區之廣大地區。 | 常綠闊葉林、海岸林、都市林、草地、農田、都市荒地等。 | 在臺灣地區以禾本科Poaceae之鋪地黍*Panicum repens*、大黍*P. maximum*、印度鴨嘴草*Ischaemum indicum*、稗*Echinochloa crusgalli*等植物為幼蟲寄主。取食部位是葉片。 |

16~19mm

0~2000m

蝶。兩者雌蝶較難區分，不過褐弄蝶前翅中室端白斑假想連結線通常向後通過前翅後緣中央，尖翅褐弄蝶的假想連結線則通過前翅後緣內側。另外，本種前翅翅幅較寬、翅頂較圓。

弄蝶科

褐弄蝶屬

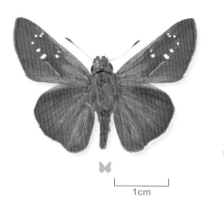

(150%)

♂

1cm

♀

1cm

| 變異 Variations | 豐度 / 現狀 Status | 附記 Remarks |
|---|---|---|
| 翅面白斑大小、數目多變異，有時幾近消失。 | 一般數量少。 | 雖然本種的世界分布遼闊，而且在許多地方是常見種，在臺灣地區褐弄蝶卻並不常見，事實上，文獻中常有將尖翅褐弄蝶誤鑑定為本種的情形。 |

# 尖翅褐弄蝶

*Pelopidas agna* (Moore)

▌模式產地：*agna* Moore：印度。

| 英文名 | Little Branded Swift |
|---|---|
| 別　名 | 南亞穀弄蝶、南亞谷弄蝶、裏一文字弄蝶、眉原弄蝶 |

## 形態特徵 Diagnostic characters

雌雄斑紋相異。軀體背側為泛黃綠色之褐色，腹側為灰白色。前翅翅形鈍角三角形，外緣圓弧形，翅頂尖；後翅近扇形，臀區突出。翅背面底色暗褐色。前翅中室端有兩枚小白點；$M_2$、$M_3$及$CuA_1$室各有一半透明小白斑，排列成一直線；雄蝶於$CuA_2$室有一斜行線狀性標，雌蝶則有兩枚小黃白斑。$R_3$至$R_5$室亦各有一半透明白色小斑點。後翅於雄蝶常無紋，於雌蝶則常有數只白色小斑點。翅腹面底色為泛綠色之褐色，白色斑紋類似翅背面，後翅中室多一白色斑點，並有一白色點列約略作弧形排列。後翅緣毛淺褐色，前翅緣毛暗褐色。

## 生態習性 Behaviors

多化性蝶種。成蝶飛行活潑敏捷，有訪花習性。幼蟲作筒狀巢，化蛹於葉背。

## 雌、雄蝶之區分 Distinctions between sexes

通常雄蝶翅面白紋較雌蝶細小。雄蝶前翅背面於$CuA_2$室有線狀性標，雌蝶則無。

## 近似種比較 Similar species

在臺灣地區與本種最近似的種類是褐弄蝶，本種前翅翅頂較尖、白斑較細小、雌蝶後翅背面常有小白斑。另外，本種雄蝶前翅中室端白斑點假想連結線向後不穿過線形性標，褐弄蝶則穿過線形性標；本種雌蝶之中室端白斑假想連結線通過前翅後緣內側，褐弄蝶則通過前翅後緣中央。

| 分布 Distribution | 棲地環境 Habitats | 幼蟲寄主植物 Larval hostplants |
|---|---|---|
| 在臺灣地區分布於臺灣本島平地至中海拔地區。離島龜山鄉、綠島、澎湖亦有發現。馬祖地區也有分布。其他分布區域包括東洋區及澳洲區之廣大地區。 | 常綠闊葉林、熱帶季風林、海岸林、都市林、草本沼澤、草地、農田、公園、墓地、都市荒地等等。 | 在臺灣地區以禾本科Poaceae之稻*Oryza sativa*、兩耳草*Paspalum conjugatum*、鴨草*P. scrobiculatum*、印度鴨嘴草*Ischaemum indicum*、鋪地黍*Panicum repens*、大黍*P. maximum*、稗*Echinochloa crusgalli*、五節芒*Miscanthus floridulus*、芒*M. sinensis*、象草*Pennisetum purpureum*等植物為幼蟲寄主。取食部位是葉片。 |

16~22mm

0~2000m

150%

弄蝶科

褐弄蝶屬

♂

1cm

1cm

♀

| 變異 Variations | 豐度／現狀 Status | 附記 Remarks |
|---|---|---|
| 翅面白斑大小、數目多變異，有時幾近消失。 | 本種是數量豐富之常見種。 | 本種斑紋變異頗著而且與褐弄蝶非常相像，鑑定時應格外注意。 |

# 中華褐弄蝶

*Pelopidas sinensis* (Mabille)

▍模式產地：*sinensis* Mabille, 1877：上海。

| 英 文 名 | Large Branded Swift |
| 別　　名 | 臺灣褐弄蝶、中華穀弄蝶、中華谷弄蝶、臺灣茶翅弄蝶 |

## 形態特徵 Diagnostic characters

雌雄斑紋相異。軀體背側褐色，腹側為黃白色。前翅翅形鈍角三角形，外緣圓弧形；後翅近扇形，臀區略突出。翅背面底色暗褐色。前翅中室端有兩枚明顯半透明白斑；$M_2$、$M_3$及$CuA_1$室各有一明顯半透明白斑，排列成一直線；雄蝶於$CuA_2$室有一斜行線狀性標，雌蝶則有兩枚白斑。$R_3$至$R_5$室亦各有一半透明白色斑點。後翅有一列白色斑點。翅腹面底色為泛黃色之褐色，白色斑紋類似翅背面而更為發達，後翅中室多一白色斑點。後翅緣毛淺褐色，前翅緣毛暗褐色。

## 生態習性 Behaviors

多化性蝶種。成蝶飛行強而有力，有訪花習性。幼蟲作筒狀巢，化蛹於葉背。

## 雌、雄蝶之區分 Distinctions between sexes

雄蝶翅面白斑較雌蝶小型。雄蝶前翅背面於$CuA_2$室有線狀性標，雌蝶則無。

## 近似種比較 Similar species

本種後翅腹面中室內之白斑明顯較同屬其他種類大型，不難鑑定。

| 分布 Distribution | 棲地環境 Habitats | 幼蟲寄主植物 Larval hostplants |
| --- | --- | --- |
| 在臺灣地區分布於臺灣本島中海拔地區。其他分布區域包括喜馬拉雅、華西、華東、華北、朝鮮半島等地區。 | 常綠闊葉林。 | 在臺灣地區以植株巨大的禾本科Poaceae植物為幼蟲寄主植物，如芒*Miscanthus sinensis*及象草*Pennisetum purpureum*等。取食部位是葉片。 |

19~22mm

600~2200m

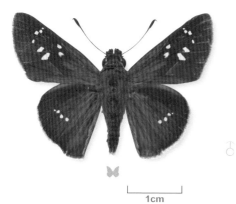

150%

♂

1cm

♀

1cm

| 變異 Variations | 豐度/現狀 Status | 附記 Remarks |
|---|---|---|
| 不顯著。 | 一般數量甚少。 | 在臺灣地區產的褐弄蝶中，本種是體型僅次於巨褐弄蝶的大型種，其食性並無出奇之處，數量及產地卻都很少。 |

# 巨褐弄蝶

*Pelopidas conjuncta* (Herrich-Schäffer)

┃模式產地：*conjuncta* Herrich-Schäffer, 1869；印度。

| 英 文 名 | Conjoined Swift |
|---|---|
| 別　　名 | 古銅穀弄蝶、臺灣大褐弄蝶、臺灣大茶翅弄蝶 |

## 形態特徵 Diagnostic characters

雌雄斑紋相似。軀體粗壯，背側褐色，腹側灰褐色。前翅翅形鈍角三角形，外緣圓弧形；後翅扇形，臀區明顯突出。翅背面底色暗褐色。前翅中室端有兩枚明顯半透明黃白斑；$M_2$、$M_3$及$CuA_1$室各有一明顯半透明黃白斑，排列成一直線；$CuA_2$室中央有一黃白斑。$R_3$至$R_5$室亦各有一半透明黃白色斑點。後翅無紋。翅腹面底色為泛黃色之褐色，除了前翅具有如同翅背面之白斑外，後翅中室有一細小白點，其餘翅室亦有作弧形排列之細小白點。後翅緣毛淺褐色，前翅緣毛暗褐色。

## 生態習性 Behaviors

多化性蝶種。成蝶飛行強而有力，有訪花習性。雄蝶有明顯的領域行為。幼蟲作筒狀巢，化蛹於葉背。

## 雌、雄蝶之區分 Distinctions between sexes

雄蝶前後翅均較雌蝶狹窄。

## 近似種比較 Similar species

本種體型明顯較類似種大型，後翅腹面斑紋卻格外細小，鑑定不成問題。

| 分布 Distribution | 棲地環境 Habitats | 幼蟲寄主植物 Larval hostplants |
|---|---|---|
| 在臺灣地區分布於臺灣本島平地至低海拔地區。金門地區亦有記錄。其他分布區域包括東洋區之廣大地區。 | 常綠闊葉林、熱帶季風林、海岸林。 | 在臺灣地區以植株巨大的禾本科Poaceae植物為幼蟲寄主植物如五節芒 *Miscanthus floridulus*、芒 *M. sinensis*、象草 *Pennisetum purpureum*、茭白 *Zizania latifolia* 等。取食部位是葉片。 |

20~26mm

0~1000m

150%

♂

1cm

♀

1cm

| 變異 Variations | 豐度 / 現狀 Status | 附記 Remarks |
|---|---|---|
| 不顯著。 | 一般數量不多。 | 過去本種在臺灣被認為是分布於中南部的罕見種，不過有一段時期全島低地都能見到巨褐弄蝶，連臺北近郊也不難發現其蹤跡，是否與氣候暖化有關，值得探討。 |

# 孔弄蝶屬 *Polytremis* Mabille, [1904]

模式種 Type Species | *Gegenes contigua* Mabille, 1877，該分類單元現今被認為是黃紋孔弄蝶*Polytremis lubricans*（Herrich-Schäffer, 1869）之同物異名。

## 形態特徵與相關資料 Diagnosis and other information

中型弄蝶。觸角長度略長於前翅前緣長度1／2。中足脛節無棘刺。翅底色呈褐色，翅面上有半透明黃白斑。

本屬成員僅有1種，分布於東洋區。

成蝶棲息於草原及森林，有訪花習性。

幼蟲以禾本科Poaceae植物為寄主植物。

唯一代表種臺灣有分布。

· *Polytremis lubricans kuyaniana*（Matsumura, 1919）（黃紋孔弄蝶）

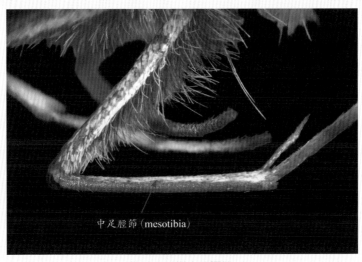

中足脛節（mesotibia）

黃紋孔弄蝶中足脛節

長紋襌弄蝶*Zinaida zina taiwana*（臺北市北投區七星山，900m，2011. 07. 22.）。

奇萊襌弄蝶*Zinaida kiraizana*（南投仁愛鄉能高越嶺道，1600m，2011. 02. 28.）。

# 黃紋孔弄蝶

*Polytremis lubricans kuyaniana* (Matsumura)

|模式產地：*lubricans*（Herrich-Schäffer）, 1869；印度；*kuyaniana* Matsumura, 1919；臺灣。

| 英 文 名 | Contiguous Swift |
| --- | --- |
| 別　　名 | 黃紋褐弄蝶 |

## 形態特徵 Diagnostic characters

雌雄斑紋相似。軀體背側黃褐色，腹側黃白色至淺黃褐色。前翅翅形鈍角三角形，外緣圓弧形，翅頂尖；後翅近扇形，臀區突出不明顯。翅背面底色暗褐色。前翅中室端有兩枚明顯半透明黃白斑；$M_2$、$M_3$及$CuA_1$室各有一明顯半透明黃白斑，排列成一直線，$CuA_1$斑特別狹長；$CuA_2$室內有一黃白斑。$R_3$至$R_5$室亦各有一半透明白色斑點。後翅有四枚交錯排列之黃白斑，其中之$M_2$斑格外細長。翅腹面底色黃褐色，黃白色斑紋類似翅背面。翅緣毛淺褐色混暗褐色。

## 生態習性 Behaviors

一年多代。成蝶活潑敏捷，有訪花習性。幼蟲作筒狀巢，化蛹於葉背。

## 雌、雄蝶之區分 Distinctions between sexes

除了雌蝶翅幅較寬以外，雌、雄蝶十分相似。

## 近似種比較 Similar species

由於本種的翅面斑紋呈黃白色，因此很容易與斑紋呈白色、棲息在臺灣地區的其他孔弄蝶區分。

| 分布 Distribution | 棲地環境 Habitats | 幼蟲寄主植物 Larval hostplants |
| --- | --- | --- |
| 分布於臺灣本島低、中海拔地區。龜山島及澎湖亦有記錄。其他分布區域包括東洋區之廣大地區。 | 常綠闊葉林、熱帶季風林、海岸林。 | 以禾本科 Poaceae 的芒*Miscanthus sinensis*及五節芒*M. floridulus*為幼蟲寄主植物。取食部位是葉片。 |

0~2000m

17~20mm

140%

1cm

♂

1cm

♀

| 變異 Variations | 豐度／現狀 Status | 附記 Remarks |
|---|---|---|
| 翅面黃白斑大小、形狀變化大。 | 目前數量尚多。 | 本種之亞種名長期使用 *taiwana* Matsumura, 1919（模式產地：臺灣），後來卻發現這個分類單元的模式標本是禾弄蝶，並不是黃紋孔弄蝶，因此後來將亞種名改為 *kuyaniana* Matsumura, 1919。由於本亞種分布涵蓋華中與華東的黃紋孔弄蝶族群，此一處理頗有必要。 |

# 碎紋弄蝶屬 *Zinonoida* Fan & Chiba, 2016

模式種 Type Species | *Hesperia eltola* Hewitson, 1869，即碎紋弄蝶
*Zinonoida eltola*（Hewitson, 1869）。

## 形態特徵與相關資料 Diagnosis and other information

中型弄蝶。觸角長度略長於前翅前緣長度1／2。下唇鬚第三節粗短、略突出。前翅中室斑相連，或前方斑點消失。無性標。

本屬成員有2種，分布於東洋區。

成蝶棲息於森林，有訪花習性。

幼蟲以禾本科Poaceae植物為寄主植物。

臺灣地區有1種。

· *Zinonoida eltola tappana*（Matsumura, 1919）（碎紋弄蝶）

# 碎紋弄蝶

特有亞種

*Zenonoida eltola tappana* (Matsumura)

▌模式產地：*eltola* Hewitson, 1869：印度；*tappana* Matsumura, 1919：臺灣。

| 英 文 名 | Yellow-Spot Swift |
|---|---|
| 別　　名 | 達邦褐弄蝶、達邦茶翅弄蝶、大吉嶺褐弄蝶 |

## 形態特徵 Diagnostic characters

　　雌雄斑紋相似。軀體背側暗褐色，腹側淺黃褐色。前翅翅形鈍角三角形，外緣圓弧形；後翅近扇形，臀區突出不明顯。翅背面底色暗褐色。前翅中室端有一枚明顯半透明白斑，於雄蝶略帶黃色；$M_2$、$M_3$及$CuA_1$室各有一明顯半透明白斑，排列成一直線，$CuA_1$斑與中室端斑接觸；$CuA_2$室內有一白斑。$R_3$至$R_5$室亦各有一半透明白色斑點。後翅有三枚白斑，其中$M_1$與$M_2$斑融合為一大白斑，$M_3$斑十分細小。翅腹面底色黃褐色，白斑類似翅背面。翅緣毛淺褐色混暗褐色。

## 生態習性 Behaviors

　　一年多代。成蝶活潑敏捷，有訪花習性。幼蟲作筒狀巢，化蛹於葉背。

## 雌、雄蝶之區分 Distinctions between sexes

　　除了雌蝶翅幅較寬以外，雌、雄蝶十分相似。

## 近似種比較 Similar species

　　本種後翅$M_1$與$M_2$斑融合為一以及前翅$CuA_1$斑與中室端斑接觸的特性可用來與其他棲息在臺灣地區的孔弄蝶作區分。

| 分布 Distribution | 棲地環境 Habitats | 幼蟲寄主植物 Larval hostplants |
|---|---|---|
| 分布於臺灣本島低、中海拔地區。其他分布區域包括喜馬拉雅、中南半島及華東等地區。 | 常綠闊葉林內較潮溼、有遮蔭的棲所。 | 以禾本科Poaceae的蘆竹*Arundo donax*、求米草*Oplismenus hirtellus*及竹葉草*O. compositus*等植物為幼蟲寄主植物。取食部位是葉片。 |

弄蝶科

碎紋弄蝶屬

1cm

♂

140%

1cm

♀

| 變異 Variations | 豐度／現狀 Status | 附記 Remarks |
|---|---|---|
| 翅面白斑大小、形狀多變異。 | 數量通常不多。 | 本種之亞種名*tappana*係指阿里山附近之達邦地區。 |

# 禪弄蝶屬 *Zinaida* Evans, 1937

模式種 Type Species | *Parnara nascens* Leech, [1893]，即華西禪弄蝶 *Zinaida nascens*（Leech, [1893]）。

## 形態特徵與相關資料 Diagnosis and other information

中型弄蝶。觸角長度略長於前翅前緣長度1／2。前翅$R_1$脈基端位於$CuA_1$及$CuA_2$脈中央，後翅Rs脈基部位於$CuA_2$脈內側。多數種類雄蝶前翅背面具性標。

本屬成員約有14種以上，分布於東洋區及古北區東部。

成蝶棲息於草原及森林，有訪花習性。

幼蟲以禾本科Poaceae植物為寄主植物。

臺灣地區有紀錄的種類有有3種，其中的短紋禪弄蝶*Zinaida theca*（Evans, 1937）在臺灣應無分布。

· *Zinaida zina asahinai*（Shirôzu, 1952）（長紋禪弄蝶）

· *Zinaida kiraizana*（Sonan, 1938）（奇萊禪弄蝶）

臺灣地區
## 檢索表 禪弄蝶屬

Key to species of the genus *Zinaida* in Taiwan

❶ 翅腹面底色泛黃綠色；雄蝶前翅$CuA_2$室無線形性標......*zina*（長紋禪弄蝶）
翅腹面底色泛黃褐色；雄蝶前翅$CuA_2$室有線形性標.....................................
.................................................................... *kiraizana*（奇萊禪弄蝶）

# 長紋襌弄蝶

*Zinaida zina asahinai* (Shirôzu)

弄蝶科
襌弄蝶屬

▌模式產地：*zina* Evans, 1932：四川；*asahinai* Shirôzu, 1952：臺灣。

| 英 文 名 | Zina Swift |
| --- | --- |
| 別　名 | 刺紋孔弄蝶 |

## 形態特徵 Diagnostic characters

　　雌雄斑紋相異。軀體背側暗褐色，腹側為帶褐色之黃白色。前翅翅形三角形，外緣圓弧形，翅頂尖；後翅近扇形，臀區突出不明顯。翅背面底色暗褐色。前翅中室端有兩枚明顯半透明白斑，於雄蝶後側紋長度約為前側紋兩倍，於雌蝶則約略等長；$M_2$、$M_3$及$CuA_1$室各有一明顯半透明白斑，排列成一直線；$CuA_2$室內有一半透明白斑。$R_3$至$R_5$室亦各有一半透明白色斑點。後翅有四枚交錯排列之白斑。翅腹面底色為泛黃綠色之褐色，白色斑紋類似翅背面。翅緣毛淺褐色混暗褐色。

## 生態習性 Behaviors

　　一年一世代。成蝶活潑敏捷，有訪花習性。雄蝶常至溼地吸水。幼蟲作筒狀巢，化蛹於葉背。

## 雌、雄蝶之區分 Distinctions between sexes

　　雄蝶翅面白斑較雌蝶為小。雄蝶前翅中室端後側白斑長度約為前側斑兩倍，於雌蝶則約略等長。

## 近似種比較 Similar species

　　本種的雌蝶與奇萊襌弄蝶近似，但是本種翅腹面底色泛黃綠色而非黃褐色、後翅$M_2$室白斑大小與$M_1$室白斑約略等大，奇萊襌弄蝶雌蝶則後翅$M_2$室白斑為$M_1$室白斑兩倍大。

| 分布 Distribution | 棲地環境 Habitats | 幼蟲寄主植物 Larval hostplants |
| --- | --- | --- |
| 分布於臺灣本島低、中海拔地區，中、北部較為常見。臺灣以外見於華西、華東、華北、阿穆爾、朝鮮半島等地區。 | 常綠闊葉林、箭竹原。 | 以禾本科 Poaceae 的芒 *Miscanthus sinensis* 及玉山箭竹 *Yushania niitakayamensis* 為幼蟲寄主植物。取食部位是葉片。 |

18~21mm

0~2000m

140%

1cm

♂

1cm

♀

| 變異 Variations | 豐度／現狀 Status | 附記 Remarks |
|---|---|---|
| 翅面白斑大小變化大。 | 一般數量不多。 | 臺灣產的本種之亞種分類地位尚待檢討。另外文獻中曾有透紋禪弄蝶（大褐弄蝶）*Zinaida pellucida* Murray, 1875（模式產地：日本）及短紋禪弄蝶 *Z. theca*（Evans, 1937）（模式產地：四川）之記錄，可能其實都是長紋禪弄蝶。 |

# 奇萊禪弄蝶

*Zinaida kiraizana* (Sonan)

特有種

▊模式產地：*kiraizana* Sonan, 1938；臺灣。

| 英文名 | Kiraizan Swift |
|---|---|
| 別　名 | 奇萊褐弄蝶 |

## 形態特徵 Diagnostic characters

雌雄斑紋相異。軀體背側暗褐色，腹側為帶褐色之黃白色。前翅翅形鈍角三角形，外緣圓弧形，翅頂尖；後翅近扇形，臀區突出不明顯。翅背面底色暗褐色。前翅中室端有兩枚明顯半透明白斑；$M_2$、$M_3$及$CuA_1$室各有一明顯半透明白斑，排列成一直線；雄蝶於$CuA_2$室有一斜行線狀性標，雌蝶則有一枚白斑。$R_3$至$R_5$室亦各有一半透明白色斑點。後翅有四只交錯排列之白色斑點。翅腹面底色為泛黃色之褐色，白色斑紋類似翅背面。後翅緣毛淺褐色，前翅緣毛暗褐色。

## 生態習性 Behaviors

一年一世代。成蝶飛行快速，有訪花習性。雄蝶常至溪邊及山壁上吸水。幼蟲作筒狀巢，化蛹於葉背。冬季以幼蟲態過冬。

## 雌、雄蝶之區分 Distinctions between sexes

雄蝶翅形較狹窄，翅面白斑較雌蝶為小。雄蝶前翅背面於$CuA_2$室有線狀性標，雌蝶則無。

## 近似種比較 Similar species

本種的雌蝶與長紋禪弄蝶十分相似，但是本種翅腹面底色泛黃褐色、後翅$M_2$室白斑大小為$M_1$室白斑兩倍，長紋禪弄蝶雌蝶則翅腹面底色泛黃綠色、後翅$M_2$室白斑與$M_1$室白斑約略等大。

| 分布 Distribution | 棲地環境 Habitats | 幼蟲寄主植物 Larval hostplants |
|---|---|---|
| 分布於臺灣本島中海拔地區，北部較為常見。 | 常綠闊葉林。 | 以禾本科 Poaceae 的芒 *Miscanthus sinensis* 為幼蟲寄主植物。取食部位是葉片。 |

20~24mm

1000 2000m

1 2 3 4 5 6 7 8 9 10 11 12

140%

弄蝶科

禪弄蝶屬

1cm

♂

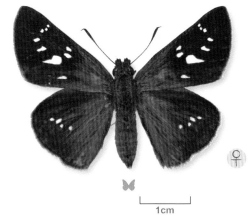

♀

1cm

| 變異 Variations | 豐度 / 現狀 Status |
|---|---|
| 不顯著。 | 一般數量稀少。 |

# 黯弄蝶屬 *Caltoris* Swinhoe, [1893]

模式種 Type Species | *Hesperia kumara* Moore, 1878，即印度黯弄蝶 *Caltoris kumara*（Moore, 1878）。

## 形態特徵與相關資料 Diagnosis and other information

中、大型弄蝶。觸角長度略長於前翅前緣長度1／2。中足脛節無棘刺。翅底色呈暗褐色，翅面上多有半透明白斑。部分種類雄蝶有性標。

本屬之種類色彩特別深色，外觀相似而斑紋多變異，鑑定上頗為困難。

本屬成員約有20種，主要分布於東洋區及澳洲區。

成蝶棲息於森林，有訪花習性。

幼蟲以禾本科Poaceae植物為寄主植物。

臺灣地區有記錄的種類有兩種。

- *Caltoris ranrunna*（Sonan, 1936）（臺灣黯弄蝶）
- *Caltoris bromus yanuca*（Fruhstorfer, 1911）（變紋黯弄蝶）

臺灣地區
## 檢索表　　　　　　　　　　　　　　黯弄蝶屬

### Key to species of the genus *Caltoris* in Taiwan

❶ 翅面斑紋穩定，後翅腹面無紋 .............................. *ranrunna*（臺灣黯弄蝶）
翅面斑紋變化劇烈，若斑紋發達則後翅腹面有小斑 .......................................
....................................................................... *bromus*（變紋黯弄蝶）

# 變紋黯弄蝶

*Caltoris bromus yanuca* (Fruhstorfer)

模式產地：*bromus* Leech, 1894；華西；*yanuca* Fruhstorfer, 1911；臺灣。

| 英 文 名 | Extra-spot Swift |
|---|---|
| 別　　名 | 無紋弄蝶、無斑珂弄蝶、灌弄蝶 |

## 形態特徵 Diagnostic characters

雌雄斑紋相似。軀體背側暗褐色，腹側褐色。前翅翅形三角形，外緣圓弧形，翅頂尖；後翅近扇形，臀區明顯突出。翅背面底色暗褐色。翅面白斑極富變異。白斑最不發達的場合翅面幾乎完全無紋。白斑最發達的場合於前翅中室端有兩枚明顯半透明白斑；$M_2$、$M_3$及$CuA_1$室各有一明顯半透明白斑，排列成一直線。$CuA_2$室有兩枚不透明白斑。$R_3$至$R_5$室亦各有一半透明白色斑點。後翅無紋。翅腹面在白斑最不發達的場合翅面亦無紋，在最發達的場合除了前翅白色斑紋類似翅背面以外，於後翅亦有數只白色或暗色小斑點。外緣毛黃白色，內緣毛淺褐色。

## 生態習性 Behaviors

一年多代。成蝶飛行快速敏捷，於黃昏或陰天活動，有訪花習性。幼蟲作筒狀巢，化蛹於葉背。

## 雌、雄蝶之區分 Distinctions between sexes

除了雄蝶翅幅較窄以外，雌、雄蝶外觀上基本沒有差異。

## 近似種比較 Similar species

在臺灣地區與本種最類似的種類是臺灣黯弄蝶，後者不會有白斑減退至無紋的情形，而在本種斑紋發達的場合後翅腹面會有白色或暗色小斑點，臺灣黯弄蝶則沒有。

| 分布 Distribution | 棲地環境 Habitats | 幼蟲寄主植物 Larval hostplants |
|---|---|---|
| 分布於臺灣本島平地至低海拔地區。金門及馬祖地區分布之族群屬於承名亞種ssp. *bromus*。其他分布區域包括華西、華東、華南、北印度、中南半島、東南亞等地區。 | 常綠闊葉林、竹林。 | 以禾本科Poaceae的開卡蘆*Phragmites vallatoria*及蘆竹*Arundo donax*為幼蟲寄主植物。取食部位是葉片。 |

斑紋減退型

160%

1cm

♂

1cm

♀

| 變異 Variations | 豐度 / 現狀 Status |
|---|---|
| 翅面白斑變異劇烈，而且與季節無關。 | 通常數量不多。 |

17~20mm

0~1000m

弄蝶科

黯弄蝶屬

160%

斑紋鮮明型

♂

1cm

♀

1cm

附記　Remarks

本種斑紋發達的場合斑紋與臺灣黯弄蝶或褐弄蝶或禪弄蝶屬雌蝶類似，造成許多鑑定上的錯誤。此外，也因為過去誤以為本種翅面無紋，因此從前使用的許多中文及日文俗名均以「無紋」為名，如「無紋弄蝶」、「無斑珂弄蝶」、「ムモンセセリ」等，其實本種的臺灣產亞種無紋或幾乎無紋的個體所占比例並不高，大約僅有三成，而指名亞種則根本沒有無紋的個體。對本種斑紋特性的誤解致使本種過去被認為在臺灣地區是只分布於南部低地的稀有種，其實，本種在臺灣全島的低海拔溼地均不罕見。

*189*

# 臺灣黯弄蝶

 特有種

*Caltoris ranrunna* (Sonan)

▌模式產地：*ranrunna* Sonan, 1936。

| 英 文 名 | Colon Swift |
|---|---|
| 別　　名 | 黑紋弄蝶、箭竹褐裙弄蝶、放踵珂弄蝶、人倫弄蝶 |

## 形態特徵 Diagnostic characters

雌雄斑紋相似。軀體背側暗褐色，腹側淺褐色。前翅翅形三角形，外緣圓弧形，翅頂尖；後翅近扇形，臀區明顯突出。翅背面底色暗褐色。前翅中室端有一或兩枚明顯半透明白斑；$M_2$、$M_3$及$CuA_1$室各有一明顯半透明白斑，排列成一直線。$R_4$及$R_5$室亦各有一半透明白色斑點。後翅無紋。翅腹面底色稍淺，白色斑紋類似翅背面，後翅亦無紋。外緣毛黃白色，內緣毛淺褐色。

## 生態習性 Behaviors

一年多代。成蝶飛行快速敏捷，有訪花習性。幼蟲作筒狀巢，化蛹於葉背。

## 雌、雄蝶之區分 Distinctions between sexes

除了雄蝶翅幅較窄以外，雌、雄蝶外觀上沒有差異。

## 近似種比較 Similar species

在臺灣地區與本種最類似的種類是變紋黯弄蝶，後者在斑紋發達的場合不易與本種區分，不過變紋黯弄蝶斑紋發達的個體後翅腹面通常有小斑點，本種則無。另外，本種翅頂內側的白色斑點固定只有兩枚，變紋黯弄蝶則有一至三枚。

| 分布 Distribution | 棲地環境 Habitats | 幼蟲寄主植物 Larval hostplants |
|---|---|---|
| 分布於臺灣本島平地至低海拔地區，龜山島亦曾發現。 | 常綠闊葉林、竹林。 | 以禾本科Poaceae的玉山箭竹*Yushania niitakayamensis*、佛竹*Bambusa ventricosa*、唐竹*Sinobambusa toosik*及臺灣蘆竹*Arundo formosana*等植物為幼蟲寄主。取食部位是葉片。 |

1 2 3 4 5 6 7 8 9 10 11 12

160%

1cm

♂

1cm

♀

| 變異 Variations | 豐度／現狀 Status | 附記 Remarks |
|---|---|---|
| 前翅中室白斑之前側斑有時消退，甚至完全消失。 | 目前數量尚多。 | Hsu.et al.（2019）依據形態及分子數據判斷臺灣分布之「黯弄蝶」族群應為特有種，即臺灣黯弄蝶Caltoris ranrunna（Sonan, 1936） |

# 鳳蝶科

平均來說，在蝴蝶各科當中，以鳳蝶科的體型最大，牠們有許多種類在後翅具有尾突，這種構造在英文中稱為swallowtail，即「燕尾」之

## 成蝶形態特徵 Diagnosis for adults

　　鳳蝶成蝶體型爲中到大型。牠們大部分種類翅面上斑紋色彩華麗鮮豔，因此相當引人注目。鳳蝶的頭部狹窄，觸角基部距離很近。複眼大型而光滑。胸部的三對足均爲正常步行足，常常頗爲細長，前足脛節內側具有一前脛突（epiphysis）。前翅3A脈游離，部分徑脈癒合而呈叉狀。後翅只有一條臀脈，雄蝶沿內緣常生有發香鱗。前、後翅的中室均封閉。成蝶的雌雄二型性在某些種類很發達，部分種類具有明顯的多型性。有些種類的雄蝶具有性標。雄蟲交尾器的背兜（tegumen）及鉤突（uncus）退化、縮小，功能爲第8腹節背板所取代，其末端常具一突起，稱爲僞鉤突（pseuduncus）或上鉤突（superuncus）。

## 幼生期 Immatures

　　鳳蝶的卵呈球形，表面光滑，外表有時覆蓋膠狀或蠟狀物質。卵通常產在寄主植物體上，一般單產，也有聚產的種類。鳳蝶幼蟲前胸前方藏有一可以外翻的叉狀器官，稱爲臭角（osmeterium），是鳳蝶幼蟲的獨特防禦武器。腹部原足鉤於腹足內側排成一縱列。幼蟲體表常在特定位置長有肉突。鳳蝶幼蟲基本上以寄主植物葉片爲食。鳳蝶蛹修長或粗壯，頭頂常有一對突起。大部分種類蛹體裸露在外，以縊蛹方式附著，於尾端及後胸或頭部分別有絲線連結，但是墨西哥鳳蝶與部分絹蝶亞科成員的成熟幼蟲則織出鬆散的繭並在地上、落葉間化蛹。其他種類鳳蝶的化蛹位置多半位於枝條上、葉片下等處。

## 幼蟲食性 Larval Hosts

　　主要以氣味強烈的雙子葉植物爲幼蟲寄主，如芸香科Rutaceae、馬兜鈴科Aristolochiaceae、樟科Lauraceae、木蘭科

意。鳳蝶科分布廣泛，主要在熱帶地區，但是溫、寒帶地區也有許多種類棲息。世界上約有26屬，600餘種鳳蝶，鳳蝶多樣性最高的地區是在美洲熱帶地區，不過印度－澳洲的鳳蝶多樣性也很高。現生鳳蝶科分為寶鳳蝶Baroniinae、絹蝶Parnassinae及鳳蝶Papilioninae三個亞科。臺灣地區棲息著約9屬31種鳳蝶。

Magnoliaceae、番荔枝科Annonaceae、蓮葉桐科Hemandiaceae及繖形科Apiaceae等，但是墨西哥鳳蝶則以豆科Fabaceae植物爲寄主植物。

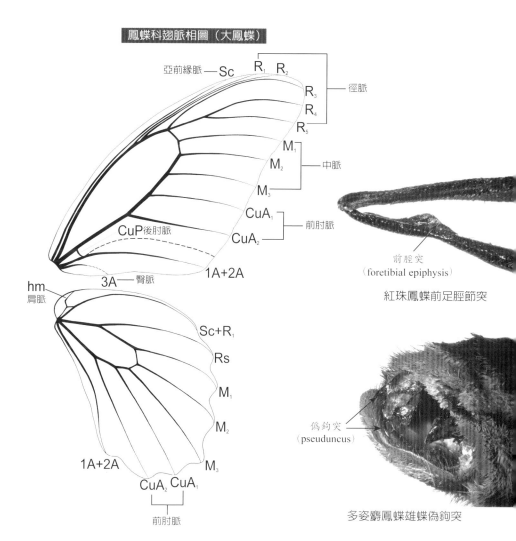

鳳蝶科翅脈相圖（大鳳蝶）

亞前緣脈 — Sc　R₁　R₂

$R_3$
$R_4$
$R_5$
徑脈

$M_1$
$M_2$
中脈
$M_3$

$CuA_1$
$CuA_2$
前肘脈

CuP後肘脈

3A — 臀脈

1A+2A

hm
肩脈

$Sc+R_1$

Rs

$M_1$

$M_2$

1A+2A

$M_3$

$CuA_2$　$CuA_1$

前肘脈

前脛突
（foretibial epiphysis）

紅珠鳳蝶前足脛節突

僞鉤突
（pseuduncus）

多姿麝鳳蝶雄蝶僞鉤突

# 裳鳳蝶屬 *Troides* Hübner, [1819]

模式種 Type Species | *Papilio helena* Linnaeus, 1758，即裳鳳蝶 *Troides helena*（Linnaeus, 1758）。

## 形態特徵與相關資料 Diagnosis and other information

大型鳳蝶。前胸常具紅環。腹部背側呈褐色或灰色，腹側則常帶黃色。雄蝶後翅內緣向上反摺成袋，其內自$A_1+A_2$脈生出極細的綿毛狀發香鱗毛。前翅翅形狹長，後翅翅形很圓，外緣呈波浪狀，不具尾狀突起。翅底色呈暗褐色或黑色，前翅沿翅脈有白色或黃色條紋，後翅具有黃色或金黃色半透明斑紋或斑塊。具雌雄二型性。雌蝶斑紋色彩較雄蝶淺，而且後翅的黃斑內常鑲有暗色斑紋。

裳鳳蝶屬算是廣義的「鳥翼蝶」成員，大約有18～21種左右，廣泛分布於東洋區及澳洲區，向東遠及新幾內亞。

成蝶有訪花習性。雄蝶常於樹冠上活動，雌蝶則常棲息在森林內。

幼蟲寄主植物為馬兜鈴科Aristolochiaceae植物。

臺灣地區有記錄的種類有三種，其中兩種是固有種，一種是外來偶產種。

- *Troides aeacus kaguya*（Nakahara & Esaki, 1930）（黃裳鳳蝶）
- *Troides magellanus sonani* Matsumura, 1932（珠光裳鳳蝶）
- *Troides plateni*（Staudinger, 1888）（巴拉望裳鳳蝶）（外來偶產種）

臺灣地區
## 檢索表     裳鳳蝶屬 (*表示偶產種)

**Key to species of the genus *Troides* in Taiwan (* denotes occasional species)**

❶ 雄蝶後翅金黃色斑塊反射出螢光 ......................... *magellanus*（珠光裳鳳蝶）
　雄蝶後翅金黃色斑塊不反射出螢光.........................................................❷

❷ 雄蝶後翅金黃色斑塊完整，其外緣於各翅室明顯內凹；雌蝶後翅中央黑色斑沿翅脈兩側有黃紋.................................................. *aeacus*（黃裳鳳蝶）
　雄蝶後翅金黃色斑塊後側明顯暗化，甚至完全呈黑色，斑塊外緣於各翅室內凹不明顯；雌蝶後翅中央黑色斑沿翅脈兩側無黃紋.......................................
................................................................ *plateni*（巴拉望裳鳳蝶）*

黃裳鳳蝶雌蝶Female of *Troides aeacus kaguya* （臺南市新化區新化林場，2010. 09. 24.）。

黃裳鳳蝶終齡幼蟲Final instar larva of *Troides aeacus kaguya* （臺東縣卑南鄉知本森林遊樂區，2010. 09. 13.）。

# 黃裳鳳蝶

*Troides aeacus kaguya* (Nakahara & Esaki)

模式產地：*aeacus* C. & R. Felder, 1860；北印度；*kaguya* Nakahara & Esaki, 1930；臺灣。

| 英 文 名 | Golden Birdwing |
|---|---|
| 別 名 | 金裳鳳蝶、黃裙鳳蝶、恆春金鳳蝶、金裳翼鳳蝶 |

## 形態特徵 Diagnostic characters

雌雄斑紋明顯相異。頭、胸呈黑色，前胸背板生有一環紅毛，翅基生有紅色長毛。雄蝶腹部背面為黑色，中央有一片灰色毛鱗，各腹節末端有黃色細環；腹部側面及腹面底色為黃色，前端生有紅色長毛，腹部側面有一列由黑色斑點形成的縱走斑列，抱器外側呈白色。雌蝶腹部背面為黑色；腹部側面及腹面底色為黃色，腹部側面亦有一列黑色斑點，腹面為黃色而有黑色斑列。翅底色為黑色，前翅沿翅脈兩側形成灰白色條紋。雄蝶後翅除翅脈、外緣及內緣仍為黑色以外有一大塊半透明金黃色斑塊，內緣褶內密生灰白色綿毛。雌蝶後翅外緣及內緣的黑色部分較雄蝶範圍廣，金黃色斑塊內於各翅室內側有一明顯黑斑。

## 生態習性 Behaviors

一年多代。雄蝶飛行快速，好於樹冠上徘徊盤旋。雌蝶飛翔緩慢，多半棲息在闊葉林林內。會訪花。

## 雌、雄蝶之區分 Distinctions between sexes

雌蝶通常較雄蝶大型。雌蝶後翅金黃色斑塊內沿翅室內側有一排淚滴形黑斑，雄蝶則否。雄蝶後翅具有內生綿毛的內緣褶，雌蝶則否。

## 近似種比較 Similar species

在臺灣地區與本種形態相近者只有珠光裳鳳蝶一種，但是後者的雄蝶後翅金黃色斑塊能反射出螢光，本種則否。

| 分布 Distribution | 棲地環境 Habitats | 幼蟲寄主植物 Larval hostplants |
|---|---|---|
| 主要分布於臺灣本島低海拔地區，以中南部較為常見，臺東綠島亦有分布。澎湖也曾有觀察記錄，可能沒有常駐族群。其他亞種分布於華東、華南、華西、中南半島、北印度、喜馬拉雅地區等地。 | 常綠闊葉林、熱帶季風林、海岸林。 | 港口馬兜鈴 *Aristolochia zollingeriana*、臺灣馬兜鈴 *A. shimadai* 等馬兜鈴科 Aristolochiaceae 植物。取食部位主要是葉片。 |

55~82mm

1 2 3 4 5 6 7 8 9 10 11 12

0~1000m

55%

♂

1cm

♀

1cm

| 變異 Variations | 豐度／現狀 Status | 附記 Remarks |
|---|---|---|
| 不顯著。 | 本種於民國78年（1989年）經行政院農委會公告為保育類第二類「珍貴稀有野生動物」，後於民國98年（2009年）改列第三類「其他應保護野生動物」。原先本種在南部地區族群數量頗多，中、北部數量較少。二十世紀後半葉一度因棲地喪失而數量銳減，但是近年來因各界復育努力不遺餘力，加上本種常為蝴蝶園培育的目標種，因此數量有增多的趨勢。 | 臺灣的黃裳鳳蝶過去常稱為*Troides aeacus formosanus* Rothchild,1899。 |

# 珠光裳鳳蝶

*Troides magellanus sonani* Matsumura

模式產地：*magellanus* C. & R. Felder, 1862；菲律賓；*sonani* Matsumura, 1932；臺灣蘭嶼。

| 英 文 名 | Magellan Birdwing |
|---|---|
| 別 名 | 珠光鳳蝶、珠光黃裳鳳蝶、蘭嶼黃裳鳳蝶、蘭嶼金鳳蝶、螢光翼鳳蝶、螢光裳鳳蝶 |

鳳蝶科
裳鳳蝶屬

## 形態特徵 Diagnostic characters

雌雄斑紋明顯相異。頭、胸呈黑色，前胸背板生有一環紅毛，翅基生有紅色毛。雄蝶腹部為黃灰色，背面有模糊的暗色斑，而且中央有一小片灰白色毛鱗，腹部側面有一列黑色斑點，抱器外側呈米白色。雌蝶腹部為泛黃色的灰白色，腹部側面亦有一列黑色斑點。翅底色為黑色，前翅沿翅脈兩側形成灰白色條紋。雄蝶後翅除翅脈、外緣及內緣仍為黑色以外有一大塊半透明金黃色斑塊，該金黃色斑塊隨光線角度不同而閃現燦爛奪目的紫、青、綠等色彩的螢光；內緣褶內密生米黃色綿毛。雌蝶後翅外緣及內緣的黑色部分遠較雄蝶範圍廣，金黃色斑塊內於各翅室內側有一明顯黑色部分連成一弧形寬帶，雌蝶金黃色斑紋欠缺螢光。

## 生態習性 Behaviors

一年多代。雄蝶飛行快速，好於樹冠上徘徊盤旋。雌蝶飛翔緩慢，多半棲息在闊葉林林內。會訪花。

## 雌、雄蝶之區分 Distinctions between sexes

雌蝶通常較雄蝶大型。雌蝶後翅金黃色斑紋分為靠近翅基的斑塊及靠近外緣的斑列兩部分，而且缺乏螢光；雄蝶則形成一整塊金黃色斑紋，並且隨光線角度不同而閃現螢光。雄蝶後翅具有內生綿毛的內緣褶，雌蝶則否。

## 近似種比較 Similar species

在臺灣地區與本種形態相近者只有黃裳鳳蝶一種，但是本種雄蝶的後翅金黃色斑塊能反射出螢光，黃裳鳳蝶則否。

| 分布 Distribution | 棲地環境 Habitats | 幼蟲寄主植物 Larval hostplants |
|---|---|---|
| 局限分布於臺東蘭嶼。其他亞種分布於菲律賓。 | 熱帶雨林、海岸林。 | 馬兜鈴科 Aristolochiaceae 的港口馬兜鈴 *Aristolochia zollingeriana*。取食部位主要是葉片。 |

70~95mm

55%

1cm

♂

1cm

♀

| 變異 Variations | 豐度／現狀 Status | 附記 Remarks |
|---|---|---|
| 除了雌蝶後翅金黃色斑紋大小稍有變化之外沒有明顯變異。 | 本種於民國78年（1989年）經行政院農委會公告為保育類第一類「瀕臨絕種野生動物」。由於棲地破壞及過去採集壓力致使本種在蘭嶼地區族群量銳減，經蘭嶼當地與行政院農委會特有生物研究保育中心合作進行復育工作，數量稍見恢復。 | 珠光裳鳳蝶的種小名*magellanus*是記念1521於菲律賓遇害的著名葡萄牙航海家麥哲倫，亞種名*sonani*則是記念日治時代昆蟲學者楚南仁博氏。 |

# 曙鳳蝶屬 Atrophaneura Reakirt, [1865]

模式種 Type Species | *Atrophaneura erythrosma* Reakirt, [1865]，即菲律賓曙鳳蝶*Atrophaneura semperi*（C. & R. Felder, 1861）。

## 形態特徵與相關資料 Diagnosis and other information

體型依種類不同而有很大差異。軀體腹面與側面呈紅色。雄蝶後翅內緣具有明顯之內緣褶，其內包藏細密的發香鱗毛。後翅翅形接近橢圓形，不具尾狀突起或尾突短小。具雌雄二型性。雌蝶斑紋色彩較雄蝶淺。

曙鳳蝶屬*Atrophaneura*的屬級分類尚有疑義，廣義的曙鳳蝶屬成員包括麝鳳蝶屬*Byasa*、紅珠鳳蝶屬*Pachliopta*等以馬兜鈴科植物為寄主植物的許多種鳳蝶，狹義的曙鳳蝶屬則指分布於東洋區的一群山地性鳳蝶，約有12種。

成蝶有訪花習性，常於樹冠上、森林邊緣飛翔。

幼蟲寄主植物為馬兜鈴科Aristolochiaceae植物。

臺灣地區有記錄的種類有兩種，其中一種是特有固有種，另一種則是外來偶產種。

・*Atrophaneura horishana* （Matsumura, 1910）（曙鳳蝶）
・*Atrophaneura semperi* （C. & R. Felder, 1861）（菲律賓曙鳳蝶）（外來偶產種）

臺灣地區
## 檢索表　　　　　　　　曙鳳蝶屬 （*表示偶產種）
**Key to species of the genus *Atrophaneura* in Taiwan (* denotes occasional species)**

❶ 後翅腹面外半部呈桃紅色，內有黑色斑點 ..................... *horishana* （曙鳳蝶）
　後翅腹面桃紅色紋不規則 ...................................... *semperi* （菲律賓曙鳳蝶）*

曙鳳蝶幼蟲 Larva of *Atrophaneura horishana*（南投縣仁愛鄉
梅峰，2100m，1998. 03. 12.）。

大葉馬兜鈴葉上之曙鳳蝶卵 Egg of *Atrophaneura horishana*
（南投縣仁愛鄉梅峰，2100m，1998. 0I. 7.）。

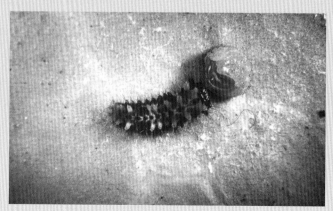

孵化之初的曙鳳蝶一齡幼蟲 First instar larva of *Atrophaneura
horishana* immediately after eclosion from egg（南投縣仁愛
鄉梅峰，2100m，1998. 0I. 28.）。

# 曙鳳蝶

*Atrophaneura horishana* ( Matsumura )

▌模式產地：*horishana* Matsumura, 1910：臺灣。

英 文 名 | Aurora Swallowtail

別 名 | 無尾紅紋鳳蝶、桃紅鳳蝶

## 形態特徵 Diagnostic characters

雌雄斑紋明顯相異。頭部呈紅色，頭頂有黑斑。軀體背面為黑色，腹部側面及腹面底色為紅色，胸部腹面呈黑色。腹部側面有一列黑色斑點，腹面則有黑色橫紋排成縱走斑列。雄蝶翅背面呈泛藍色的黑色；腹面色彩稍淺，後翅外半部有一大片桃紅色斑，其內各翅室中鑲嵌有黑斑點。內緣褶內密生白色綿狀毛。雌蝶前翅沿翅脈兩側形成黃灰色條紋；後翅背面底色呈黃灰色，有些個體外半部泛桃紅色，$M_1$、$M_2$、$M_3$、$CuA_1$各室內有兩枚黑斑；後翅腹面色彩斑紋與雄蝶類似，但前翅沿翅脈兩側仍有黃灰色條紋。

## 生態習性 Behaviors

一年一代。成蝶飛翔緩慢而優雅。會訪花。

## 雌、雄蝶之區分 Distinctions between sexes

雌蝶通常較雄蝶大型。雌蝶翅背面底色而後翅有黑色斑點，雄蝶翅背面色彩則較深色而呈藍黑色。雄蝶後翅具有內生長毛的內緣褶，雌蝶則否。

## 近似種比較 Similar species

在臺灣地區無近似種。

| 分布 Distribution | 棲地環境 Habitats | 幼蟲寄主植物 Larval hostplants |
|---|---|---|
| 曙鳳蝶是臺灣舉世聞名的特有大型種，主要分布於中央山脈海拔 1000～2500公尺之中海拔山地，春、秋季有時會下降至海拔300～400公尺的淺山地區。 | 常綠闊葉林、常綠落葉闊葉混生林、常綠硬葉林。 | 主要利用馬兜鈴科 Aristolochiaceae 的大葉馬兜鈴 *Aristolochia kaempferi*，也會利用臺灣馬兜鈴 *A. shimadai*。取食部位是葉片。 |

53~70mm

300~2500m

65%

1cm

1cm

| 變異 Variations | 豐度／現狀 Status | 附記 Remarks |
|---|---|---|
| 後翅的黑色斑點大小個體變異頗顯著。 | 本種於民國78年（1989年）經行政院農委會公告為保育類第二類「珍貴稀有野生動物」。目前臺灣中部的局部地區數量尚多。 | 曙鳳蝶的種小名horishana是指臺灣中部南投縣「埔里社」。 |

# 麝鳳蝶屬

*Byasa* Reakirt, [1865]

| 模式種 Type Species | *Papilio philoxenus* Gray, 1831，該分類單元現在被認為是多姿麝鳳蝶 *Byasa polyeuctes*（Doubleday, 1842）的 亞種。 |
| --- | --- |

## 形態特徵與相關資料 Diagnosis and other information

中型鳳蝶。軀體腹面與側面呈紅色。雄蝶後翅內緣具有狹長的內緣褶，其內包藏極細密的綿毛狀發香鱗毛。後翅翅形狹長，於$M_3$脈末端具有明顯的尾狀突起。部分種類雌雄二型性明顯。

麝鳳蝶屬*Byasa*的屬級分類尚有疑義，有些意見認為本屬成員應置於曙鳳蝶屬*Atrophaneura*或彩麝鳳蝶屬*Parides*內。本屬種類分布於東洋區北部，棲息地以山地森林為主，約有16～18種。

成蝶訪花習性明顯，常於森林邊緣活動。

幼蟲寄主植物主要為馬兜鈴科Aristolochiaceae植物。

分布於臺灣地區的種類有三種，均為原生固有種。

發香毛
（scent wool）

多姿麝鳳蝶後翅發香毛

- *Byasa polyeuctes termessus* （ Fruhstorfer, 1908）（多姿麝鳳蝶）
- *Byasa impediens febanus* （ Fruhstorfer, 1908）（長尾麝鳳蝶）
- *Byasa confusus mansonensis* （ Fruhstorfer, 1901）（麝鳳蝶）

臺灣地區

## 檢索表

麝鳳蝶屬

**Key to species of the genus *Byasa* in Taiwan**

❶ 後翅有白紋；尾突內有一紅斑 ............................ *polyeuctes* （多姿麝鳳蝶）

後翅無白紋；尾突內無紅斑 .................................................. ❷

後翅外緣$M_2$脈末端突出部分長度為$M_1$脈末端突出部分兩倍以上；後翅斑紋粗大而呈粉紅色或淺桃紅色 ..................................... *impediens* （長尾麝鳳蝶）

後翅外緣$M_2$脈末端突出部分與$M_1$脈末端突出部分長度約略相同；後翅斑紋細小而呈桃色 ................................................... *confusus* （麝鳳蝶）

麝鳳蝶*Byasa confusus mansonensis*（臺南市新化區新化林場，2009. 01. 03.）。

麝鳳蝶幼蟲 Larvae of *Byasa confusus mansonensis*（新竹縣竹東鎮，2012. 06. 01.）。

長尾麝鳳蝶蛹 Pupa of *Byasa impediens febanus*（臺北市文山區木柵臺北市立動物園，2010. 04. 25.）。

# 多姿麝鳳蝶

*Byasa polyeuctes termessus* (Fruhstorfer)

┃模式產地：*polyeuctes* Doubleday, 1842：北印度；*termessus* Fruhstorfer, 1908：臺灣。

| 英 文 名 | Common Windmill |
|---|---|
| 別　　名 | 大紅紋鳳蝶、紅裙鳳蝶 |

## 形態特徵 Diagnostic characters

雌雄斑紋相似。頭部呈紅色，頭頂有黑斑。軀體背面為黑色，腹部側面及腹面底色為紅色，胸部腹面呈黑色。腹部側面有一列黑色小斑點，腹面則有黑色紋排成縱走斑列。後翅外緣呈波浪狀，$M_3$脈末端有一細長尾突。雄蝶翅背面呈灰黑色；腹面色彩較淺。後翅底色呈黑色，各翅室外側各有一粗大的粉紅色或淺桃紅色弧形斑點，臀區前方另有一同色斑紋。腹面的斑紋稍較背面斑紋大。雄蝶內緣褶內密生灰色毛。雌蝶的後翅內半部底色較淺，紅紋較雄蝶大，尤以臀區前方紅紋為然。

## 生態習性 Behaviors

一年多代。成蝶飛翔緩慢。好訪花。冬季通常以蛹態休眠越冬。

## 雌、雄蝶之區分 Distinctions between sexes

雌蝶後翅背面白斑有泛紅的白紋連接至後翅內緣，雄蝶則缺乏此等白紋。雄蝶後翅具有內生細毛的內緣褶，雌蝶則否。

## 近似種比較 Similar species

棲息在臺灣的鳳蝶之中，只有本種在後翅尾突內具有紅斑，因此很容易與其他種類區分。

| 分布 Distribution | 棲地環境 Habitats | 幼蟲寄主植物 Larval hostplants |
|---|---|---|
| 分布於臺灣本島平地至中海拔地區。離島蘭嶼、綠島亦有記錄，是否有常駐族群有待研究。其他亞種分布於喜馬拉雅、中南半島、華西、華中、華南等地區。 | 常綠闊葉林、熱帶季風林、熱帶雨林、海岸林、落葉闊葉林、常綠落葉闊葉混生林、竹林。 | 馬兜鈴科 Aristolochiaceae 的臺灣馬兜鈴 *Aristolochia shimadai*、瓜葉馬兜鈴 *A. cucurbitifolia*、蜂窩馬兜鈴 *A. foveolata*、大葉馬兜鈴 *A. kaempferi*，及港口馬兜鈴 *A. zollingeriana* 等。取食部位是葉片。 |

49~60mm

75%

0~2500m

1cm

♂

1cm

♀

| 變異 Variations | 豐度／現狀 Status | 附記 Remarks |
|---|---|---|
| 後翅白斑及紅斑的大小及形狀富個體變異。 | 目前為數量尚多的常見種。 | 由於本種與紅珠鳳蝶的翅紋色彩、排列有些類似，兩者常分別被稱為大紅紋鳳蝶與紅紋鳳蝶。然而，兩者的親緣關係其實並不近，不論是在交尾器結構及幼生期形態上差別都十分顯著。 |

207

# 長尾麝鳳蝶

*Byasa impediens febanus* ( Fruhstorfer )

■模式產地：*impediens* Rothschild, 1895：四川「打箭爐」[＝康定]；*febanus* Fruhstorfer, 1908：臺灣。

| 英文名 | Pink-spotted Windmill |
|---|---|
| 別　　名 | 臺灣麝香鳳蝶、臺灣麝鳳蝶、米黃斑麝鳳蝶 |

鳳蝶科
麝鳳蝶屬

## 形態特徵 Diagnostic characters

　　雌雄斑紋相似。頭部呈紅色，頭頂有黑斑。軀體背面為黑色，腹部側面及腹面底色為紅色，胸部腹面呈黑色。腹部側面有一列黑色小斑點，腹面則有黑色紋排成縱走斑列。後翅外緣呈波浪狀，$M_3$脈末端有一細長尾突。雄蝶翅背面呈灰黑色；腹面色彩較淺。後翅底色呈黑色，各翅室外側各有一粗大的粉紅色或淺桃紅色弧形斑點，臀區前方另有一同色斑紋。腹面的斑紋稍較背面斑紋大。雄蝶內緣褶內密生灰色毛。雌蝶的後翅內半部底色較淺，紅紋較雄蝶大，尤以臀區前方紅紋為然。

## 生態習性 Behaviors

　　一年多代。成蝶飛翔緩慢。好訪花。冬季通常以蛹態休眠越冬。

## 雌、雄蝶之區分 Distinctions between sexes

　　雌蝶翅色略淺。雄蝶後翅具有內生細毛的內緣褶，雌蝶則否。

## 近似種比較 Similar species

　　在臺灣地區與本種形態相近者只有麝鳳蝶，但是本種的後翅斑紋較麝鳳蝶寬大，顏色也較淺。

| 分布 Distribution | 棲地環境 Habitats | 幼蟲寄主植物 Larval hostplants |
|---|---|---|
| 分布於臺灣本島平地至中海拔地區。其他分布區域包括華西、華南、華中、華東等地區。 | 常綠闊葉林、熱帶季風林、海岸林、落葉闊葉林、常綠落葉闊葉混生林、竹林。 | 馬兜鈴科Aristolochiaceae的臺灣馬兜鈴 *Aristolochia shimadai*、瓜葉馬兜鈴 *A. cucurbitifolia* 等。取食部位是葉片。 |

| 1 | 2 | 3 | 4 | 5 | 6 | 7 | 8 | 9 | 10 | 11 | 12 |

鳳蝶科

麝鳳蝶屬

1cm

1cm

| 變異 Variations | 豐度／現狀 Status | 附記 Remarks |
|---|---|---|
| 後翅粉紅色斑紋大小及色調富個體變異。 | 雖然在臺灣本島分布廣泛，但是一般數量不多。 | 臺灣地區產的亞種*febanus*長期被視為臺灣特有種，不過近年來一般認為與記載自華西地區的長尾麝鳳蝶同種。ssp.*febanus*原本認為係臺灣特有亞種，近年有文獻提及福建地區亦有分布，可能有誤。 |

# 麝鳳蝶

*Byasa confusus mansonensis* (Fruhstorfer)

▌模式產地：*confusus* Jordon, 1896；中國；*mansonensis* Fruhstorfer, 1901；越南北部。

英 文 名 | Chinese Windmill

別　　名 | 麝香鳳蝶、麝馨鳳蝶、高砂麝香鳳蝶、麝蝶、園君鳳蝶、馨香鳳蝶、中華麝鳳蝶

## 形態特徵 Diagnostic characters

雌雄斑紋明顯相異。頭部呈桃紅色，頭頂有黑斑。軀體背面為黑色，腹部側面及腹面底色為桃紅色，胸部腹面呈黑色。腹部側面有一列黑色斑點，腹面則有黑色橫紋排成縱走斑列。後翅外緣呈波浪狀，M₃脈末端有一葉狀尾突。雄蝶翅背面呈略帶藍色的黑褐色，後翅各翅室外側各有一模糊的桃紅色弧形斑紋；腹面底色較淺，桃紅色弧形斑紋十分鮮明，臀區前方另有一同色斑紋。雄蝶內緣褶內密生暗灰色毛。雌蝶的前翅除翅室及中室內的暗色條以外呈淺黃灰色，後翅內半部底色亦呈淺黃灰色，外半部則呈黑褐色，翅外緣的桃紅色弧形斑紋背、腹面均很鮮明，位於背面前方者色彩常泛黃灰色。

## 生態習性 Behaviors

一年多代。成蝶飛翔緩慢。好訪花。冬季通常以蛹態休眠越冬。

## 雌、雄蝶之區分 Distinctions between sexes

雌蝶翅背面大部分色彩淺而呈黃灰色，後翅弧形斑紋明顯。雄蝶翅背面則呈黑褐色，後翅弧形斑紋模糊。雄蝶後翅具有內生細毛的內緣褶，雌蝶則否。

## 近似種比較 Similar species

在臺灣地區與本種形態相近者只有長尾麝鳳蝶，但是本種的後翅斑紋較長尾麝鳳蝶細小，顏色也較深。

| 分布 Distribution | 棲地環境 Habitats | 幼蟲寄主植物 Larval hostplants |
|---|---|---|
| 主要分布於臺灣本島中部以北的平地及海拔500公尺以下的丘陵地區，外島金門亦有分布。其他分布區域涵蓋東亞大部分地區，北達俄羅斯阿穆爾地區，南及緬甸、越南，東到日本，西至西藏。 | 常綠闊葉林、灌叢、竹林。 | 馬兜鈴科 Aristolochiaceae 的臺灣馬兜鈴 *Aristolochia shimadai*。取食部位是葉片。 |

75%

1cm

1cm

鳳蝶科

麝鳳蝶屬

| 變異 Variations | 豐度 / 現狀 Status | 附記 Remarks Status |
|---|---|---|
| 不顯著。 | 目前在臺灣西部丘陵地局部地區數量尚多，但是已有許多原有棲地因開發而消失，值得注意。 | 臺灣地區的族群屬於亞種 *mansonensis*，該亞種分布範圍從北越經華南、華東地區至臺灣。 |

211

# 珠鳳蝶屬 *Pachliopta* Reakirt, [1865]

模式種 Type Species | *Papilio diphilus* Esper, [1793]，現今被認為是紅珠鳳蝶 *Papilio aristolochiae* Fabricius, 1775 的一型。

## 形態特徵與相關資料 Diagnosis and other information

　　中小型鳳蝶。軀體腹面與側面呈紅色。雄蝶後翅內緣具有細長的內緣褶，內生長毛。後翅翅形接近橢圓形，$M_3$ 脈末端具有明顯的尾狀突起。斑紋色彩雌雄同型。

　　幼蟲寄主植物為馬兜鈴科 Aristolochiaceae 植物。

　　珠鳳蝶屬 *Pachliopta* 屬級分類尚有疑義，有些意見認為本屬成員應置於曙鳳蝶屬 *Atrophaneura* 內。本屬種類分布於東洋區及澳洲區熱帶與亞熱帶，約有 14～16 種。

　　成蝶訪花習性明顯，常於開闊地及森林邊緣活動。

　　幼蟲寄主植物主要為馬兜鈴科（Aristolochiaceae）植物。

　　臺灣地區產一種。

· *Pachliopta aristolochiae interpositus* （ Fruhstorfer, 1904）（紅珠鳳蝶）

紅珠鳳蝶*Pachliopta aristolochiae interpositus*（臺東縣蘭嶼鄉
蘭嶼燈塔，2011. 03. 11.）。

紅珠鳳蝶終齡幼蟲Final instar larva of *Pachliopta aristolochiae
interpositus*（臺東縣卑南鄉知本森林遊樂區，2010. 09. 13）。

紅珠鳳蝶蛹 Pupa of *Pachliopta aristolochiae interpositus*（臺
東縣卑南鄉知本森林遊樂區，2010. 09. 13）。

# 紅珠鳳蝶

*Pachliopta aristolochiae interpositus* (Fruhstorfer)

▌模式產地：*aristolochiae* Fabricius, 1775；印度；*interpositus* Fruhstorfer, 1904；臺灣。

| 英 文 名 | Common Rose |
|---|---|
| 別　　名 | 紅紋鳳蝶、紅腹鳳蝶、七星蝶 |

## 形態特徵 Diagnostic characters

雌雄斑紋色彩相似。頭部呈桃紅色，頭頂有黑斑。軀體背面為黑色，胸部側面桃紅色，腹面呈黑色。腹部側面有一列黑色斑點，腹面則有黑色橫紋排成縱走斑列。後翅外緣呈波浪狀，$M_3$脈末端有一葉狀尾突。翅背面底色呈黑褐色，前翅除基部以外沿翅脈兩側有灰白色條紋。後翅各翅室外側各有一不鮮明的桃紅色斑紋，$M_1$、$M_2$、$M_3$、$CuA_1$室各有一枚白斑，共同排成一橫列；前翅腹面的灰白色條紋較背面鮮明淺，後翅腹面的桃紅色斑紋遠較背面鮮明。雄蝶內緣褶內密生灰色長毛。雌蝶除了缺乏內緣褶之外，前翅外緣呈弧形，而雄蝶前翅外緣則呈直線狀。

## 生態習性 Behaviors

一年多代。成蝶飛翔緩慢。好訪花。冬季通常以蛹態休眠越冬。

## 雌、雄蝶之區分 Distinctions between sexes

雌蝶後翅背面的泛紅白斑較雄蝶明顯。雄蝶後翅具有內生少許暗褐長毛的內緣褶，雌蝶則否。

## 近似種比較 Similar species

翅紋與多姿麝鳳蝶略為相似，但是本種體型較小、後翅呈橢圓形、後翅紅斑近於圓形，多姿麝鳳蝶則體型較大、後翅較狹長、後翅紅斑為彎曲的帶狀。另外，多姿麝鳳蝶後翅尾突中有一紅斑，本種則無。

| 分布 Distribution | 棲地環境 Habitats | 幼蟲寄主植物 Larval hostplants |
|---|---|---|
| 在臺灣分布於低、中海拔地區，但以海拔 500 公尺以下的淺山地帶及平地為主。離島蘭嶼、綠島、澎湖亦有分布。其他分布區域涵蓋東洋區的華南、東南亞、南亞大部分地區。 | 常綠闊葉林、熱帶季風林、熱帶雨林、海岸林、竹林。 | 馬兜鈴科 Aristolochiaceae 的臺灣馬兜鈴 *Aristolochia shimadai*、瓜葉馬兜鈴 *A. cucurbitifolia*、蜂窩馬兜鈴 *A. foveolata*，及港口馬兜鈴 *A. zollingeriana* 等。取食部位是葉片。 |

41~54mm

0 ·1000m

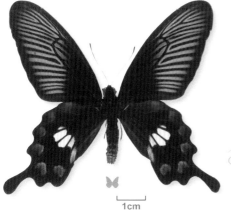

80%

1cm

1cm

鳳蝶科

珠鳳蝶屬

| 變異 Variations | 豐度 / 現狀 Status | 附記 Remarks |
|---|---|---|
| 不顯著。 | 目前為數量尚多的常見種。 | 本種與多姿麝鳳蝶的翅紋色彩、排列有些類似，但是兩者的親緣關係並不近，請參見多姿麝鳳蝶之說明。亞種 *interpositus* 過去被認為是臺灣特有亞種，但是1960 年代已遷入日本南西諸島並定居。另外，Page & Treadaway (2003) 指出菲律賓巴丹群島 (Batans) 亦有分布。 |

# 青鳳蝶屬 *Graphium* Scopoli, [1777]

模式種 Type Species | *Papilio sarpedon* Linnaeus, 1758，即青鳳蝶 *Graphium sarpedon* (Linnaeus, 1758)。

## 形態特徵與相關資料 Diagnosis and other information

中型鳳蝶。Sc脈與$R_1$脈癒合。前翅狹長，外緣內凹，雄蝶後翅內緣向上反摺，其內長有長毛及發香鱗。翅底色呈暗褐色，上有半透明色斑。

原來視為別屬的劍鳳蝶*Pazala*近年已被併入青鳳蝶屬降為亞屬，但由於外型與花紋獨特，本書仍保留「劍鳳蝶」一詞。

成蝶飛翔敏捷迅速，有訪花習性。雄蝶常至溼地吸水，時常形成吸水大集團。

幼蟲寄主植物包括樟科Lauraceae、木蘭科Magnoliaceae及番荔枝科Annonaceae植物。

分布於臺灣地區的種類有六種，均是固有種。

- *Pazala eurous asakurae*（Matsumura, 1908）（劍鳳蝶）
- *Pazala mullah chungianus*（Murayama, 1961）（黑尾劍鳳蝶）
- *Graphium sarpedon connectens*（Fruhstorfer, 1906）（青鳳蝶）
- *Graphium cloanthus kuge* (Fruhstorfer, 1908）（寬帶青鳳蝶）
- *Graphium doson postianus*（Fruhstorfer, 1902）（木蘭青鳳蝶）
- *Graphium agamemnon*（Linnaeus, 1758）（翠斑青鳳蝶）

臺灣地區
## 檢索表 青鳳蝶屬

**Key to species of the genus *Graphium* in Taiwan**

❶ 翅底色呈白色 ............................................................................... ❷
　翅底色呈黑色 ............................................................................... ❸
❷ 前翅外緣黑帶內側具一白色縱走細條紋；後翅臀區黑色部分占翅面面積1／4以下；$CuA_1$室及$CuA_2$室橙黃色斑略為分離............................................
............................................................................ *eurous*（劍鳳蝶）
　前翅外緣黑帶內側無白色縱走細條紋；後翅臀區黑色部分占翅面面積1／3以上；$CuA_1$室及$CuA_2$室橙黃色斑融合 ................................................
............................................................................ *mullah*（黑尾劍鳳蝶）

❸ 前翅中室內有成列之青或綠色小紋；前翅外緣內側有一列小紋................❹

前翅中室內無成列之青或綠色小紋；前翅外緣內側無小紋........................❺

❹ 翅面半透明斑紋呈淡青色；前翅中室內小紋一列；後翅M₃脈末端無尾突.....
.............................................................. *doson*（木蘭青鳳蝶）

翅面半透明斑紋呈淺綠色；前翅中室內小紋兩列；後翅M₃脈末端有尾突.....
.............................................................. *agamemnon*（翠斑青鳳蝶）

❺ 翅面半透明斑帶青色，寬度小於前翅後緣長度；後翅M₃脈末端無尾突.........
.............................................................. *sarpedon*（青鳳蝶）

翅面半透明斑帶淺藍綠色，寬度大於前翅後緣長度；後翅M₃脈末端有尾突..
.............................................................. *cloanthus*（寬帶青鳳蝶）

黑尾劍鳳蝶 *Pazala mullah chungianus*（新北市烏來區福山村，
400m，2010. 03. 19.）。

青鳳蝶類群聚吸水 Paddling of *Graphium* spp.（新北市烏來區
福山村，400m，2010. 03. 19.）。

# 劍鳳蝶 特有亞種

*Graphium eurous asakurae* (Matsumura)

■模式產地：*eurous* Leech, 1893：四川；*asakurae* Matsumura, 1908：臺灣。

| 英 文 名 | Sixbar Swordtail |
|---|---|
| 別 名 | 昇天鳳蝶、升天鳳蝶、朝倉鳳蝶、飄帶鳳蝶、六斑劍鳳蝶、升天劍鳳蝶 |

鳳蝶科

青鳳蝶屬

## 形態特徵 Diagnostic characters

雌雄斑紋色彩相同。軀體背面黑色，上有白色長毛；側面及腹面底色白色，體側從頭至腹端有一縱走黑條；腹面中央亦有一縱走黑條由前胸延伸至腹端。翅背面底色呈白色，前翅外緣黑色條紋內側具一白色縱走細條紋；中室內黑色斜條粗細交錯排列。後翅僅於臀區部分呈黑色；臀區前方於 $CuA_1$ 室及 $CuA_2$ 室內各有一橙黃色小斑，小斑之間因 $CuA_2$ 脈上有黑鱗而分離。後翅腹面中央有一兩側鑲黑邊的橙黃色縱條，臀區黑色部分內有明顯白色橫紋。雄蝶內緣褶前方具一灰色性標，雌蝶缺乏性標及內緣褶。

## 生態習性 Behaviors

一年一代，春季出現。成蝶飛翔緩慢，好訪白色系花，雄蝶常至溼地吸水。

## 雌、雄蝶之區分 Distinctions between sexes

雄蝶後翅有細長的內緣褶，內緣褶前方有一灰色性標，雌蝶則缺乏這些構造。

## 近似種比較 Similar species

在臺灣地區與本種形態相近者只有黑尾劍鳳蝶一種，但是後者的後翅黑色部分較寬闊，而且 $CuA_1$ 室及 $CuA_2$ 室橙黃色斑融合成一略呈矩形的斑紋，本種的橙黃色斑則有分離成兩枚豆狀斑紋的傾向。另外，本種後翅腹面的橙黃色縱條內外兩側均鑲黑邊。

| 分布 Distribution | 棲地環境 Habitats | 幼蟲寄主植物 Larval hostplants |
|---|---|---|
| 分布於臺灣本島低、中海拔山區。其他亞種分布於喜馬拉雅、北印度、中南半島北部、華東、華南、華西等地區。 | 常綠闊葉林、常綠落葉闊葉混生林。 | 土肉桂*Cinnamomum osmophloeum*等樟科Lauraceae植物。取食部位是葉片。 |

37~40mm

200~2500m

鳳蝶科

青鳳蝶屬

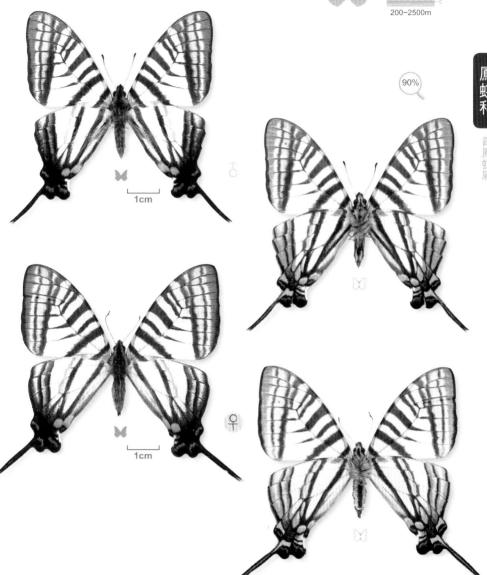

90%

1cm

♂

1cm

♀

| 變異 Variations | 豐度／現狀 Status | 附記 Remarks |
|---|---|---|
| 不顯著。 | 本種在山區森林帶分布廣泛，但是數量一般不多。 | 本種的亞種名*asakurae*是以日治時代最早到臺灣經營昆蟲標本產業的朝倉喜代松為名。 |

# 黑尾劍鳳蝶

*Graphium mullah chungianus* (Murayama)

▌模式產地：*mullah* Alpheraky, 1897：四川：*chungianus* Murayama, 1961：臺灣。

| | |
|---|---|
| 英 文 名 | Blacktip Swordtail |
| 別　　名 | 高嶺昇天鳳蝶、木生鳳蝶、鐵木劍鳳蝶、臺灣劍鳳蝶 |

鳳蝶科

青鳳蝶屬

## 形態特徵 Diagnostic characters

雌雄斑紋色彩相同。軀體背面為黑色，被有白色長毛；側面及腹面底色呈白色，側面部分有黑色鱗散布，體側從頭至腹端有一縱走寬黑條；腹面中央亦有一縱走黑條由前胸延伸至腹端。翅背面底色呈白色，前翅外緣黑色條紋內側有一模糊的淡色縱條；中室內黑色斜條除第四條特別細之外，其餘四條粗細約略等寬。後翅臀區黑色部分寬廣，占翅面面積1／3以上；臀區前方 $CuA_1$ 室及 $CuA_2$ 室的橙黃色斑連成一短橫帶。後翅腹面後翅腹面中央有一內側鑲黑邊的橙黃色縱條，臀區黑色部分內白色紋不明顯。雄蝶內緣褶前方具一灰色性標，雌蝶缺乏性標及內緣褶。

## 生態習性 Behaviors

一年一代，春季出現。成蝶飛翔緩慢，好訪白色系花，雄蝶常至溼地吸水。

## 雌、雄蝶之區分 Distinctions between sexes

雄蝶後翅有細長的內緣褶，內緣褶前方有一灰色性標，雌蝶則缺乏這些構造。

## 近似種比較 Similar species

在臺灣地區與本種形態相近者只有劍鳳蝶一種，但是後者的後翅黑色部分較狹窄，而且 $CuA_1$ 室及 $CuA_2$ 室橙黃色斑有分離成兩枚斑紋的傾向。另外，本種後翅腹面的橙黃色縱條僅內側鑲黑邊。

| 分布 Distribution | 棲地環境 Habitats | 幼蟲寄主植物 Larval hostplants |
|---|---|---|
| 分布於臺灣本島北部低、中海拔山區。外島金門及馬祖地區亦有分布，但屬於指名亞種。其他分布地區包括中南半島北部、華東、華南、華西等地區。 | 常綠闊葉林。 | 香楠*Machilus zuihoensis*等樟科Lauraceae植物。取食部位是葉片。 |

35~40mm

90%

200~1500m

1 2 3 4 5 6 7 8 9 10 11 12

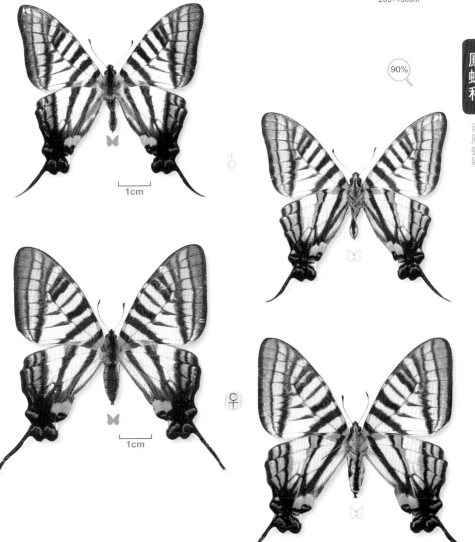

1cm

♂

1cm

♀

| 變異 Variations | 豐度/現狀 Status | 附記 Remarks |
|---|---|---|
| 不顯著。 | 本種在臺灣地區的分布局限於北部山區，數量不多。 | 本種過去常以*timur* Ney, 1911（模式產地：四川）為種小名，Cotton & Racheli（2006）指出*mullah* Alpheraky, 1897有優先權。亞種名*chungianus*是以知名的蝴蝶專家、前成功高中教師陳維壽先生姓氏為名。 |

# 青鳳蝶 特有亞種

*Graphium sarpedon connectens* (Fruhstorfer)

模式產地：*sarpedon* Linnaeus, 1758：廣東；*connectens* Fruhstorfer, 1906：臺灣。

| 英文名 | Common Bluebottle |
| --- | --- |
| 別　名 | 青帶鳳蝶、青條鳳蝶、藍帶青鳳蝶、黑玳瑁鳳蝶 |

## 形態特徵 Diagnostic characters

　　雌雄斑紋色彩相同。軀體暗褐色，腹面生有灰白色毛。腹部側面及腹面有數列白色細線。前翅翅頂明顯突出，外緣呈直線狀。後翅外緣呈波浪狀。翅背面底色呈暗褐色，翅面中央有一列半透明青色帶紋，後翅外緣另有一列同色弧形短紋。翅腹面底色較淺，後翅青帶外側有黑褐色紋，翅後半部並有紅色細紋；後翅翅基亦有一片黑褐色紋及一紅色細紋。雄蝶後翅內緣褶內生有白色長毛。

## 生態習性 Behaviors

　　一年多代。成蝶飛翔快速。好訪花，雄蝶吸水習性明顯。冬季通常以蛹態休眠越冬。

## 雌、雄蝶之區分 Distinctions between sexes

　　雄蝶後翅具有內生白色長毛的內緣褶，雌蝶則否。

## 近似種比較 Similar species

　　在臺灣地區只有寬帶青鳳蝶與本種形態略為相似，但是後者的青帶明顯較寬闊，而且色彩較淺。另外，寬帶青鳳蝶後翅具有明顯的尾突，青鳳蝶則沒有。

| 分布 Distribution | 棲地環境 Habitats | 幼蟲寄主植物 Larval hostplants |
| --- | --- | --- |
| 在臺灣由平地分布至中海拔山地，澎湖亦有分布。離島蘭嶼有觀察記錄，但是似乎沒有常駐族群。金門、馬祖地區之族群屬於另一亞種（承名亞種）臺灣以外廣泛分布於南亞、東南亞、東亞、澳洲，遠及所羅門群島。 | 常綠闊葉林、熱帶季風林、熱帶雨林、海岸林、常綠落葉闊葉混生林、都市林。 | 樟樹 *Cinnamomum comphora*、牛樟 *C. kanehirae*、香桂 *C. subavenium*、陰香 *C.burmannii*、紅楠 *Machilus thunbergii* 等多種樟科 Lauraceae 植物。取食部位是葉片。 |

100%

1cm

1cm

| 變異 Variations | 豐度／現狀 Status | 附記 Remarks |
|---|---|---|
| 春季個體較小型、青帶較寬。 | 目前是數量十分豐富的常見種。 | 金門、馬祖地區分布的本種屬於承名亞種 *sarpedon*，常可見到後翅青帶消退的「半帶型」（*semifasciatus* Honrath）個體。 |

35~42mm

0~2000m

**鳳蝶科**

青鳳蝶屬

金門產承名亞種（半帶型）

 100%

1cm

♂

金門產承名亞種

♀

1cm

# 寬帶青鳳蝶

*Graphium cloanthus kuge* (Fruhstorfer)

▌模式產地：*cloanthus* Westwood, 1845：北印度；*kuge* Fruhstorfer, 1908：臺灣。

| 英 文 名 | Glassy Bluebottle |
| --- | --- |
| 別 名 | 寬青帶鳳蝶、臺灣青條鳳蝶、鳳尾青鳳蝶、長尾青鳳蝶、長尾青斑鳳蝶 |

## 形態特徵 Diagnostic characters

雌雄斑紋色彩相同。軀體暗褐色，腹面生有灰白色毛。腹部側面及腹面有數列白色粗線及細線。前翅翅頂略為突出，外緣直線狀。後翅外緣波浪狀，M₃脈末端有一細長指狀尾突。翅背面底色暗褐色，翅面中央有一由半透明淺藍綠色斑塊組成的寬帶紋，後翅外緣另有一列同色斑紋構成的斑列。翅腹面底色較淺，前翅沿外緣有一淺色縱走線條。後翅青帶外側有黑褐色紋，翅後半部並有紅色細紋，後翅翅基亦有一片黑褐色紋及一紅色細紋。雄蝶後翅內緣褶內生有白色長毛。

## 生態習性 Behaviors

一年多代。成蝶飛翔快速。好訪花，雄蝶吸水習性明顯。冬季以蛹態休眠越冬。

## 雌、雄蝶之區分 Distinctions between sexes

雄蝶後翅具有內生白色長毛的內緣褶，雌蝶則否。

## 近似種比較 Similar species

在臺灣地區只有青鳳蝶與本種形態略為相似，但是後者的青帶明顯較狹窄，而且色彩較深。另外，青鳳蝶後翅不具尾突，本種則有尾突。

| 分布 Distribution | 棲地環境 Habitats | 幼蟲寄主植物 Larval hostplants |
| --- | --- | --- |
| 在臺灣主要分布於低、中海拔山地森林帶。其他亞種分布於喜馬拉雅、中南半島北部、蘇門答臘、華西、華南、華東等地區。 | 常綠闊葉林、常綠落葉闊葉混生林。 | 樟樹*Cinnamomum comphora*等樟科 Lauraceae植物。 |

36~47mm

0~2000m

鳳蝶科

青鳳蝶屬

| 1 | 2 | 3 | 4 | 5 | 6 | 7 | 8 | 9 | 10 | 11 | 12 |

100%

1cm

1cm

| 變異 Variations | 豐度／現狀 Status | 附記 Remarks |
|---|---|---|
| 春季個體較小型、青色帶紋較寬闊。 | 目前數量尚多。 | 本種幼蟲食性雖然類似青鳳蝶，但是產卵位置偏高，不易觀察。 |

# 木蘭青鳳蝶

*Graphium doson postianus* (Fruhstorfer)

▌模式產地：*doson* C. & R. Felder, 1864；斯里蘭卡；*postianus* Fruhstorfer, 1902；臺灣。

| 英 文 名 | Common Jay |
|---|---|
| 別　　名 | 青斑鳳蝶、帝鳳蝶、瑤鳳蝶、多斑青鳳蝶、木蘭青斑鳳蝶 |

## 形態特徵 Diagnostic characters

　　雌雄斑紋色彩相同。軀體褐色，背中央有一黑褐色帶，黑褐色帶兩側鑲有灰白色毛；腹面呈白色，腹部側面有一白色細縱線。前翅翅頂略為突出。後翅外緣呈波浪狀。翅背面底色呈暗褐色，翅面布滿半透明淡青色斑點及條紋。後翅淡青色帶外側有黑褐色紋，翅後半部並有紅色紋；後翅翅基亦有一黑褐色紋及一紅色細紋。翅腹面有由粉紅色及暗色鱗組成的複雜圖案。雄蝶後翅內緣褶內生有白色長毛。

## 生態習性 Behaviors

　　一年多代。成蝶飛翔快速。好訪花，雄蝶吸水習性明顯。冬季以蛹態休眠越冬。

黃斑型

1cm

90%

♀

| 分布 Distribution | 棲地環境 Habitats | 幼蟲寄主植物 Larval hostplants |
|---|---|---|
| 在臺灣由平地分布至中海拔山地。其他亞種分布於南亞、中南半島、華西、華南、華東、印尼、菲律賓及日本南部等地。 | 常綠闊葉林、常綠落葉闊葉混生林、都市林。 | 包括白玉蘭*Michaelia alba*、烏心石*M. compressa*、含笑花*M. fuscata*、南洋含笑花*M. pilifera*等木蘭科Magnoliaceae植物。取食部位是葉片。 |

37~46mm

0~2000m

**鳳蝶科**

青鳳蝶屬

## 雌、雄蝶之區分 Distinctions between sexes

雄蝶後翅具有內生白色長毛的內緣褶，雌蝶則否。

## 近似種比較 Similar species

在臺灣地區沒有與本種形態相似的種類，鑑定容易。

♂

1cm

90%

♀

1cm

| 變異 Variations | 豐度 / 現狀 Status | 附記 Remarks |
|---|---|---|
| 春季個體較小型。部分個體的半透明翅斑不呈青色而呈黃色，此種變異是由遺傳還是環境造成尚有待調查。 | 目前是數量尚多的常見種。 | 本種常於臺灣北部烏來附近的溪流邊形成吸水大集團。 |

# 翠斑青鳳蝶

*Graphium agamemnon agamemnon* (Linnaeus)

▋模式產地：*agamemnon* Linnaeus, 1758：廣東。

| 英 文 名 | Tailed Jay |
|---|---|
| 別　　名 | 綠斑鳳蝶、統帥青鳳蝶、短尾青鳳蝶、小紋青帶鳳蝶、小紋玳瑁鳳蝶、黃蘭蝶 |

## 形態特徵 Diagnostic characters

雌雄斑紋色彩相同。軀體褐色，背中央有一黑褐色帶由頭部貫穿全身直到腹端，黑褐色帶兩側鑲有淺綠色毛形成的縱走條紋，腹面呈白色。腹部側面有一列黑色斑點。前翅翅頂明顯突出，外緣呈波浪狀。後翅外緣呈波浪狀，$M_3$脈末端有一指狀尾突。翅背面底色呈暗褐色，翅面布滿半透明淺綠色斑點及條紋。翅腹面有由粉紅色及暗色鱗組成的複雜圖案。雄蝶後翅內緣褶內生有白色長毛。雌蝶的後翅尾突較雄蝶長。

## 生態習性 Behaviors

一年多代。成蝶飛翔快速。好訪花。

## 雌、雄蝶之區分 Distinctions between sexes

雄蝶後翅具有內生白色長毛的內緣褶，雌蝶則否。雌蝶後翅尾突通常較長。

## 近似種比較 Similar species

在臺灣地區沒有與本種形態相似的種類，鑑定容易。

## 分布 Distribution

在臺灣主要分布於中南部平地至低海拔山地，蘭嶼也有分布。其他分布地區涵蓋南亞、東南亞、中南半島、華西、華南、華東、新幾內亞、澳大利亞東北部、所羅門群島等地。

## 棲地環境 Habitats

常綠闊葉林、熱帶季風林、熱帶雨林、海岸林、都市林。

## 幼蟲寄主植物 Larval hostplants

包括白玉蘭 *Michaelia alba*、烏心石 *M. compressa*、含笑花 *M. fuscata* 等木蘭科 Magnoliaceae 植物；番荔枝（釋迦果）*A. squamosa*、鷹爪花 *Artabotrys uncinatus*、恆春哥納香 *Goniothalamus amuyon* 及長葉暗羅 *Polyathia longifolia* 等番荔枝科 Annonaceae 植物，以及蘭嶼風藤 *Piper arborescens*、荖葉 *P.betle* 等胡椒科 Piperaceae 植物。取食部位是葉片。

鳳蝶科

青鳳蝶屬

1 2 3 4 5 6 7 8 9 10 11 12

90%

1cm

1cm

| 變異 Variations | 豐度／現狀 Status | 附記 Remarks |
|---|---|---|
| 後翅尾突的長度及寬窄多變異。 | 目前是數量尚多的常見種。 | 本種原先在臺灣被認為是僅分布於南部的熱帶蝶種，近年來中、北部時有發現。中部低地已有穩定族群存在。 |

# 鳳蝶屬

*Papilio* Linnaeus, [1758]

模式種 Type Species | 黃鳳蝶 *Papilio machaon* Linnaeus, 1758。

## 形態特徵與相關資料 Diagnosis and other information

　　中、大型鳳蝶。翅面斑紋多化，常在黑色或褐色的底色上綴有淺色斑紋。後翅常於 $M_3$ 脈末端有一葉狀、匕首狀或劍狀尾突，中文習稱為「鳳尾」，不過也有許多種類欠缺尾狀突起。部分種類雌雄二型性明顯。

　　近年的系統發育研究多認為鳳蝶屬應包含斑鳳蝶 *Chilasa*、寬尾鳳蝶 *Agehana*、虎紋鳳蝶 *Pterourus* 等屬。鳳蝶屬呈泛世界性分布，但是以熱帶地區多樣性最高。鳳蝶屬成員至少有200種以上。

　　成蝶有訪花習性。許多種類的雄蝶有溼地吸水習性。

　　幼蟲寄主植物包括芸香科Rutaceae、樟科Lauraceae及繖形科Apiaceae植物等。

　　臺灣地區有記錄之種類約有22種，其中18種為原生固有種，當中有一種在離島蘭嶼成為一獨立亞種。

- *Chilasa agestor matsumurae*（Fruhstorfer, 1909）（斑鳳蝶）
- *Chilasa epycides melanoleucus*（Ney, 1911）（黃星斑鳳蝶）
- *Chilasa clytia*（Linnaeus, 1758）（大斑鳳蝶）
- *Papilio maraho* Shiraki & Sonan, 1934（臺灣寬尾鳳蝶）
- *Papilio demoleus* Linnaeus, 1758（花鳳蝶）
- *Papilio machaon sylvina* Hemming, 1933（黃鳳蝶）
- *Papilio xuthus* Linnaeus, 1767（柑橘鳳蝶）
- *Papilio polytes polytes* Linnaeus, 1758（玉帶鳳蝶）
- *Papilio polytes ledebouria* Eschscholtz, 1821（玉帶鳳蝶菲律賓亞種）（外來偶產種）
- *Papilio protenor protenor* Cramer, [1775]（黑鳳蝶）
- *Papilio protenor liukiuensis* Fruhstorfer, [1889]（黑鳳蝶沖繩・八重山亞種）（外來偶產種）
- *Papilio helenus fortunius* Fruhstorfer, 1908（白紋鳳蝶）
- *Papilio nephelus chaonulus* Fruhstorfer, 1902（大白紋鳳蝶）
- *Papilio castor formosanus* Rothschild, 1896（無尾白紋鳳蝶）

- *Papilio thaiwanus* Rothschild, 1898（臺灣鳳蝶）
- *Papilio memnon heronus* Fruhstorfer, 1902（大鳳蝶）
- *Papilio rumanzovia* Eschscholtz, 1821（紅斑大鳳蝶）（外來偶產種）
- *Papilio aegus*（Donovan, 1805）（果園鳳蝶）（外來偶產種）
- *Papilio bianor thrasymedes* Fruhstorfer, 1909（翠鳳蝶）
- *Papilio bianor kotoensis* Sonan, 1927（翠鳳蝶蘭嶼亞種）
- *Papilio dialis tatsuta* Murayama, 1970（穹翠鳳蝶）
- *Papilio maackii* Ménétriès, 1859（綠帶翠鳳蝶）（疑問種）
- *Papilio hopponis* Matsumura, 1907（雙環翠鳳蝶）
- *Papilio hermosanus* Rebel, 1906（臺灣琉璃翠鳳蝶）
- *Papilio paris nakaharai* Shirôzu, 1960（琉璃翠鳳蝶）

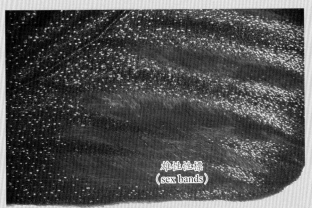

翠鳳蝶雄蝶前翅性標

柚葉上之柑橘鳳蝶卵Egg of *Papilio xuthus*
（新竹縣關西鎮關西，2008. 05. 15.）。

飛龍掌血葉上之翠鳳蝶（蘭嶼亞種）卵Egg of
*Papilio bianor kotoensis* on *Toddalia asiatica*
（臺東縣蘭嶼鄉蘭嶼燈塔，2008. 08. 19.）。

斑鳳蝶幼蟲Larva of *Papilio agestor matsumurae*（新北市烏來區福山村，450 m，2009. 04. 28.）。

斑鳳蝶蛹 Pupa of *Papilio agestor matsumurae*（新北市烏來區福山村，450 m，2009. 06. 01.）。

# 檢索表

鳳蝶屬 <small>(*表示偶產種)</small>

Key to species of the genus *Papilio* in Taiwan (* denotes occasional species)

❶ 前翅外緣與後緣約略等長 ...................................................................❸

　　前翅外緣長於後緣 .........................................................................❷

❷ 後翅尾狀突起內有M₃及CuA₂脈貫穿 ........................ *maraho* （臺灣寬尾鳳蝶）

　　後翅尾狀突起僅有M₃脈貫穿或無尾突 ...................................................❺

❸ 臀區CuA₂室內有橙黃色斑點；翅面斑紋黃白色 .......................................❹

　　臀區CuA₂室內無橙黃色斑點；翅面斑紋青白色 ............. *agestor* （斑鳳蝶）

❹ 後翅外緣波狀；後翅腹面沿外緣有橙黃色斑列 ............................................
　　...................................................................... *clytia* （大斑鳳蝶）

　　後翅外緣圓形；後翅腹面沿外緣無橙黃色斑列...........................................
　　.................................................................. *epycides* （黃星斑鳳蝶）

❺ 軀體表面有綠色亮鱗散布 ....................................................................❻

　　軀體表面無綠色亮鱗散布 ...................................................................⓬

❻ 後翅背面有界限明確的藍綠色亮 ............................................................❼

　　後翅背面的亮鱗分布散漫或形成的斑紋界限模糊 ......................................❽

❼ 後翅背面的藍綠色亮斑紡錘形； 雄蝶前翅有褐色絨毛狀性標 ......................
　　..................................................... *hermosanus* （臺灣琉璃翠鳳蝶）

　　後翅背面的藍綠色亮斑不呈紡錘形； 雄蝶前翅缺乏褐色絨毛狀性標 ...........
　　.................................................................... *paris* （琉璃翠鳳蝶）

❽ 後翅腹面有紅色重環紋； 雄蝶前翅缺乏褐色絨毛狀性標 .............................
　　............................................................... *hopponis* （雙環翠鳳蝶）

　　後翅腹面有紅色或紫紅色弦月紋； 雄蝶前翅有褐色絨毛狀性標 ...............❾

❾ 前翅背面具有亮縱帶 ..........................................................................❿

　　前翅背面無亮縱帶 ...........................................................................⓫

❿ 前翅腹面的淺色帶前端寬度為後端寬度2倍以上 .......................................
　　................................................... *bianor kotoensis* （翠鳳蝶蘭嶼亞種）

　　前翅腹面的淺色帶前端與後端寬度約略相等 ........... *maackii* （綠帶翠鳳蝶）*

⓫ 後翅背面亮鱗填滿尾突； 後翅腹面沿內緣有一小片綠色及黃褐色鱗 ...........
　　....................................................................... *dialis* （穹翠鳳蝶）

　　後翅背面尾突內亮鱗僅沿M₃脈散布； 後翅腹面內側僅有黃褐色鱗 ...............
　　.......................................................... *bianor thrasymedes* （翠鳳蝶）

⓬ 腹部底色黃色或有黃紋..........................................................................⓭

　　腹部底色黑褐色，無黃紋 ..................................................................⓰

# 斑鳳蝶 特有亞種

*Papilio agestor matsumurae* Fruhstorfer

▋模式產地：*agestor* Gray, 1831：北印度；*matsumurae* Fruhstorfer, 1909：臺灣。

| 英 文 名 | Tawny Mime |
|---|---|
| 別 名 | 褐斑鳳蝶、茶褐斑鳳蝶、下樺鳳蝶 |

## 形態特徵 Diagnostic characters

雌雄斑紋相似。軀體底色黑褐色，背面有兩列白紋排成縱列，腹面有三列白點排成縱列。前翅翅頂稍微突出。前翅翅背面底色黑褐色，後翅則為暗紅褐色；前翅內側及後翅前方有青白色斑塊；翅外側有一列淺色小紋。翅腹面斑紋、色彩較翅背面鮮明，前翅翅頂附近底色呈紅褐色。

## 生態習性 Behaviors

一年一代，成蝶春季出現。成蝶飛翔緩慢，好訪花，雄蝶常至溼地吸水。雄蝶常於樹枝上作領域占有。冬季以蛹態休眠。

## 雌、雄蝶之區分 Distinctions between sexes

雌蝶斑紋色彩通常顏色較淺。

## 近似種比較 Similar species

在臺灣地區無近似種鳳蝶，但是本種的翅紋和大絹斑蝶類似。由於大絹斑蝶翅面上的青白色斑紋幾近透明，本種則否，因此不難區別。

| 分布 Distribution | 棲地環境 Habitats | 幼蟲寄主植物 Larval hostplants |
|---|---|---|
| 分布於臺灣本島低、中海拔山區。其他亞種分布於喜馬拉雅、北印度、中南半島、華東、華南、華西等地區。 | 常綠闊葉林、常綠落葉闊葉混生林。 | 樟科 Lauraceae 植物，利用度最高的是紅楠 *Machilus thunbergii* 及大葉楠 *M. kusanoi*。取食部位是葉片。 |

46~51mm

200~2500m

1cm

70%

♂

1cm

♀

| 變異 Variations | 豐度／現狀 Status | 附記 Remarks |
|---|---|---|
| 不顯著。 | 本種在臺灣本島山地分布廣泛，數量一般不多。 | 本種色彩、斑紋與大絹斑蝶 *Parantica sita* 相似，常被認為是擬態現象的良好範例。亞種名 *matsumurae* 是以亞洲昆蟲學研究先驅松村松年博士為名。 |

# 黃星斑鳳蝶  特有亞種

*papilio epycides melanoleucus* Ney

■模式產地：*epycides* Hewitson, 1864：錫金；*melanoleucus* Ney, 1911：臺灣。

| 英 文 名 | Lesser Mime |
| --- | --- |
| 別 名 | 黃星鳳蝶、小褐斑鳳蝶、小黑斑鳳蝶 |

## 形態特徵 Diagnostic characters

雌雄斑紋相似。軀體底色黑褐色，胸部散布白色斑點；腹部背面有兩列白點排成縱列，腹面則有三列白點排成縱列。前翅修長，後翅則翅形輪廓頗圓。翅背面底色暗褐色，翅內側有黃白色或淺藍白色條紋，外側則有同色點列。後翅臀區於$CuA_2$室有一橙黃色斑點。翅腹面底色較翅背面淺，於前翅翅頂附近常有一片灰白色紋。

## 生態習性 Behaviors

一年一代，成蝶春季出現。成蝶飛翔緩慢，好訪花，雄蝶時至溼地吸水。雄蝶常於樹枝上作領域占有。冬季以蛹態休眠。

## 雌、雄蝶之區分 Distinctions between sexes

雌蝶斑紋色彩通常顏色較淺、翅形較圓。

## 近似種比較 Similar species

在臺灣地區無近似種鳳蝶，很容易鑑定。

| 分布 Distribution | 棲地環境 Habitats | 幼蟲寄主植物 Larval hostplants |
| --- | --- | --- |
| 分布於臺灣本島低、中海拔山區。其他亞種分布於喜馬拉雅、北印度、中南半島北部、華東、華南、華西等地區。 | 常綠闊葉林。 | 樟樹*Cinnamomum comphora*、大香葉樹*Lindera megaphylla*及山胡椒*Litsea cubeba*等樟科Lauraceae植物。取食部位是葉片。 |

33~44mm

0~1500m

1 2 **3** **4** **5** **6** 7 8 9 10 11 12

90%

鳳蝶科

鳳蝶屬

1cm

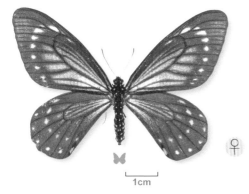

1cm

| 變異 Variations | 豐度／現狀 Status | 附記 Remarks |
|---|---|---|
| 本種常有斑紋黑化的個體出現。 | 本種在臺灣本島低海拔山地分布廣泛，數量通常不多。 | 由於本種在臺灣主要分布於低山丘陵地，加上一年一代繁殖較慢的特性，使本種較易受到開發影響而消失。 |

239

# 大斑鳳蝶

*Papilio clytia* Linnaeus

┃模式產地：*clytia* Linnaeus, 1758：印度（廣東？）

| 英 文 名 | Common Mime |
|---|---|
| 別 名 | 黃邊鳳蝶、黃緣鳳蝶 |

## 形態特徵 Diagnostic characters

雌雄斑紋明顯相似。軀體底色黑褐色，黃斑型胸部散布白色斑點；腹部背面有兩列白線排成縱列，側面與腹面則有五列白線排成縱列。黑色型胸部白色斑點稀疏，腹部背面白線兩列，側面與腹面則白線三列。前翅寬闊，形狀接近三角形；後翅翅形輪廓圓，外緣呈波浪狀。翅背面底色暗褐色，翅表黃白色條紋及斑點。翅腹面底色較翅背面淺，後翅沿外緣有一列橙黃色斑點。

## 生態習性 Behaviors

一年多代。成蝶飛翔緩慢，好訪花。

## 雌、雄蝶之區分 Distinctions between sexes

雌蝶斑紋色彩相同，檢視腹端交尾器較易區分。

## 近似種比較 Similar species

無近似種鳳蝶，不難區別。

| 分布 Distribution | 棲地環境 Habitats | 幼蟲寄主植物 Larval hostplants |
|---|---|---|
| 臺灣本島僅於屏東縣恆春（松村，1907）及花蓮縣鳳林（岡野，1964）分別有一筆記錄，標本來源有疑問。金門地區族群量大，是當地代表性蝶種之一，並已隨寄主植物於澎湖建立穩定族群。金門、澎湖以外分布於南亞、中南半島、馬來半島、菲律賓、華東、華南、華西等地區。 | 常綠闊葉林。 | 樟科Lauraceae植物的潺槁樹 *Litsea glutinosa*。取食部位是葉片。 |

41~50mm

0~250m

鳳蝶科

鳳蝶屬

70%

1cm ♂

♀

1cm

| 變異 Variations | 豐度 / 現狀 Status | 附記 Remarks |
|---|---|---|
| 本種翅紋常見的有兩型，即黃斑型 *dissimilis* Linnaeus 及黑色型 *clytia* Linnaeus，前者翅面布滿黃白色斑點及條紋，後者只沿翅緣有黃白色斑紋。 | 本種在金門及澎湖均數量豐富。 | 本種黃斑型常被認為可能擬態青斑蝶 *Tirumala*，而黑色型則被認為擬態紫斑蝶 *Euploea*。 |

# 臺灣寬尾鳳蝶

*Papilio maraho* Shiraki & Sonan

■模式產地：*maraho* Shiraki & Sonan, 1934；臺灣。

| 英文名 | Taiwan Broad-tailed Swallotail |
| --- | --- |
| 別　名 | 寬尾鳳蝶、闊尾鳳蝶 |

鳳蝶科

鳳蝶屬

## 形態特徵 Diagnostic characters

雌雄斑紋相似。體色黑褐色。翅背面底色呈褐色，後翅外側呈黑褐色。後翅中室及其周圍有一片白色斑紋，沿外緣各翅室外側有一紅色弦月紋。翅腹面底色較背面略淺。後翅尾突末端甚圓，呈葉狀。

## 生態習性 Behaviors

由於本種的蛹有部分個體會進行長期休眠，本種的世代數並不固定，非休眠性蛹在年內即羽化，休眠性蛹則越年才羽化。成蝶飛翔緩慢從容，好訪花，雄蝶常至溼地吸水。冬季以蛹態休眠。

## 雌、雄蝶之區分 Distinctions between sexes

雌蝶斑紋色彩相同，檢視腹端交尾器較易區分。

## 近似種比較 Similar species

在臺灣地區只有多姿麝鳳蝶斑紋與本種略為相似，但是多姿麝鳳蝶並無本種具有的寬闊尾突，不難區別。

| 分布 Distribution | 棲地環境 Habitats | 幼蟲寄主植物 Larval hostplants | 變異 Variations |
| --- | --- | --- | --- |
| 特產於臺灣本島中海拔山區。 | 常綠闊葉林、常綠落葉闊葉混生林。 | 樟科 Lauraceae 的臺灣檫樹 *Sassafras randaiense*。取食部位是葉片。 | 後翅白紋及紅斑的大小及顏色常見個體變異。 |

48~65mm

500~2000m

60%

1cm

♂

♀

1cm

鳳蝶科

鳳蝶屬

| 豐度 / 現狀　Status | 附記　Remarks |
|---|---|
| 本種數量稀有，是著名的保育類蝶種。 | 本種由於色彩華麗大方且數量稀少，使其標本成為高價收藏品，因而引發過度採集的問題。行政院農會於民國78年（1989年）公告為保育類野生動物第一類「瀕臨絕種野生動物」予以保護。部分研究者認為臺灣寬尾鳳蝶與分布於中國大陸南方各省的 *Papilio elwesi* Leech, 1889（模式產地：江西）同種，在有更進一步資料前，本書暫依國內原先一般意見，將臺灣寬尾鳳蝶視為臺灣特有種。<br>本種常被另外置於寬尾鳳蝶屬 *Agehana* Matsumura, [1936] 內，但 Wu *et al.*（2015）所做的系統發育寬尾鳳蝶起源自美洲，應移置鳳蝶屬內。 |

# 花鳳蝶

*Papilio demoleus demoleus* Linnaeus

▎模式產地：*demoleus* Linnaeus, 1758：廣東。

| 英 文 名 | Lime Butterfly |
|---|---|
| 別　　名 | 無尾鳳蝶、達摩鳳蝶 |

## 形態特徵 Diagnostic characters

雌雄斑紋相似。軀體背面黑褐色，散布有黃色鱗；側、腹面奶黃色，上有四條黑褐色粗縱線。後翅外緣波狀，無明顯尾突。翅背面底色黑褐色，翅面密布黃白色斑紋及斑點。後翅前緣 $Sc+R_1$ 室內有一藍色環紋，臀區有一前方冠藍紋的紅斑。翅腹面黃白色斑紋較背面更為鮮明，並且有鑲藍邊的橙色紋。雌蝶的黃白色斑紋泛橙色而較不鮮明。

## 生態習性 Behaviors

一年多代。成蝶飛行快速，通常棲息在明亮的環境活動，好訪花。通常冬季以蛹態越冬。

## 雌、雄蝶之區分 Distinctions between sexes

雌蝶臀區的紅斑前方所冠之藍紋通常較雄蝶大型，腹面黃色斑紋常泛橙色。

## 近似種比較 Similar species

在臺灣地區沒有與本種形態相近的種類。

---

| 分布 Distribution | 棲地環境 Habitats | 幼蟲寄主植物 Larval hostplants |
|---|---|---|
| 主要分布於臺灣本島平地、低海拔地區，離島龜山島、蘭嶼、澎湖也有分布。其他分布地域包括亞洲及澳洲的廣大地區，向西可及阿拉伯半島東岸，向東可達澳大利亞等地區。許多地區的分布是伴隨栽培種芸香科植物的擴大栽培而擴散的結果。 | 常綠闊葉林、熱帶季風林、海岸林、常綠闊葉灌叢、都市林。 | 柑橘*Citrus reticulata*、來母*C. aurantifolia*、柚*C. grandis*、黎檬*C. limonia*、佛手柑*C. medica* var. *sacrodactylis*、過山香*Clausena excavata*、烏柑仔*Severinia buxifolia*、金柑*Fortunella japonica*、石苓舅*Glycosmis citrifolia*等芸香科 Rutaceae 植物。取食部位是葉片。 |

42~46mm

0~1000m

♂

1cm

80%

♀

1cm

| 變異 Variations | 豐度 / 現狀 Status | 附記 Remarks |
|---|---|---|
| 不顯著。 | 本種是臺灣地區都市內最常見的蝴蝶之一，顯現其良好的環境適應能力。牠的幼蟲有時候被當成是柑橘類作物的害蟲，不過為害並不嚴重。 | 臺灣及菲律賓等地區產的花鳳蝶過去被認為屬於亞種ssp. *libanius* Fruhstorfer, 1908（模式產地：臺灣），但藤岡（1997）指出*libanius*與指名亞種無異。 |

# 黃鳳蝶  特有亞種

*Papilio machaon sylvina* Hemming

▌模式產地：*machaon* Linnaeus, 1758：瑞典；*sylvina* Hemming, 1933：臺灣。

英 文 名｜Yellow Swallowtail

別　　名｜金鳳蝶

## 形態特徵 Diagnostic characters

雌雄斑紋相似。軀體底色黃色，背面黑褐色，腹部腹面有兩條黑褐色細縱線。前翅外緣近直線狀；後翅外緣波狀，M₃脈末端有一細長尾突。翅背面底色黑褐色，上有黃色條紋及斑點。前翅基部有一片散布黃色鱗的暗色斑塊，後翅沿內緣亦有類似斑紋。後翅臀區有一紅斑。翅腹面黃色紋遠較背面發達。

## 生態習性 Behaviors

資料尚不充分，可能一年多代，冬季以蛹態越冬。成蝶飛行靈活快速，會訪花。

## 雌、雄蝶之區分 Distinctions between sexes

由於雌雄斑紋相似，可靠的性別鑑定有賴檢視腹端交尾器。

## 近似種比較 Similar species

在臺灣地區與本種形態最類似的種類是柑橘鳳蝶，但是本種的翅面底色較深色且前翅背面基部有一片暗褐色斑塊，柑橘鳳蝶翅面底色淺而缺乏暗褐色斑塊，因此不難區分。

| 分布 Distribution | 棲地環境 Habitats | 幼蟲寄主植物 Larval hostplants |
|---|---|---|
| 主要分布於臺灣本島中、南部中海拔山地，數量稀少。其他亞種廣泛分布於歐亞大陸溫帶地區，包括日本，向西遠及北非，向東遠及北美阿拉斯加。 | 常綠闊葉林、常綠落葉闊葉混生林、常綠闊葉灌叢、落葉闊葉灌叢、岩原植被。 | 臺灣亞種目前已確認的自然寄主植物是繖形科的臺灣前胡*Peucedanum formosanum*。取食部位是葉片。 |

40~45mm

1 2 3 4 5 6 7 8 9 10 11 12

3000
2000
1000
0

1000~2500m

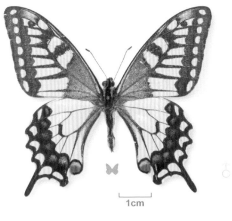

90%

1cm

1cm

| 變異 Variations | 豐度／現狀 Status | 附記 Remarks |
|---|---|---|
| 不顯著。 | 本種在臺灣地區分布局限而數量稀少，其棲地與生存是否受威脅值得關注。 | 山中正夫（1971）引用楚南仁博（1939）及白水 隆（1960）兩份文獻指稱離島蘭嶼曾有黃鳳蝶的記錄，然而這兩份文獻其實並沒有提及蘭嶼有黃鳳蝶，因此蘭嶼的黃鳳蝶記錄可能是錯誤的引用。黃鳳蝶亦見於馬祖地區，但是當地族群屬於亞種 ssp. *schantungensis* Eller（模式產地：山東）。 |

# 柑橘鳳蝶

*Papilio xuthus xuthus* Linnaeus

▌模式產地：*xuthus* Linnaeus, 1767： "India Orientali" [廣東]。

| 英 文 名 | Chinese Yellow Swallotail |
|---|---|
| 別　　名 | 柑桔鳳蝶、鳳蝶、準鳳蝶、花椒鳳蝶 |

## 形態特徵 Diagnostic characters

雌雄斑紋相似。軀體黃白色，背面有一明顯黑褐色縱帶，腹面共有四條黑褐色細縱線。前翅外緣近直線狀；後翅外緣波狀，$M_3$脈末端有一細長尾突。翅背面底色呈黑褐色，上有黃白色條紋及斑點。後翅臀區常有一枚紅斑。翅腹面黃色紋遠較背面發達。

## 生態習性 Behaviors

一年多代，冬季通常以蛹態越冬。成蝶飛行緩慢優雅，訪花性明顯。

## 雌、雄蝶之區分 Distinctions between sexes

由於雌雄斑紋相似，可靠的性別鑑定有賴檢視腹端交尾器。

## 近似種比較 Similar species

在臺灣地區與本種形態最類似的種類是黃鳳蝶，但是本種的翅面底色較深淺而呈黃白色。黃鳳蝶前翅背面基部有一片暗褐色斑塊，柑橘鳳蝶則否。

| 分布 Distribution | 棲地環境 Habitats | 幼蟲寄主植物 Larval hostplants |
|---|---|---|
| 主要分布於臺灣本島低海拔地區，離島蘭嶼、綠島、龜山島亦有記錄。金門、馬祖地區亦有分布。其他分布地區包括中南半島、華西、華東、華中、華北、蒙古、蘇俄遠東地區東部、日本、菲律賓呂宋島等地。柑橘鳳蝶並隨柑橘之栽植而移入夏威夷、關島（現已滅絕）、小笠原群島等太平洋島嶼。 | 常綠闊葉林、常綠闊葉灌叢、海岸林、都市林。 | 柑橘 *Citrus reticulata*、柚 *C. grandis*、食茱萸 *Zanthoxylum ailanthoides* 等芸香科 Rutaceae 植物。取食部位是葉片。 |

40~50mm

0~2500m

高溫型（雨季型）

90%

♂

♀

1cm

1cm

| 變異 Variations | 豐度／現狀 Status | 附記 Remarks |
|---|---|---|
| 高溫期發生的個體體型較大、後翅靠近外緣的黑帶較寬，後翅前緣 Sc+R₁室內常有一黑褐色斑紋。 | 本種昔日原為臺灣地區最常見之鳳蝶之一，近年來族群量大幅減少，因此不再常見，似乎只有在沿海一帶數量較多。 | 臺灣地區的本種常被認為屬於亞種 *koxinga* Fruhstorfer, 1908（模式產地：臺灣），但是近年研究資料多認為臺灣的柑橘鳳蝶族群與指名亞種無異。 |

低溫型（乾季型）

90%

1cm

♂

1cm

♀

# 臺灣鳳蝶

*Papilio thaiwanus* Rothschild

▌模式產地：*thaiwanus* Rothschild, 1898；臺灣。

| 英 文 名 | Taiwan Redbreast |
|---|---|
| 別　　名 | 臺灣藍鳳蝶、渡邊鳳蝶 |

## 形態特徵 Diagnostic characters

雌雄斑紋明顯相異。軀體黑褐色。前、後翅均修長；前翅外緣近直線狀；後翅外緣波狀。雄蝶翅背面底色黑褐色，上有暗藍色金屬光澤。翅腹面於前翅中室及沿翅脈有淺色條紋，後翅有鮮明的網狀紅紋；前、後翅翅基亦有紅紋。雌蝶翅底色較雄蝶為淺，前翅中室基部有一紅紋，後翅沿外緣有紅色圈狀紋，Rs及$M_1$室內各有一枚白斑。翅腹面白斑較翅背面發達，紅紋則比雄蝶更發達。

## 生態習性 Behaviors

一年多代，冬季通常以蛹態越冬。成蝶訪花性明顯。雄蝶有溼地吸水習性。

## 雌、雄蝶之區分 Distinctions between sexes

雌蝶翅面底色較淺，後翅有兩枚明顯的白斑。

## 近似種比較 Similar species

在臺灣地區，只有黑鳳蝶與本種相似，但黑鳳蝶的後翅腹面沒有網狀紅紋。

| 分布 Distribution | 棲地環境 Habitats | 幼蟲寄主植物 Larval hostplants |
|---|---|---|
| 特產於臺灣本島低、中海拔地區。 | 常綠闊葉林、常綠落葉闊葉混生林。 | 芸香科Rutaceae之飛龍掌血*Toddalia asiatica*、柑橘*C. reticulata*以及樟科Lauraceae之樟樹*Cinnamomum comphora*。取食部位是葉片。 |

高溫型（雨季型）

80%

♂

1cm

♀

1cm

| 變異 Variations | 豐度／現狀 Status | 附記 Remarks |
|---|---|---|
| 春季個體較小型、雌蝶斑紋較發達。 | 在臺灣本島分布廣泛，但是一般數量少。 | 臺灣鳳蝶與喜馬拉雅、印度、緬甸、華西、華南等地分布的紅基美鳳蝶 *Papilio alcmenor* Felder, [1864]（模式產地：印度阿薩密）近緣，兩者間的關係有待進一步探討。 |

0~2600m

鳳蝶科

鳳蝶屬

低溫型（乾季型）

1cm

♂

80%

1cm

♀

# 玉帶鳳蝶

*Papilio polytes polytes* Linnaeus

▌模式產地：*polytes* Linnaeus, 1758："Asia" [華南]。

| 英 文 名 | Common Mormon |
|---|---|
| 別　　名 | 白帶鳳蝶、縞鳳蝶 |

## 形態特徵 Diagnostic characters

軀體黑褐色，胸部側面有白色斑點；腹部側面有兩條縱走白色細線，腹面亦有一條縱走白色細線。前翅翅頂渾圓；後翅外緣波狀，$M_3$脈末端有一葉狀尾突。雄蝶翅背面底色黑褐色，前翅外緣有一列黃白色斑點；後翅中央有一黃白色斜帶。翅腹面的斑紋與翅背面類似。雌蝶「白帶型」色彩斑紋類似雄蝶，「紅斑型」雌蝶前翅無黃白色斑點，而在外側有一大片淺色區域；後翅沿外緣有一列紅紋，翅中央另有數枚白斑或紅斑。

## 生態習性 Behaviors

一年多代，冬季通常以蛹態越冬。成蝶飛行緩慢優雅，訪花性明顯。雄蝶有溼地吸水習性。

## 雌、雄蝶之區分 Distinctions between sexes

「紅斑型」只見於雌蝶。「白帶型」雌蝶與雄蝶類似，但是後翅白帶通常較寬，臀區有紅斑的傾向也較明顯。

## 近似種比較 Similar species

在臺灣地區，沒有與玉帶鳳蝶雄蝶及「白帶型」雌蝶相似的種類。「紅斑型」雌蝶斑紋類似紅珠鳳蝶，由於紅珠鳳蝶軀體大部分呈紅色，本種則呈黑褐色，因此不難分辨。

| 分布 Distribution | 棲地環境 Habitats | 幼蟲寄主植物 Larval hostplants |
|---|---|---|
| 分布於臺灣本島低、中海拔地區，包括離島蘭嶼、綠島、龜山島、澎湖。金門、馬祖地區亦有分布。其他分布地區包括南亞、中南半島、華西、華東、華中、日本南西諸島、東南亞等地。 | 常綠闊葉林、常綠闊葉灌叢、海岸林、都市林。 | 柚 *Citrus grandis*、黎檬 *C. limonia*、甜橙 *C. sinensis*、柑橘 *C. reticulata*、飛龍掌血 *Toddalia asiatica*、食茱萸 *Zanthoxylum ailanthoides*、烏柑仔 *Severinia buxifolia* 及過山香 *Clausena excavata* 等芸香科 Rutaceae 植物。取食部位是葉片。 |

鳳蝶科

鳳蝶屬

80%

1cm

白帶型

1cm

| 變異　Variations | 豐度／現狀　Status |
|---|---|
| 雌蝶分為兩型，即色彩斑紋類似雄蝶的「白帶型」f. *mandane*及被認為擬態紅珠鳳蝶的「紅斑型」f. *polytes*。遺傳上雌蝶的「紅斑型」對「白帶型」為顯性。另外，「紅斑型」雌蝶的斑紋變異特別顯著。 | 目前數量尚多，尤其在南臺灣可以說是數量豐富的常見種，有時甚至會發生大規模遷移的現象。 |

255

紅斑型

80%

♀

1cm

偶產蝶：玉帶鳳蝶菲律賓亞種

♂

1cm

附記　Remarks

臺灣南部及離島蘭嶼偶爾可發現來自菲律賓地區的偶產性玉帶鳳蝶菲律賓亞種（*Papilio polytes
ledebouria* Eschscholtz, 1821；模式產地：菲律賓）。該亞種有時與印尼東部產的形態近似之亞種
共同被視為獨立種，若循此說，則其學名可作 *Papilio alphenor ledebouria* Eschscholtz中文名或可
稱為「無尾玉帶鳳蝶」。本書提供之參考標本採自臺東蘭嶼（2021年4-5月）。

# 黑鳳蝶

*Papilio protenor protenor* Cramer

▌模式產地：*protenor* Cramer, [1775]：中國。

| 英 文 名 | Spangle |
|---|---|
| 別　　名 | 無尾黑鳳蝶、藍鳳蝶 |

## 形態特徵 Diagnostic characters

軀體黑褐色，胸部側面有白色斑點；腹部側面有兩條模糊的縱走白色細線。前翅翅頂很圓；後翅外緣呈波狀。雄蝶翅背面底色黑褐色，上有暗藍色金屬光澤，前翅中室內及沿翅脈有淺色條紋；後翅沿前緣有一黃白色條斑。翅腹面的前翅條紋較翅背面淺色，後翅沿外緣有一列紅紋。雌蝶翅色彩較雄蝶淺，紅紋較雄蝶發達，後翅背面無黃白色條斑。

## 生態習性 Behaviors

一年多代，冬季通常以蛹態越冬。成蝶訪花性明顯。雄蝶有溼地吸水習性。

## 雌、雄蝶之區分 Distinctions between sexes

雄蝶於後翅背面近前緣處有一黃白色條斑，雌蝶則沒有這樣的斑紋。

## 近似種比較 Similar species

在臺灣地區，只有臺灣鳳蝶與本種略為相似，但黑鳳蝶的後翅腹面沒有臺灣鳳蝶所具有的大面積網狀紅紋。另外，黑鳳蝶後翅輪廓呈圓形，而臺灣鳳蝶則接近平行四邊形，分辨並不困難。

| 分布 Distribution | 棲地環境 Habitats | 幼蟲寄主植物 Larval hostplants |
|---|---|---|
| 分布於臺灣本島低、中海拔地區，離島蘭嶼、綠島、龜山島、澎湖亦有記錄。金門、馬祖地區亦有分布。其他分布地區包括喜馬拉雅、中南半島北部、華西、華東、華中、日本等地。 | 常綠闊葉林、常綠闊葉灌叢、海岸林、都市林。 | 柚*Citrus grandis*、黎檬*C. limonia*、甜橙*C. sinensis*、柑橘*C. reticulata*、賊仔樹*Tetradium glabrifolium*、雙面刺*Zanthoxylum nitidium*、阿里山茵芋*Skimmia arisanensis*及山黃皮*Murraya euchrestifolia*等芸香科Rutaceae植物。取食部位是葉片。 |

鳳蝶科
鳳蝶屬

70%

1cm

1cm

♂

♀

| 變異 Variations | 豐度 / 現狀 Status | 附記 Remarks |
|---|---|---|
| 低溫期個體的後翅背面常有較多淺藍色鱗散布。 | 目前是數量尚多的常見種。 | 過去臺灣地區的本種常使用*amura* Jordan, 1908（模式產地：臺灣）之亞種名，但是藤岡（1997）指出臺灣地區族群的形態特徵在指名亞種變異範圍內。<br>後翅具有尾突的黑鳳蝶沖繩、八重山亞種（ssp. *liukiuensis* Fruhstorfer, [1899]；模式產地：石垣島）曾於宜蘭頭城龜山島發現（2004年6月28日，即本書圖示之個體）。 |

54~60mm

0~1500m

低溫型

70%

♀

1cm

偶產蝶：沖繩・八重山亞種

♂

1cm

259

# 白紋鳳蝶

*Papilio helenus fortunius* Fruhstorfer

▌模式產地：*helenus* Linnaeus, 1758：廣東：*fortunius* Fruhstorfer, 1908：臺灣。

| 英文名 | Red Helen |
|---|---|
| 別名 | 臃蝶、黃紋鳳蝶、楞鳳蝶、玉斑鳳蝶、紅緣鳳蝶 |

## 形態特徵 Diagnostic characters

軀體黑褐色，胸部側面有白色斑點；腹部側面有兩條縱走白色細線。前翅外緣略為凹入；後翅外緣波狀，$M_3$脈末端有一葉狀尾突。翅背面底色黑褐色，前翅中室內及沿翅脈有黃褐色線條；後翅於$Sc+R_1$、$Rs$及$M_1$室內各有一黃白色斑紋，相連成一斑塊；沿外緣時有紅色弦月紋。翅腹面的前翅線條呈灰白色；後翅斑塊呈白色，沿外緣的紅色弦月紋遠較翅背面明顯。

## 生態習性 Behaviors

一年多代，冬季通常以蛹態越冬。成蝶訪花性明顯，雄蝶亦有溼地吸水習性。

## 雌、雄蝶之區分 Distinctions between sexes

雌蝶翅色彩較雄蝶淺，紅紋較雄蝶發達。

## 近似種比較 Similar species

在臺灣地區，只有大白紋鳳蝶與本種相似，但前者後翅白紋較大型而在$M_2$室多一白紋。此外，大白紋鳳蝶後翅腹面沿外緣排列的斑紋呈橙黃色，本種則為紅色；大白紋鳳蝶前翅腹面臀區附近有白紋，本種則沒有。

| 分布 Distribution | 棲地環境 Habitats | 幼蟲寄主植物 Larval hostplants |
|---|---|---|
| 分布於臺灣本島低、中海拔山區，離島龜山島亦有記錄，金門、馬祖地區分布者為不同亞種。其他分布地域包括喜馬拉雅、南亞、中南半島、東南亞、華西、華南、華東、華中、日本等地區。 | 常綠闊葉林。 | 賊仔樹*Tetradium glabrifolium*、飛龍掌血*Toddalia asiatica*等芸香科Rutaceae植物。取食部位是葉片。 |

70%

1cm

♂

♀

1cm

| 變異 Variations | 豐度 / 現狀 Status | 附記 Remarks |
|---|---|---|
| 不顯著。 | 數量一般不多。 | 金門、馬祖地區分布的本種體型較大,屬於指名亞種 ssp. *helenus* Linnaeus。 |

# 大白紋鳳蝶

*Papilio nephelus chaonulus* Fruhstorfer

▌模式產地：*nephelus* Boisduval, 1836；印尼爪哇；*chaonulus* Fruhstorfer, 1902；海南。

英 文 名 | Yellow Helen

別　　名 | 臺灣白紋鳳蝶、臺灣螣蝶、寬帶鳳蝶、黃緣鳳蝶、四斑楞鳳蝶、臺灣黃紋鳳蝶

## 形態特徵 Diagnostic characters

　　軀體黑褐色，胸部側面有白色斑點；腹部側面有兩列縱走白色斑點，腹面有一列縱走白色斑點。前翅外緣略為凹入；後翅外緣波狀，$M_3$脈末端有一葉狀尾突。翅背面底色黑褐色；後翅於Sc+ $R_1$、Rs、$M_1$及$M_2$室內各有一黃白色斑紋，相連成一大斑塊。翅腹面於前翅有灰白色線條，臀區附近有一小白紋；後翅除了黃白色斑塊以外，沿外緣有淺橙黃色弦月紋。

## 生態習性 Behaviors

　　一年多代，冬季通常以蛹態越冬。成蝶訪花性明顯，雄蝶亦有溼地吸水習性。

## 雌、雄蝶之區分 Distinctions between sexes

　　雌蝶翅底色較淺，前翅腹面常有一條白色斜帶。

## 近似種比較 Similar species

　　在臺灣地區，只有白紋鳳蝶與本種相似，但前者後翅白紋較小型、後翅腹面沿外緣排列的斑紋呈紅色而非橙黃色、前翅腹面臀區附近缺乏白紋。

| 分布 Distribution | 棲地環境 Habitats | 幼蟲寄主植物 Larval hostplants |
|---|---|---|
| 分布於臺灣本島低、中海拔山區。其他分布地區包括喜馬拉雅、中南半島、東南亞、華西等地。 | 常綠闊葉林。 | 賊仔樹 *Tetradium glabrifolium*、飛龍掌血 *Toddalia asiatica* 等芸香科 Rutaceae 植物。取食部位是葉片。 |

50~60mm

0~2000m

70%

♂

1cm

♀

1cm

| 變異 Variations | 豐度/現狀 Status | 附記 Remarks |
|---|---|---|
| 不顯著。 | 目前數量尚多。 | 蘭嶼於1920年曾有本種之記錄，但是原記錄者之一（楚南仁博）隨後於1939年指出記錄有誤，應予刪除。 |

# 無尾白紋鳳蝶

*Papilio castor formosanus* Rothschild

▎模式產地：*castor* Westwood, 1842；印度；*formosanus* Rothschild, 1896；臺灣。

| 英 文 名 | Common Raven |
|---|---|
| 別　　名 | 無尾黃紋鳳蝶、無尾臉蝶、玉牙鳳蝶 |

## 形態特徵 Diagnostic characters

軀體黑褐色，胸部側面有白色斑點；腹部有白點排成數排縱列。前翅外緣近直線狀；後翅外緣波狀，無明顯尾突。雄蝶翅背面底色黑褐色，後翅於Sc+$R_1$、Rs、$M_1$及$M_2$室內各有一黃白色斑紋，相連成一斑塊。翅腹面底色稍淺，後翅斑塊延伸至內緣。雌蝶翅底色較雄蝶淺色而斑紋變異較顯著，斑紋不發達之個體與雄蝶斑紋相似，斑紋發達之個體則前翅中室端有一小白點，前翅沿外緣有兩列平行之小白點；後翅黃白色斑紋外側亦有一列小白點。

## 生態習性 Behaviors

一年多代，冬季通常以蛹態越冬。成蝶訪花性明顯，雄蝶亦有溼地吸水習性。

## 雌、雄蝶之區分 Distinctions between sexes

雌蝶翅色彩較雄蝶淺；雌蝶前、後翅外側常比雄蝶多一列小白點。

## 近似種比較 Similar species

在臺灣地區沒有形態相似的種類。

| 分布 Distribution | 棲地環境 Habitats | 幼蟲寄主植物 Larval hostplants |
|---|---|---|
| 分布於臺灣本島低、中海拔山區。其他分布地區包括喜馬拉雅、中南半島、東南亞、華西、海南等地。 | 常綠闊葉林。 | 芸香科 Rutaceae 之石苓舅*Glycosmis citrifolia*。取食部位是葉片。 |

1 2 3 4 5 6 7 8 9 10 11 12

80%

♂

1cm

♀

1cm

| 變異 Variations | 豐度 / 現狀 Status |
|---|---|
| 中、北部春季出現的個體較小型。 | 目前數量尚多。 |

# 大鳳蝶 特有亞種

*Papilio memnon heronus* Fruhstorfer

▌模式產地：*memnon* Linnaeus, 1758：印尼爪哇；*heronus* Fruhstorfer, 1902：臺灣。

| 英 文 名 | Great Mormon |
|---|---|
| 別　　名 | 美鳳蝶、長崎鳳蝶、甌蝶 |

鳳蝶科

鳳蝶屬

## 形態特徵 Diagnostic characters

　　具明顯的雌雄二型性及雌蝶多型性。雄蝶軀體黑褐色。前翅外緣略為凹入；後翅外緣波狀。雄蝶翅背面底色黑褐色，泛有暗藍色金屬光澤；翅面上有稀疏淺藍色鱗片組成的條紋，尤以後翅為著。翅腹面於前翅中室及沿翅脈有淺色條紋，前、後翅翅基有鮮明的紅紋；後翅臀區亦有紅紋。雌蝶基本上分為「無尾型」及「有尾型」兩型。「無尾型」體呈黑褐色，「有尾型」體上則有明顯的橙黃色部分。兩型的翅背面前翅中室基部及翅腹面前、後翅基部均有明顯的紅斑。「無尾型」後翅無尾突。前翅有灰白色條紋，後翅各翅室大部分呈白色，在翅室末端各有一黑斑。「有尾型」M₃脈末端有一明顯的葉狀尾突。後翅白斑面積一般較「無尾型」小，但中室端也常有白斑，白斑外側的黑斑較「無尾型」明顯，常連成一片。

## 生態習性 Behaviors

　　一年多代，冬季通常以蛹態越冬。成蝶訪花性明顯。雄蝶有溼地吸水習性。

## 雌、雄蝶之區分 Distinctions between sexes

　　雄蝶翅面底色黑褐色，後翅有淺藍色條紋。雌蝶翅面底色較淺，後翅有白斑。

| 分布 Distribution | 棲地環境 Habitats | 幼蟲寄主植物 Larval hostplants |
|---|---|---|
| 廣泛分布於臺灣本島低、中海拔地區，離島蘭嶼、龜山島亦有發現。其他亞種分布於喜馬拉雅、中南半島、東南亞、日本、華西、華南、華東等地區。 | 常綠闊葉林、海岸林、都市林。 | 臺灣香檬 *Citrus depressa*、柚樹 *C. grandis*、柑橘 *Citrus reticulata* 等芸香科 Rutaceae 植物。取食部位是葉片。 |

55~75mm

3000
2000
1000
0
0~1500m

## 近似種比較 Similar species

　　在臺灣地區沒有與本種相似的原生蝶種，不過臺灣南部偶爾可以見到與本種相似、來自菲律賓地區的偶產種紅斑大鳳蝶 *Papilio rumanzovia* Eschscholtz, 1821（模式產地：菲律賓），其翅腹面紅斑較本種鮮明，雄蝶後翅條紋呈藍白色。

1cm

60%

| 變異 Variations | 豐度 / 現狀 Status |
|---|---|
| 本種雌蝶多型現象顯著，後翅尾突的出現屬典型之孟德爾遺傳，而有尾性狀突起相對於無尾性狀為顯性。常見的有翅面白斑較大，不具尾突的「無尾型」f. *agenor* 及翅面白斑較小，具有尾突的「有尾型」f. *achates*，偶爾也有其他色型出現，但出現頻率低。 | 目前是數量尚多的常見種，偶爾被視為柑橘類作物的害蟲，但為害並不嚴重。 |

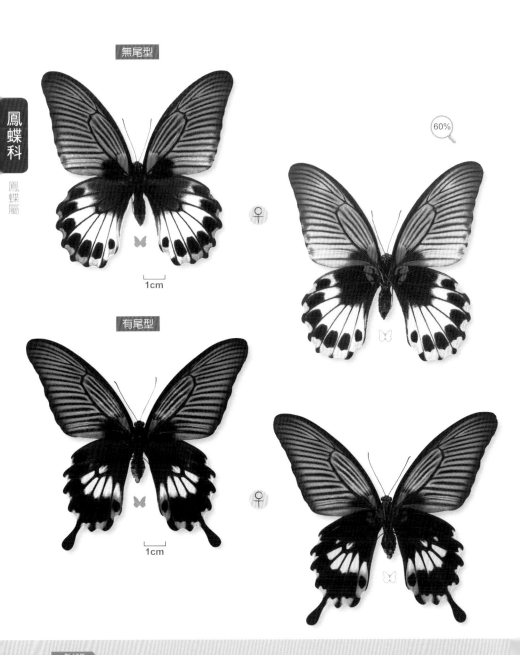

無尾型

1cm

有尾型

1cm

60%

♀

♀

附記　Remarks

大鳳蝶臺灣亞種近年來偶爾出現在日本南西諸島地區成為偶產蝶（迷蝶）。
金門、馬祖地區分布的本種族群屬於亞種 ssp. *agenor* Linnaeus, 1758（模式產地：中國）。
本島提供之參考用偶產種紅斑大鳳蝶標本之雄蝶採自菲律賓呂宋島（2007 年 6 月 9 日），雌蝶則採
自屏東縣恆春龜角（1934 年 5 月 29 日）（臺中農試所館藏標本）。

60%

1cm

1cm

鳳蝶科

鳳蝶屬

# 翠鳳蝶

*Papilio bianor thrasymedes* Fruhstorfer

▌模式產地：*bianor* Cramer, 1777：中國：*thrasymedes* Fruhstorfer, 1909：臺灣。

| 英 文 名 | Chinese Peacock |
|---|---|
| 別　　名 | 碧鳳蝶、烏鴉鳳蝶、烏鳳蝶、鴉鳳蝶 |

## 形態特徵 Diagnostic characters

軀體黑褐色，散布有綠色亮鱗。前翅外緣略為凹入；後翅外緣波狀，$M_3$脈末端有一明顯葉狀尾突。翅背面底色黑褐色，密布亮鱗，於後翅前側及外緣附近呈藍色，其餘部分則呈綠色，亮鱗並沿$M_3$脈分布至尾突內。後翅沿外緣偶有橙紅色弦月紋。翅腹面底色褐色，前翅外側有灰白色斑帶；後翅內側有一片黃褐色鱗，沿外緣有一列橙紅色弦月紋。

## 生態習性 Behaviors

一年多代，冬季通常以蛹態越冬。成蝶訪花性明顯。雄蝶有溼地吸水習性。

## 雌、雄蝶之區分 Distinctions between sexes

雄蝶前翅後側有一片明顯的褐色絨毛狀性標，雌蝶則無此構造，而且雌蝶翅背面橙紅色弦月紋較雄蝶發達。

## 近似種比較 Similar species

在臺灣地區與本種最相似的蝶種是穹翠鳳蝶，不過本種後翅尾狀突起內的亮鱗沿$M_3$脈兩側分布，穹翠鳳蝶則散布均勻；本種後翅腹面淺黃褐色鱗片散布範圍達翅面面積一半以上，穹翠鳳蝶則只沿內緣分布，而且其中雜有綠色亮鱗。

| 分布 Distribution | 棲地環境 Habitats | 幼蟲寄主植物 Larval hostplants |
|---|---|---|
| 廣泛分布於臺灣本島低、中海拔地區，離島綠島、龜山島、澎湖亦有發現。其他亞種分布於蘭嶼、喜馬拉雅、中南半島北部、華西、華南、華東等地區。 | 常綠闊葉林、常綠落葉闊葉混生林、海岸林、都市林。 | 賊仔樹*Tetradium glabrifoliom*、食茱萸*Zanthoxylum ailanthoides*、柑橘*Citrus reticulata*等芸香科Rutaceae植物。取食部位是葉片。 |

44~61mm

0~2000m

1 2 3 4 5 6 7 8 9 10 11 12

♂

1cm

60%

♀

1cm

鳳蝶科

鳳蝶屬

| 變異 Variations | 豐度 / 現狀 Status | 附記 Remarks |
|---|---|---|
| 低溫期個體翅面金屬色亮鱗較為發達。 | 目前是數量尚多的常見種。 | 蘭嶼地區的翠鳳蝶翅表亮鱗特別發達且呈帶狀，被認為屬於不同亞種ssp. *kotoensis* Sonan, 1927，常被稱為「琉璃帶鳳蝶」。綠島地區的翠鳳蝶似乎是臺灣本島亞種與蘭嶼亞種雜交的產物。金門、馬祖地區的翠鳳蝶則屬於指名亞種ssp. *bianor* Cramer。 |

271

# 翠鳳蝶蘭嶼亞種

特有亞種

*Papilio bianor kotoensis* Sonan

▌模式產地：*kotoensis* Sonan, 1927：臺灣蘭嶼。

| 英 文 名 | Lanyu Peacock |
| --- | --- |
| 別 名 | 琉璃帶鳳蝶 |

## 形態特徵 Diagnostic characters

軀體黑褐色，散布有綠色亮鱗。前翅外緣略為凹入；後翅外緣波狀，M₃脈末端有一明顯葉狀尾突。翅背面底色黑褐色，密布亮鱗，於後翅前側及外緣附近呈藍色，其餘部分則呈綠色，亮鱗沿$M_3$脈分布至尾突內，並於前、後翅分別形成一明亮的綠、藍色帶。後翅沿外緣有明顯的橙紅色弦月紋。翅腹面底色褐色，前翅外側有明顯的灰白色斑帶；後翅內側有一片黃褐色鱗，沿外緣有一列橙紅色弦月紋。

## 生態習性 Behaviors

世代數尚未詳細調查，但是成蝶出現在春秋季分別有一高峰，因此一年至少有兩代。成蝶有訪花性明顯。雄蝶常沿溪澗飛行，且有溼地吸水習性。

## 雌、雄蝶之區分 Distinctions between sexes

雄蝶前翅後側有一片明顯的褐色絨毛狀性標，雌蝶則無此構造。

## 近似種比較 Similar species

本種是翠鳳蝶的蘭嶼亞種，其前、後翅均比臺灣本島亞種多一道鮮明縱走亮帶，而且前翅腹面的灰白色線條也更為明顯。

| 分布 Distribution | 棲地環境 Habitats | 幼蟲寄主植物 Larval hostplants |
| --- | --- | --- |
| 特產於離島蘭嶼、綠島，但是綠島的族群可能混有臺灣本島亞種的遺傳組成。 | 熱帶雨林、海岸林。 | 飛龍掌血*Toddalia asiatica*、食茱萸*Zanthoxylum ailanthoides*等芸香科Rutaceae植物。取食部位是葉片。 |

56~62mm

0~500m

60%

1cm

♂

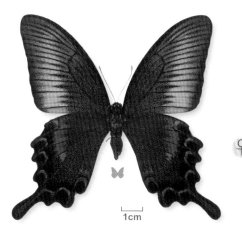

♀

1cm

| 變異 Variations | 豐度／現狀 Status | 附記 Remarks |
|---|---|---|
| 翅面的綠、藍色亮帶的寬窄與色調變異頗多。 | 目前數量尚多。 | 綠島地區的翠鳳蝶色彩、斑紋介於臺灣本島亞種與蘭嶼亞種之間，可能源自兩者的雜交。 |

# 穹翠鳳蝶

*Papilio dialis tatsuta* Murayama

▎模式產地：*dialis* Leech, 1893：中國；*andronicus* Fruhstorfer，1908（*Papilio andronicus* Ward, 1871 之異物同名，替代名 *tatsuta* Murayama, 1970）：臺灣。

| 英文名 | Hill Peacock |
|---|---|

| 別　　　名 | 南亞鳳蝶、臺灣烏鴉鳳蝶 |
|---|---|

## 形態特徵 Diagnostic characters

軀體黑褐色，散布有綠色亮鱗。前翅外緣略為凹入；後翅外緣波狀，$M_3$脈末端有一明顯葉狀尾突。翅背面底色黑褐色，密布亮鱗，於後翅前側呈藍色，其餘部分呈綠色，亮鱗機幾乎布滿整個尾突。後翅沿外緣偶有橙紅色弦月紋。翅腹面底色褐色，於前翅外側有灰白色斑帶；後翅由翅基沿內緣有一片綠色及黃褐色鱗，沿外緣則有一列橙紅色弦月紋。

## 生態習性 Behaviors

一年多代，冬季通常以蛹態越冬。成蝶訪花性明顯。雄蝶有溼地吸水習性。

## 雌、雄蝶之區分 Distinctions between sexes

雄蝶前翅後側有一片明顯的褐色絨毛狀性標，雌蝶則無此構造，而且後翅背面橙紅色弦月紋較雄蝶發達。

## 近似種比較 Similar species

在臺灣地區與本種最相似的蝶種是翠鳳蝶，不過本種後翅尾狀突起內的亮鱗均勻散布，在翠鳳蝶則沿$M_3$脈兩側分布；本種後翅腹面淺黃褐色鱗片只沿內緣分布且雜有綠色亮鱗，在翠鳳蝶則散布範圍達翅面面積一半以上。

| 分布 Distribution | 棲地環境 Habitats | 幼蟲寄主植物 Larval hostplants |
|---|---|---|
| 廣泛分布於臺灣本島低、中海拔地區。其他亞種分布於中南半島北部、華西、華南、華東等地區。 | 常綠闊葉林。 | 賊仔樹*Tetradium glabrifoliom*、食茱萸*Zanthoxylum ailanthoides*、吳茱萸*Tetradium ruticarpum*等芸香科Rutaceae植物。取食部位是葉片。 |

52~60mm

100~1500m

70%

1cm

♂

1cm

♀

| 變異 Variations | 豐度 / 現狀 Status | 附記 Remarks |
|---|---|---|
| 低溫期個體較為小型。 | 於臺灣本島分布廣泛，但是通常數量不多。 | 雖然穹翠鳳蝶常常與翠鳳蝶棲息在同樣的森林環境中，穹翠鳳蝶的數量通常遠比翠鳳蝶來得少。 |

# 雙環翠鳳蝶

*Papilio hopponis* Matsumura

▌模式產地：*hopponis* Matsumura, 1907：臺灣。

| 英 文 名 | Hoppo Peacock |
|---|---|
| 別 名 | 雙環鳳蝶、北埔鳳蝶、重幃翠鳳蝶、重月紋翠鳳蝶 |

**鳳蝶科**
鳳蝶屬

## 形態特徵 Diagnostic characters

雌雄明顯相異。軀體黑褐色，散布有綠色亮鱗。前翅外緣略為凹入；後翅外緣波狀，$M_3$脈末端有一明顯葉狀尾突。雄蝶翅背面底色黑褐色，密布亮鱗，於後翅前側形成一片紫藍色斑，其餘的亮鱗則呈綠色，綠色亮鱗並沿$M_3$脈分布至尾突內。後翅臀區有一明顯的紫紅色弦月紋，其他翅室外側亦常有模糊的紫紅色弦月紋。翅腹面底色褐色，於前翅外側有寬闊的灰白色斑帶；後翅內側有一片黃褐色鱗，沿外緣有一列橙紅色重環斑。

## 生態習性 Behaviors

一年至少有兩世代，冬季以蛹態越冬。成蝶有訪花習性。雄蝶有溼地吸水習性。

## 雌、雄蝶之區分 Distinctions between sexes

雌蝶翅面的綠色亮鱗比雄蝶偏黃色，後翅的紫藍色斑色彩較淺而金屬光澤較弱，後翅背面的橙紅色弦月紋較雄蝶發達。

## 近似種比較 Similar species

由於後翅腹面有獨特的橙紅色重環斑，因此很容易與其他翠鳳蝶類蝴蝶區別。

| 分布 Distribution | 棲地環境 Habitats | 幼蟲寄主植物 Larval hostplants |
|---|---|---|
| 特產於臺灣本島中、高海拔山區。 | 常綠闊葉林、常綠落葉闊葉混生林。 | 飛龍掌血*Toddalia asiatica*、賊仔樹*Tetradium glabrifoliom*等芸香科Rutaceae植物。取食部位是葉片。 |

1 2 3 4 5 6 7 8 9 10 11 12

44~56mm

～3000
～2000
～1000
～0

500~3000m

1cm

♂

70%

鳳蝶科

鳳蝶屬

1cm

♀

| 變異 Variations | 豐度 / 現狀 Status | 附記 Remarks |
|---|---|---|
| 春季個體較為小型。 | 通常數量不多。 | 本種的種小名常作 *hoppo*，但是吉本（1999）指出 *hopponis* 才是正確的種小名。 |

# 臺灣琉璃翠鳳蝶

特有種

*Papilio hermosanus* Rebel

▌模式產地：*hermosanus* Rebel, 1906：臺灣。

| 英 文 名 | Taiwan Peacock |
|---|---|
| 別　　名 | 琉璃紋鳳蝶、寶鏡鳳蝶 |

## 形態特徵 Diagnostic characters

軀體黑褐色，散布有綠色亮鱗。前翅近直線狀；後翅外緣波狀，M$_3$脈末端有一明顯葉狀尾突。翅背面底色黑褐色，密布亮鱗，後翅前側有一枚紡錘形藍綠色亮斑，另外前翅外側及後翅中央有一綠色亮線。後翅臀區有一紫紅色圈紋。翅腹面底色褐色，於前翅外側有灰白色斑帶；後翅內側有一片黃褐色鱗，沿外緣則有一列紫紅色弦月紋。

## 生態習性 Behaviors

一年多代，冬季以蛹態越冬。成蝶有訪花習性。雄蝶有溼地吸水習性。

## 雌、雄蝶之區分 Distinctions between sexes

雄蝶前翅背面後側有明顯的褐色絨毛狀性標，雌蝶則無此構造，而且後翅背面橙紅色弦月紋較雄蝶發達。

## 近似種比較 Similar species

本種與琉璃翠鳳蝶很相似，差別在於琉璃翠鳳蝶通常體型較大、雄蝶前翅性標不明顯、後翅背面藍綠色亮斑較寬短。

| 分布 Distribution | 棲地環境 Habitats | 幼蟲寄主植物 Larval hostplants |
|---|---|---|
| 廣泛分布於臺灣桃園、宜蘭以南中、低海拔山區。 | 常綠闊葉林。 | 芸香科Rutaceae的飛龍掌血*Toddalia asiatica*等。取食部位是葉片。 |

39~50mm

100~1200m

1cm

♂

80%

1cm

♀

| 變異 Variations | 豐度 / 現狀 Status | 附記 Remarks |
|---|---|---|
| 春季個體較為小型。 | 目前數量尚多。 | 本分類單元常被視為琉璃翠鳳蝶的臺灣中南部亞種。Shirôzu（1992）將本分類單元整理為獨立種，本書暫從其說。 |

# 琉璃翠鳳蝶

*Papilio paris nakaharai* Shirôzu

鳳蝶科

鳳蝶屬

▌模式產地：*paris* Linnaeus, 1758：廣東；*nakaharai* Shirôzu, 1960：臺灣。

| 英 文 名 | Paris Peacock |
|---|---|
| 別　　名 | 大琉璃紋鳳蝶、大寶鏡鳳蝶、巴黎翠鳳蝶、巴黎鳳蝶 |

## 形態特徵 Diagnostic characters

　　軀體黑褐色，散布有綠色亮鱗。前翅近直線狀；後翅外緣波狀，M₃脈末端有一明顯葉狀尾突。翅背面底色黑褐色，密布亮鱗，後翅前側有一藍綠色亮斑，與後翅中央的綠色亮線連接。後翅臀區有一紫紅色圈紋。翅腹面底色褐色，於前翅外側有灰白色斑帶；後翅內側有一片黃褐色鱗，沿外緣則有一列紫紅色弦月紋。

## 生態習性 Behaviors

　　一年多代，冬季以蛹態越冬。成蝶有訪花習性。雄蝶有溼地吸水習性。

## 雌、雄蝶之區分 Distinctions between sexes

　　雄蝶前翅背面後側有褐色絨毛狀性標，雌蝶則沒有；雄蝶後翅藍綠色亮斑後端有綠色亮線連接至內緣，雌蝶則缺乏此等亮線。

## 近似種比較 Similar species

　　本種與臺灣琉璃翠鳳蝶很相似，差別在於臺灣琉璃翠鳳蝶通常體型較小、雄蝶前翅性標遠較本種明顯、後翅背面藍綠色亮斑較狹長而呈紡錘形。

| 分布 Distribution | 棲地環境 Habitats | 幼蟲寄主植物 Larval hostplants |
|---|---|---|
| 在臺灣本島分布於北部低山丘陵地，離島龜山島亦有分布。過去一般認為本種的分布南限於臺灣西部在新竹一帶，於臺灣東部在宜蘭一帶，不過近年來臺中大坑地區時常觀察到本種，是否源自蝶園等人為設施尚待進一步調查。 | 常綠闊葉林。 | 主要是芸香科 Rutaceae 的山刈葉*Melicope semecarpifolia* 及三腳虌 *M. pteleifolia*，偶爾也利用柑橘*Citrus reticulata* 為幼蟲寄主。取食部位是葉片。 |

47~55mm

| 1 | 2 | 3 | 4 | 5 | 6 | 7 | 8 | 9 | 10 | 11 | 12 |
|---|---|---|---|---|---|---|---|---|----|----|----|

0~300m

1cm

♂

70%

1cm

♀

鳳蝶科

鳳蝶屬

| 變異 Variations | 豐度 / 現狀 Status | 附記 Remarks |
|---|---|---|
| 春季個體較為小型。 | 目前數量尚多。 | 金門、馬祖地區之族群屬於承名亞種ssp. *paris* Linnaeus。 |

*281*

# 粉蝶科

粉蝶科大部分成員的色彩以白、黃色為主,而且鱗片容易脫落,有如粉末,因此古人取名為「粉蝶」。英文中把這類蝴蝶稱為Whites、Yellows及Sulphurs也是基於其色彩。日文將粉蝶科喚作シロチョウ科,文意為「白蝶」,由來是因

## 成蝶形態特徵 Diagnosis for adults

粉蝶成蝶體型為小至中型。牠們大部分種類翅面上斑紋、色彩以白、黃、橙色為主,其色素來源主要是以尿酸為基礎的蝶呤。粉蝶的前足脛節內側缺乏前脛突。跗節末端的爪均呈二分叉狀。前胸背板中央沒有癒合而留有膜質區。前翅第三腋骨外緣具齒狀突。前、後翅的中室均封閉。成蝶的雌雄二型性出現在部分種類,但一般不發達。有些種類的雄蝶具有性標。雄蟲交尾器缺乏顎形突(gnathos)。

## 幼生期 Immatures

粉蝶的卵呈紡錘形或梭形,表面光滑,外表通常具縱走與橫走的刻紋。卵通常產在寄主植物體上,一般單產,也有聚產的種類。初孵化的小幼蟲有囓食卵殼的習性。粉蝶幼蟲軀體一般為圓筒狀,缺乏肉突及棘刺,但是體表被毛。幼蟲常呈有保護色作用的綠色,也有些種類體色鮮豔而具有警戒作用。粉蝶幼蟲基本上以寄主植物葉片為食。粉蝶蛹頭頂常有一枚突起。蛹體裸露在外,以縊蛹方式附著,於尾端及第一腹節分別有絲線連結,化蛹位置通常在葉背、枝條上,或是遠離寄主植物的樹幹、石壁上。

## 幼蟲食性 Larval Hosts

幼蟲主要寄主是雙子葉植物,但是也有以松樹等裸子植物為寄主植物的種類,較常利用的寄主植物包括豆科Fabaceae、十字花科Brassicaceae、山柑科(白花菜科)Capparaceae、鼠

為菜園裡最常見的粉蝶成員—白粉蝶，其色彩為白色。事實上，英文的蝴蝶「butterfly」一辭可能源自於一種粉蝶，其中最可能的種類為舊北區早春發生的鼠李鉤粉蝶 *Gonepteryx rhamni*，這種粉蝶本身呈奶油色，且其出現的季節又正值歐洲地區奶油生產的時節。粉蝶科分布廣泛，主要以熱帶地區為主，但是溫帶地區也有許多種類棲息，其中還包括一些為害嚴重的害蟲。世界上約有74屬，1120餘種粉蝶。粉蝶科目前分為袖粉蝶亞科 Dismorphiinae、偽雲粉蝶亞科 Pseudopontinae、粉蝶亞科 Pierinae 及黃粉蝶亞科 Coliadinae四個亞科。臺灣地區棲息著約14屬35種粉蝶。

李科 Rhamnaceae、桑寄生科 Loranthaceae、小蘗科 Berberidaceae、大戟科 Euphorbiaceae、無患子科 Sapindaceae、薔薇科 Rosaceae 及酢漿草科 Oxalidaceae等。許多粉蝶利用的寄主植物含有芥子油配醣體，此類植物鮮少被粉蝶以外的蝴蝶利用。

**粉蝶科翅脈相圖（橙端粉蝶）**

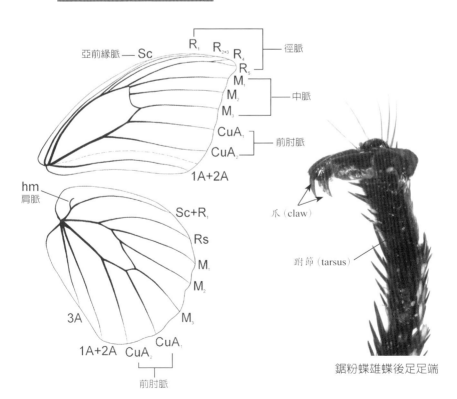

鋸粉蝶雄蝶後足足端

# 豔粉蝶屬

*Delias* Hübner, [1819]

模式種 Type Species | *Papilio egialea* Cramer, [1777]，現今被視為豔粉蝶 *Delias pasithoe*（Linnaeus, 1767）的爪哇、峇里島亞種。

## 形態特徵與相關資料 Diagnosis and other information

中型粉蝶。翅形長而圓。前翅徑脈三分支。斑紋色彩雌雄近似。翅紋常呈黑底白紋或白底黑紋，並鑲有具警戒色作用的黃色或紅色斑紋。

幼期行集團生活，幼蟲體表生有長毛。

豔粉蝶屬分布於東洋區與澳洲區，以熱帶地區的多樣性最高。豔粉蝶屬成員至少有165種以上。豔粉蝶屬成蝶與幼蟲的斑紋均被認為具有警戒作用，有些種類的斑紋被認為是某些日行性蛾類擬態的對象。

豔粉蝶屬成蝶晴天時常於樹冠上徘徊飛翔，有訪花習性，雄蝶有溼地吸水習性。

幼蟲寄主植物為桑寄生科Loranthaceae、檀香科Santalaceae及大戟科Euphorbiaceae植物。分布於臺灣地區的種類有四種，均係固有種。

- *Delias pasithoe curasena* Fruhstorfer, 1908（豔粉蝶）
- *Delias hyparete luzonensis* C. & R. Felder, 1862（白豔粉蝶）
- *Delias lativitta formosana* Matsumura, 1909（條斑豔粉蝶）
- *Delias berinda wilemani* Jordan, 1925（黃裙豔粉蝶）

臺灣地區
## 檢索表　　　　　　　　　　　　　豔粉蝶屬

### Key to species of the genus *Delias* in Taiwan

❶ 後翅腹面有紅色斑紋 ......................................................................... ❷
　後翅腹面無紅色斑紋 ......................................................................... ❸

❷ 翅底色呈白色；後翅紅紋位於外緣 ........................... *hyparete*（白豔粉蝶）
　翅底色呈黑褐色；後翅紅紋位於翅基 ........................*pasithoe*（豔粉蝶）

❸ 前翅腹面的中室斑為單一白色條紋 ...........................*lativitta*（條斑豔粉蝶）
　前翅腹面的中室斑分為基部條及端部紋 ...................*berinda*（黃裙豔粉蝶）

豔粉蝶*Delias pasithoe curasena*（南投縣仁愛鄉惠蓀林場，700m，2012. 05. 14.）。

豔粉蝶幼蟲Larvae of *Delias pasithoe curasena*（南投縣魚池鄉蓮華池，500m，2010. 03. 20.）。

白豔粉蝶*Delias hyparete luzonensis*（高雄市六龜區荖濃溪林道，500m，2010. 01. 09.）。

黃裙豔粉蝶蛹Pupa of *Delias berinda wilemani*（南投縣鹿谷鄉溪頭，1300m，2012. 04. 21.）。

# 豔粉蝶

*Delias pasithoe curasena* Fruhstorfer

模式產地：*pasithoe* Linnaeus, 1767：廣東；*curasena* Fruhstorfer, 1908：臺灣。

英 文 名 | Red-base Jezebel

別　　名 | 紅肩粉蝶、報喜斑粉蝶、基紅粉蝶、紅根白蝶、褐基斑粉蝶

## 形態特徵 Diagnostic characters

雌雄斑紋相似。頭、胸黑褐色；腹部背面黑褐色，腹面白色。雄蝶翅背面底色黑褐色，翅外側有白色點列條紋，翅內側則有泛藍灰色白斑，中室端有一白色斑點；後翅沿內緣有一片黃色紋。翅腹面底色亦為黑褐色，翅面布滿黃色斑紋，翅基有鮮明的紅斑。雌蝶翅底色較雄蝶為淺，呈褐色，翅背面白斑亦較淺色而模糊，且後翅沿內緣無黃色紋。

## 生態習性 Behaviors

一年多代。成蝶飛行緩慢，好訪花。雄蝶有領域行為。

## 雌、雄蝶之區分 Distinctions between sexes

雌蝶翅底色淺、斑紋較模糊，後翅背面內緣沒有黃紋。

## 近似種比較 Similar species

在臺灣地區沒有與本種形態相近的種類。

| 分布 Distribution | 棲地環境 Habitats | 幼蟲寄主植物 Larval hostplants |
|---|---|---|
| 分布於臺灣本島丘陵地至海拔2000公尺以下山地。其他分布地域包括喜馬拉雅、中南半島、東南亞、華南等地區。 | 常綠闊葉林。 | 大葉桑寄生 *Taxillus liquidambaricolus*、忍冬葉桑寄生 *T. lonicerifolius*、木蘭桑寄生 *T. limprichtii*、蓮花池桑寄生 *T. tsaii* 及恆春桑寄生 *T. pseudochinensis* 等桑寄生科 Loranthaceae 植物，以及引入檀檀香科 Santalaceae 之檀香 *Santalum album*。取食部位是葉片。 |

1 2 3 4 5 6 7 8 9 10 11 12

1cm

♂

75%

粉蝶科

豔粉蝶屬

♀

1cm

| 變異 Variations | 豐度／現狀 Status | 附記 Remarks |
|---|---|---|
| 不顯著。 | 目前為數量頗多的常見種。 | 金門地區也有豔粉蝶的觀察記錄，當地所發現的個體翅面白斑較為鮮明，屬於承名亞種 *pasithoe* Linnaeus。 |

*287*

# 白豔粉蝶

*Delias hyparete luzonensis* C. & R. Felder

模式產地：*hyparete* Linnaeus, 1758：印尼爪哇；*luzonensis* C. & R. Felder, 1862：呂宋。

| 英 文 名 | Painted Jezebel |
|---|---|
| 別　　名 | 紅紋粉蝶、優越斑粉蝶、紅緣粉蝶、紅緣斑粉蝶 |

## 形態特徵 Diagnostic characters

　　雌雄斑紋相似。頭、胸、腹均呈白色，僅胸部及腹部前半部略帶灰色。雄蝶翅背面底色白色，前翅翅頂及後翅外緣有黑褐色斑紋。翅腹面底色亦為白色，翅脈上覆黑褐色鱗，尤以後翅為然；前翅由翅基沿前緣至翅頂附近有黑邊，翅基有一黑褐色條紋。後翅外緣有一列鑲黑邊的紅紋，翅面基半部呈黃色。雌蝶翅背面黑褐色斑紋較雄蝶明顯，翅脈上覆黑褐色鱗。

## 生態習性 Behaviors

　　一年多代。成蝶飛行緩慢，好訪花。

## 雌、雄蝶之區分 Distinctions between sexes

　　雌蝶後翅外緣黑褐色斑紋較雄蝶鮮明，翅脈上覆黑褐色鱗使翅脈呈黑色。

## 近似種比較 Similar species

　　在臺灣地區沒有與本種形態相近的種類。

| 分布 Distribution | 棲地環境 Habitats | 幼蟲寄主植物 Larval hostplants |
|---|---|---|
| 分布於臺灣本島中、南部丘陵地至海拔1000公尺以下山區。其他分布地域包括喜馬拉雅、南亞、中南半島、東南亞、華西南、華南等地區。 | 常綠闊葉林。 | 大葉桑寄生 *Taxillus liquidambaricolus*、忍冬葉桑寄生 *T. lonicerifolius* 等桑寄生科 Loranthaceae 植物。取食部位為葉片。 |

33~36mm

0~1000m

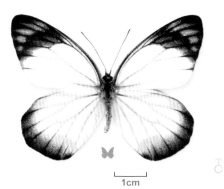

90%

1cm

♂

1cm

♀

| 變異 Variations | 豐度／現狀 Status | 附記 Remarks |
|---|---|---|
| 不顯著。 | 目前數量尚多。 | 白艷粉蝶的幼蟲食性和艷粉蝶基本上相同，雖然常可在同一植株上同時見到兩種幼蟲，但白艷粉蝶在艷粉蝶還算常見的北臺灣卻極為稀有，原因不明。 |

# 條斑豔粉蝶

 特有亞種

*Delias lativitta formosana* Matsumura

▌模式產地：*lativitta* Leech,1893：四川；*formosana* Matsumura,1909：臺灣。

| 英 文 名 | Broadwing Jezebel |
|---|---|
| 別　　名 | 胡麻斑粉蝶、側條斑粉蝶、麻斑粉蝶、白室斑粉蝶 |

## 形態特徵 Diagnostic characters

　　雌雄斑紋相似。頭、胸黑褐色；腹部背面黑褐色，腹面白色。雄蝶翅背面底色黑褐色，翅面上有白色點列及條紋，中室內有白色條紋；後翅除了翅面上的白色點列及條紋之外，沿內緣有一片黃色紋；後翅基部另有一鮮明黃斑。翅腹面底色亦為黑褐色，前翅翅頂附近斑紋為黃色；後翅斑紋大部分呈黃色，少部分呈白色，形成斑駁圖案。中室內的白色條紋完整，內有黑褐色細線。雌蝶除了翅底色較雄蝶為淺，斑紋稍模糊以外，斑紋色彩與雄蝶近似。

## 生態習性 Behaviors

　　一年一代，冬季以幼蟲態休眠越冬。成蝶飛行緩慢，有訪花習性。雄蝶有溼地吸水習性。

## 雌、雄蝶之區分 Distinctions between sexes

　　雌蝶翅背面黑褐色部分色調較淺。雌蝶後翅內緣黃紋延伸進CuA$_1$室，雄蝶則否。

## 近似種比較 Similar species

　　臺灣地區與本種形態相似的種類是黃裙豔粉蝶。兩者的區別包括：條斑豔粉蝶前翅中室白色條紋鮮明，黃裙豔粉蝶則模糊，並且在腹面於末端有分斷傾向；條斑豔粉蝶前翅腹面M$_2$室內側白斑細長而延伸至M$_2$室基部，黃裙豔粉蝶則短小而沒有延伸至M$_2$室基部。

| 分布 Distribution | 棲地環境 Habitats | 幼蟲寄主植物 Larval hostplants |
|---|---|---|
| 分布於臺灣本島中、高海拔山地。其他分布地域包括喜馬拉雅、中南半島北部、華西南、華西等地區。 | 常綠闊葉林。 | 楓欒柿桑寄生*Viscum liquidambaricolum*、臺灣槲寄生*V. alniformosanae*等桑寄生科Loranthaceae植物。取食部位是葉與莖。 |

1 2 3 4 5 6 7 8 9 10 11 12

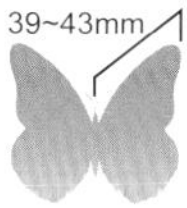
39~43mm

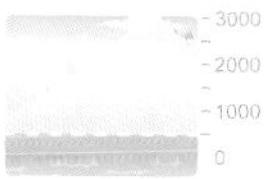
3000
2000
1000
0
500~2500m



80%

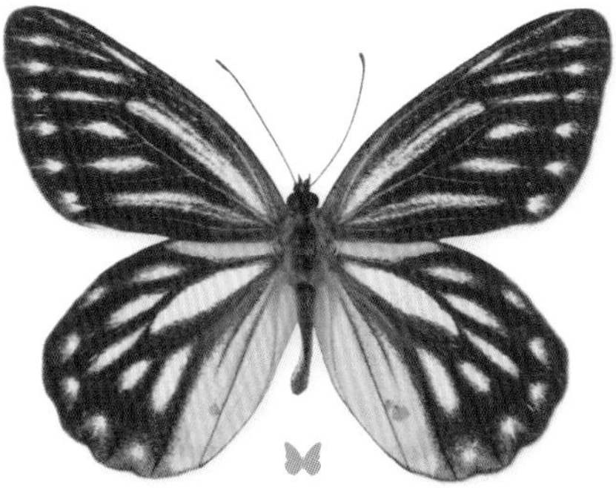

1cm

♂

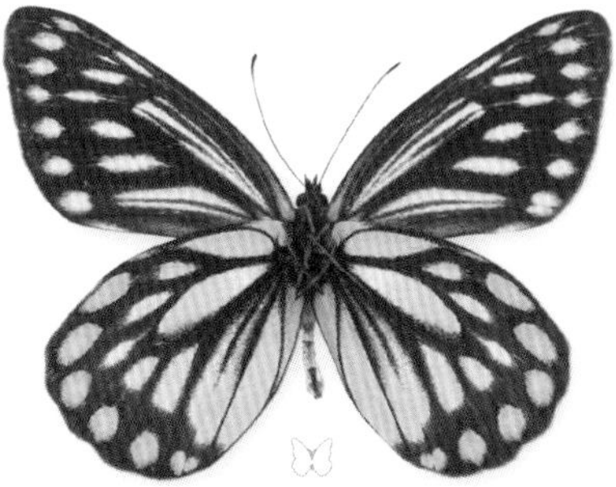

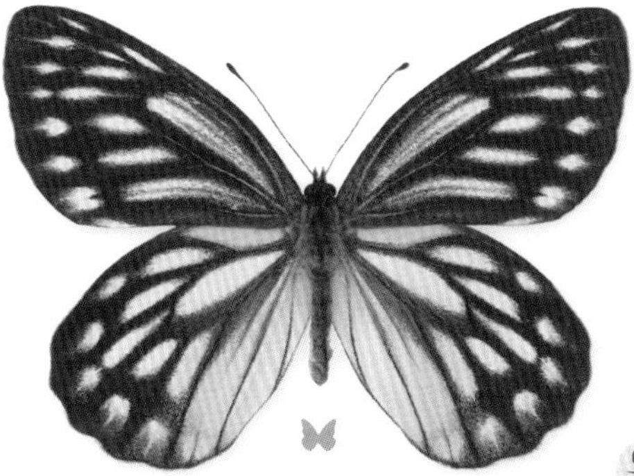

1cm

♀

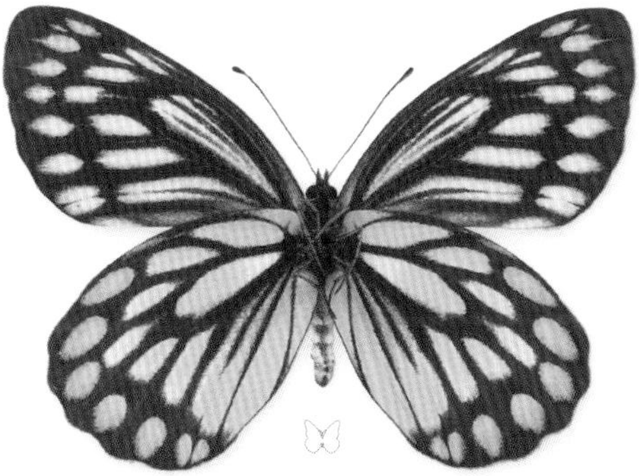

**變異** Variations

不顯著。

**豐度／現狀** Status

在臺灣本島山地分布廣泛，但是通常數量不多。

# 黃裙豔粉蝶

*Delias berinda wilemani* Jordan

▌模式產地：*berinda* Moore,1872；印度；*wilemani* Jordan,1925；臺灣。

英 文 名 | Dark Jezebel

別　　名 | 黃裙斑粉蝶、臺灣胡麻斑粉蝶、韋氏麻斑粉蝶、偉而曼白蝶

## 形態特徵 Diagnostic characters

　　雌雄斑紋相似。頭、胸黑褐色；腹部背面黑褐色，腹面白色。雄蝶翅背面底色黑褐色，翅面上有白色點列及條紋，中室內有模糊白紋；後翅除了翅面上的白色點列及條紋之外，沿內緣有一片鮮明的黃紋；後翅基部另有一鮮明的橙黃斑。翅腹面底色亦為黑褐色，前翅翅頂附近的斑紋黃色；後翅斑紋大部分呈黃色。腹面中室內白色紋分隔成一基部白條及一端部白斑。雌蝶翅底色較雄蝶為淺，背面中室內的白色紋與翅腹面相似而分為兩部分，在雄蝶則只有一模糊的條紋。

## 生態習性 Behaviors

　　一年一代，冬季以幼蟲態休眠越冬。成蝶飛行緩慢，有訪花習性。雄蝶有溼地吸水習性。

## 雌、雄蝶之區分 Distinctions between sexes

　　雌蝶翅面斑紋較雄蝶發達。雌蝶前翅背面的中室白斑於端部分斷，雄蝶則否。雌蝶後翅背面中室內有鮮明白色條紋，雄蝶只有模糊的白紋。

## 近似種比較 Similar species

　　在臺灣地區與本種形態相似的種類是條斑豔粉蝶。除了在條斑豔粉蝶列出的區別外，本種的白色斑紋較不發達，因此條斑豔粉蝶的斑紋有以白紋為主的印象，本種則整體看來很黑。

| 分布 Distribution | 棲地環境 Habitats | 幼蟲寄主植物 Larval hostplants |
|---|---|---|
| 分布於臺灣本島中、高海拔山地。其他分布地域包括喜馬拉雅、印度阿薩密、中南半島北部、華西南、華西等地區。 | 常綠闊葉林、常綠落葉闊葉混生林、常綠硬葉林。 | 忍冬葉桑寄生*Taxillus lonicerifolius*、埔姜桑寄生*T. theifer*、杜鵑桑寄生*T. rhododendricolius*等桑寄生科Loranthaceae植物。取食部位是葉片。 |

1 2 3 4 5 6 7 8 9 10 11 12

80%

1cm

1cm

| 變異 Variations | 豐度／現狀 Status | 附記 Remarks |
|---|---|---|
| 不顯著。 | 在臺灣本島山地分布廣泛，但是通常數量不多。 | 臺灣的族群常被視為臺灣特有種，稻好及西村（1997）指出應為 *berinda* 之亞種，隨後Della Bruna *et.al*（2004）進行整理時亦支持此觀點。 |

# 絹粉蝶屬

*Aporia* Hübner, [1819]

模式種 Type Species | *Papilio crataegi* Linnaeus, 1758，即絹粉蝶 *Aporia crataegi*（Linnaeus, 1758）。

## 形態特徵與相關資料 Diagnosis and other information

　　中型粉蝶。翅形長而圓。前翅徑脈四分支。斑紋色彩雌雄近似。翅紋多呈白底黑紋，亦有黑底白紋者。

　　幼期行集團生活，幼蟲體表生有長毛。

　　絹粉蝶屬分布於東洋區與舊北區。絹粉蝶屬成員約有33種。

　　絹粉蝶屬成蝶晴天時常於山坡、森林邊緣徘徊飛翔，有訪花習性，雄蝶有溼地吸水習性。一年一化，冬季以幼蟲態過冬。

　　幼蟲寄主植物為小蘗科Berberiaceae、薔薇科Rosaecae及胡頹子科Elaeagnaceae植物。

　　分布於臺灣地區的種類有三種，均係原生固有種。

· *Aporia agathon moltrechti*（Oberthür, 1909）（流星絹粉蝶）
· *Aporia genestieri insularis*（Shirôzu, 1959）（白絹粉蝶）
· *Aporia gigantea cheni* Hsu & Chou, 1999（截脈絹粉蝶）

臺灣地區

## 檢索表　　　　　　　　　　　　　　　　　　　絹粉蝶屬

Key to species of the genus *Aporia* in Taiwan

❶ 翅底色呈白色 ........................................ *genestieri*（白絹粉蝶）
　 翅底色呈黑褐色 ........................................................... ❷

❷ 複眼紅色，翅面條紋呈白色.................... *gigantea*（截脈絹粉蝶）
　 複眼黑色，翅面條紋主要呈黃色 ............ *agathon*（流星絹粉蝶）

阿里山十大功勞葉上之流星絹粉蝶幼蟲Larvae of *Aporia agathon moltrechti* on *Mahonia oiwakensis*（花蓮縣秀林鄉關原，2300 m，2011. 05. 09.）。

臺灣小蘗葉背之流星絹粉蝶小幼蟲Young larvae of *Aporia agathon moltrechti* on *Berberis kawakamii*（花蓮縣秀林鄉關原，2300 m，2014. 09. 02.）。

# 流星絹粉蝶

*Aporia agathon moltrechti* (Oberthür)

▌模式產地：*agathon* Gray, 1831：尼泊爾；*moltrechti* Oberthür, 1909：臺灣。

| 英 文 名 | Great Black-veined White |
| --- | --- |
| 別　　名 | 高山粉蝶、明昌深山粉蝶、完善絹粉蝶、黃翅絹粉蝶、高椋白蝶、麻蘋粉蝶 |

## 形態特徵 Diagnostic characters

　　雌雄斑紋相似。軀體黑褐色，腹部腹面有一對白色縱條。複眼黑色。翅背、腹面黑褐色鱗片發達，沿翅脈、翅緣分布，其間於前翅有白色斑紋，後翅則有黃色斑紋；前翅腹面近翅頂處白紋泛黃，而後翅腹面Sc+$R_1$室及臀室的斑紋近白色。前、後翅分別有一黑褐色寬條貫穿，使白、黃色斑紋形成長短不同的橢圓形紋及條紋。

## 生態習性 Behaviors

　　一年一代。成蝶飛行緩慢，好訪花。產卵時在葉背形成小卵塊，幼蟲行集團生活。冬季幼蟲將寄主植物枯葉連綴成越冬巢，在其內集團過冬。

## 雌、雄蝶之區分 Distinctions between sexes

　　雌蝶翅底色淺、略有透明感。

## 近似種比較 Similar species

　　在臺灣地區與本種形態較相近的種類是截脈絹粉蝶。由於本種的臺灣亞種後翅腹面斑紋呈黃色，截脈絹粉蝶則呈白色，因此區別並不困難。

| 分布 Distribution | 棲地環境 Habitats | 幼蟲寄主植物 Larval hostplants |
| --- | --- | --- |
| 分布於臺灣本島中、高海拔山地。其他分布地域包括喜馬拉雅、印度阿薩密、緬甸北部、華西南等地區。 | 常綠闊葉林、常綠落葉闊葉混生林、常綠硬葉林。 | 臺灣小蘗 *Berberis kawakamii*、高山小蘗 *B. brevisepta*、阿里山十大功勞 *Mahonis oiwakensis* 等小蘗科 Berberiaceae 植物。取食部位是葉片。 |

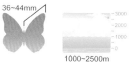

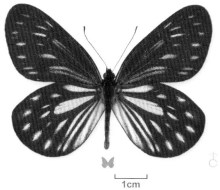

90%

1cm

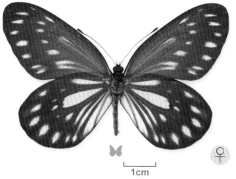

1cm

| 變異 Variations | 豐度 / 現狀 Status | 附記 Remarks |
|---|---|---|
| 不顯著。 | 目前數量尚多。 | 與臺灣的流星絹粉蝶族群地理分布最接近的已知族群遠在越南北部，因此臺灣的族群可說是一特殊之隔離、特有亞種。 |

# 白絹粉蝶

*Aporia genestieri insularis* (Shirôzu)

▌模式產地：*genestieri* Oberthür, 1903：雲南；*insularis* Shirôzu, 1959：臺灣。

英 文 名 | Southern Black-veined White

別　　名 | 深山粉蝶、珍絹粉蝶、深山白蝶

## 形態特徵 Diagnostic characters

雌雄斑紋相似。軀體黑褐色，腹部腹面有一對模糊的白色縱條。複眼黑色。翅背、腹面底色均呈白色，沿翅脈及前翅外緣有黑褐色鱗片分布。後翅腹面於翅基有一橙黃色斑紋。雌蝶翅底色半透明。

## 生態習性 Behaviors

一年一代。成蝶飛行緩慢，好訪花。產卵時在葉背形成大卵塊，幼蟲行集團生活。冬季幼蟲將寄主植物枯葉連綴成越冬巢，在其內集團過冬。

## 雌、雄蝶之區分 Distinctions between sexes

雌蝶翅底色黯淡而帶有透明感。

## 近似種比較 Similar species

在臺灣地區沒有與本種形態相近的種類。

| 分布 Distribution | 棲地環境 Habitats | 幼蟲寄主植物 Larval hostplants |
|---|---|---|
| 在臺灣地區分布相當局限，僅見於臺灣本島中海拔山地。其他分布地域包括華西北、華西及華西南地區。 | 常綠闊葉林。 | 胡頹子科 Elaeagnaceae 的鄧氏胡頹子 *Elaeagnus thunbergii*。取食部位是葉片。 |

32~38mm

-3000
-2000
-1000
-0

1000~2000m

90%

粉蝶科

絹粉蝶屬

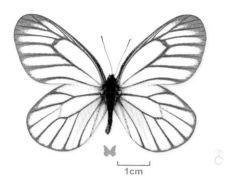

1cm ♂

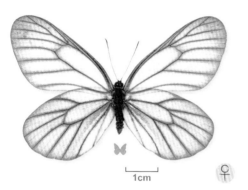

1cm ♀

| 變異 Variations | 豐度／現狀 Status | 附記 Remarks |
|---|---|---|
| 不顯著。 | 除了少數地點較為常見以外，一般而言是相當少見的稀有種。 | 由於白絹粉蝶的寄主植物鄧氏胡頹子普遍分布於臺灣本島各地，白絹粉蝶臺灣亞種分布局限的成因有待探討。 |

# 截脈絹粉蝶

 特有亞種

*Aporia gigantea cheni* Hsu & Chou

▌模式產地：*gigantea* Koiwaya, 1993：四川；*cheni* Hsu & Chou, 1999：臺灣。

英 文 名｜ Large Black-veined White

別　　名｜巨翅絹粉蝶

## 形態特徵 Diagnostic characters

雌雄斑紋相似。軀體黑褐色，胸部側面有白紋，腹部側面泛白色。複眼紅色。翅背、腹面黑褐色鱗片發達，沿翅脈、翅緣分布，其間則有白色斑紋。前、後翅分別有一黑褐色條紋貫穿，使白色斑紋形成長短不同的條紋。後翅腹面於翅基有一橙黃色斑紋。

## 生態習性 Behaviors

一年一代。成蝶飛行緩慢，會訪花。產卵時在葉背形成大卵塊，幼蟲行集團生活。冬季幼蟲將寄主植物葉基綴絲形成越冬巢，在其內集團過冬。

## 雌、雄蝶之區分 Distinctions between sexes

雌蝶翅底色淺、略有透明感。

## 近似種比較 Similar species

在臺灣地區與本種形態較相近的種類是流星絹粉蝶。由於在臺灣地區本種是唯一複眼呈紅色的絹粉蝶，因此鑑別上沒有問題。

| 分布 Distribution | 棲地環境 Habitats | 幼蟲寄主植物 Larval hostplants |
|---|---|---|
| 在臺灣地區局限分布於臺灣本島南部中海拔山地。其他分布地域包括華西、華西南等地區。 | 常綠闊葉林、碎石坡地。 | 小檗科 Berberiaceae 的阿里山十大功勞 *Mahonis oiwakensis*。取食部位是葉片。 |

1 2 3 **4 5 6** 7 8 9 10 11 12

80%

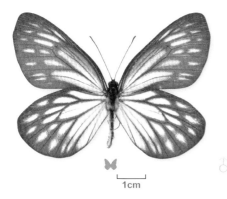

1cm

♂

1cm

♀

| 變異 Variations | 豐度 / 現狀 Status | 附記 Remarks |
|---|---|---|
| 不顯著。 | 分布狹窄而數量稀少。 | 本種是臺灣原生粉蝶中最晚近才被發現的種類，亞種名係以固有發現者之一，國內有名的鞘翅目專家陳常卿先生姓氏為名。 |

# 白粉蝶屬 *Pieris* Schrank, [1801]

模式種 Type Species | *Papilio brassicae* Linnaeus, 1758，即大白粉蝶 *Pieris brassicae*（Linnaeus, 1758）。

## 形態特徵與相關資料 Diagnosis and other information

中小型粉蝶。前翅徑脈四分支。前翅 $R_4$ 脈與 $R_5$ 脈的交點位於 $R_4+R_5$ 脈末端；$M_2$ 脈基部與 $M_1$ 脈基部靠近而遠離 $M_3$ 脈基部。斑紋色彩雌雄類似，翅紋呈白底黑紋，通常雌蝶暗色紋較為發達。

有些研究者認為白粉蝶屬可以分割為 *Pieris* 及 *Artogeia* 兩屬。另外，飛龍白粉蝶屬有時被包括在白粉蝶屬之中。

白粉蝶屬主要分布於全北區，向南僅延伸至東洋區北部的印度與中南半島北部，不過近兩世紀來已隨人類農作物進出口被意外引入南半球的澳洲、紐西蘭等地並成功立足。白粉蝶屬成員約有32種。

成蝶有訪花習性，雄蝶會到溼地吸水。

幼蟲寄主植物主要為十字花科Brassicaceae植物；山柑（白花菜）科Capparaceae、金蓮花科Tropaeolaceae及鐘萼木科Bretschneideraceae植物亦被利用。

臺灣地區產兩種，其中一種常被認為是外來入侵種。

- *Pieris rapae crucivora* Boisduval, 1836（白粉蝶）
- *Pieris canidia*（Linnaeus, 1768）（緣點白粉蝶）

臺灣地區
## 檢索表　　　　　白粉蝶與飛龍白粉蝶屬

**Key to species of the genus *Pieris* and *Talbotia* in Taiwan**

❶ 前翅 $R_4$ 脈與 $R_5$ 脈完全融合 .......................... *Talbotia naganum*（飛龍白粉蝶）
　 前翅 $R_4$ 脈與 $R_5$ 脈的交點位於 $R_4+R_5$ 脈末端.................................................. ❷
❷ 前翅翅頂黑褐色紋內緣呈鋸齒狀；後翅外緣有一列黑褐色斑點 ..............
　 ......................................................*Pieris canidia*（緣點白粉蝶）
　 前翅翅頂黑褐色紋內緣不呈鋸齒狀；後翅外緣無紋 ..............................
　 ........................................................ *Pieris rapae*（白粉蝶）

（由於飛龍白粉蝶有時被認為屬於白粉蝶屬，因此包括在本檢索表中）

# 白粉蝶

*Pieris rapae crucivora* Boisduval

▌模式產地：*rapae* Linnaeus, 1758；瑞典；*crucivora* Boisduval, 1836；日本。

| 英 文 名 | Small Cabbage White |
| --- | --- |
| 別　　名 | 紋白蝶、菜粉蝶、日本紋白蝶、菜白蝶 |

## 形態特徵 Diagnostic characters

軀體背面黑褐色，腹面白色。翅背面底色白色，前翅翅頂及翅基有黑褐色紋；$M_3$及$CuA_2$室各有一黑褐色斑點排成縱列。後翅翅基亦有黑褐色紋，前緣中央有一黑褐色斑點。翅腹面為帶黃色的白色，前翅亦有兩枚黑褐色斑點。

## 生態習性 Behaviors

一年多代。成蝶飛行緩慢，好訪花。冬季溫度低的地區以蛹態過冬。

## 雌、雄蝶之區分 Distinctions between sexes

雌蝶的前翅翅基黑褐色紋較雄蝶明顯。

## 近似種比較 Similar species

在臺灣地區與本種形態最相近而且常共棲的種類是緣點白粉蝶。緣點白粉蝶後翅背面沿外緣有一列黑褐色斑點，本種則否。另外，緣點白粉蝶前翅翅頂黑褐色紋內緣呈鋸齒狀，本種則近直線狀。

| 分布 Distribution | 棲地環境 Habitats | 幼蟲寄主植物 Larval hostplants |
| --- | --- | --- |
| 廣泛分布於臺灣本島及各離島，此外廣布於歐亞大陸大部分地區，並已入侵並立足於北美、澳洲、紐西蘭、北非等地。 | 農田、鄉村荒地、都市荒地、熱帶季風林、熱帶雨林、海岸林、常綠闊葉林、常綠落葉闊葉混生林、常綠硬葉林。 | 主要取食十字花科 Brassicaceae 的栽培種，如甘藍*Brassica oleracea*（包括甘藍、球莖甘藍、抱子甘藍、芥藍、花椰菜、青花菜等品種）及白菜*B. pekinensis*等，也取食野生種如葶藶*Rorippa indica*、小團扇薺*Lepidium virginicum*、焊菜*Cardamine flexuosa*等。此外也取食山柑（白花菜）Capparaceae科的平伏莖白花菜*Cleome rutidosperma*、金蓮花科 Tropaeolaceae 的金蓮花*Tropaeolum majus*等植物。取食部位包括葉片、花序、果實等。 |

23~30mm

3000
2000
1000
0

0~2500m

130%

1cm

♂

♀

1cm

| 變異 Variations | 豐度／現狀 Status | 附記 Remarks |
|---|---|---|
| 低溫期個體體型較小、黑褐色紋色澤較淺。 | 本種是族群密度非常高的農業害蟲。 | 本種在臺灣是否原生種仍有爭議，不過一般認為是立足成功的外來種害蟲。可以肯定的是，本種在1950年代中期以前頗為罕見，以致連臺灣蝶類研究上的里程碑、白水隆（1960）的《原色臺灣蝶類大圖鑑》一書中沒有提及本種，在那之後卻迅速成為十字花科蔬菜的害蟲。 |

# 緣點白粉蝶

*Pieris canidia* (Linnaeus)

模式產地：*canidia* Linnaeus, 1768："爪哇"（可能其實是廣東或源自華南）。

| 英 文 名 | Indian Cabbage White |
|---|---|
| 別 名 | 東方菜粉蝶、臺灣紋白蝶、多點菜粉蝶 |

## 形態特徵 Diagnostic characters

軀體背面黑褐色，腹面白色。翅背面底色白色，前翅翅頂及翅基有黑褐色紋；$M_3$及$CuA_2$室各有一黑褐色斑點排成縱列。後翅翅基亦有黑褐色紋，前緣中央有一黑褐色斑點，而沿外緣則有一列黑褐色斑點。翅腹面呈帶黃色的白色，前翅亦有兩枚黑褐色斑點。

## 生態習性 Behaviors

一年多代。成蝶飛行緩慢，好訪花。冬季溫度低的地區以蛹態過冬。

## 雌、雄蝶之區分 Distinctions between sexes

雌蝶的翅背面黑褐色斑紋遠比雄蝶鮮明，前翅翅基黑褐色紋也較雄蝶明顯。

## 近似種比較 Similar species

藉本種後翅沿外緣的黑褐色點列便足以與外形相似的白粉蝶與飛龍白粉蝶區別。

| 分布 Distribution | 棲地環境 Habitats | 幼蟲寄主植物 Larval hostplants |
|---|---|---|
| 廣泛分布於臺灣本島及各離島。此外廣分布於亞洲大陸溫帶、亞熱帶各地，向西遠及土耳其，南至中南半島，東達日本對馬島。近年來已侵入菲律賓呂宋島碧瑤一帶的高地。 | 農田、鄉村荒地、都市荒地、熱帶季風林、熱帶雨林、海岸林、常綠闊葉林、常綠落葉闊葉混生林、常綠硬葉林。 | 十字花科 Brassicaceae的葶藶*Rorippa indica*、小團扇薺*Lepidium virginicum*、焊菜*Cardamine flexuosa*、蘿蔔*Raphanus acanthiformis*、白菜*Brassica pekinensis*等。另也取食鐘萼木科Bretschnideraceae之鐘萼木*Bretschneidera sinensis*的幼株。取食部位包括葉片、花序、果實等。 |

25~28mm

0~2500m

1 2 3 4 5 6 7 8 9 10 11 12

120%

1cm

♂

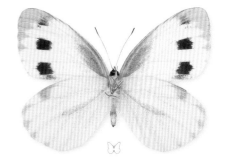

♀

1cm

| 變異 Variations | 豐度 / 現狀 Status | 附記 Remarks |
|---|---|---|
| 低溫期個體常較小型。 | 本種是數量很多的常見種，同時也是一種農業害蟲。 | 本種與白粉蝶是臺灣地區菜園中的常客，不過口粉蝶傾向取食栽培種十字花科蔬菜，緣點白粉蝶則較偏好野生十字花科野草，因此在菜園以外的地方本種較為常見。 |

# 飛龍白粉蝶屬 *Talbotia* Bernardi, [1958]

模式種 Type Species | *Mancipium naganum* Moore, 1884，即飛龍白粉蝶 *Talbotia naganum*（Moore, 1884）。

## 形態特徵與相關資料 Diagnosis and other information

中型粉蝶。翅形寬闊。前翅徑脈三分支。具明顯雌雄二型性，雌蝶暗色紋遠較雄蝶發達。

本屬常被置於白粉蝶屬內。

飛龍白粉蝶屬係東亞特有，為單種屬。

成蝶常於森林邊緣、溪流徘徊飛翔，有訪花習性，雄蝶會到溼地吸水。

幼蟲寄主植物為鐘萼木科 Bretschneideraceae 植物。

唯一代表種臺灣有分布，並且是固有種。

• *Talbotia naganum karumii*（Ikeda, 1937）（飛龍粉蝶）

檢索表請參見白粉蝶屬

# 飛龍白粉蝶  特有亞種

*Talbotia naganum karumii* (Ikeda)

■模式產地：*naganum* Moore, 1884；印度東北部；*karumii* Ikeda, 1937；臺灣。

| 英文名 | Naga White |
|---|---|
| 別　　名 | 嬌鸞紋白蝶、輕海紋白蝶、大紋白蝶、鐘萼木白粉蝶、那迦粉蝶、飛龍粉蝶 |

## 形態特徵 Diagnostic characters

軀體背面黑褐色，密布白色毛及鱗片；腹面白色。雄蝶翅背面底色白色，前翅翅頂有黑褐色紋；$M_3$及$CuA_2$室各有一黑褐色斑點；中室端有一黑褐色小點。後翅翅脈末端偶有少許後黑褐色鱗沿翅脈散布，此外無紋。前翅翅腹面底色白色，翅頂黃色。後翅翅腹面黃色。前翅亦有兩枚黑褐色斑點及中室端紋。中室內另有模糊的黑褐色紋。雌蝶前翅中室及後緣有一片黑褐色鱗，$M_3$室有一明顯黑褐色條紋與中室黑褐色鱗及端紋相連；$CuA_2$室的黑褐色斑點比雄蝶明顯，並與後緣黑褐色鱗相連。後翅沿外緣有一列黑褐色斑點。翅腹面斑紋色彩與雄蝶相似，但黑褐色紋較雄蝶明顯。

## 生態習性 Behaviors

一年數代。成蝶飛行緩慢，多見於林緣，好訪花，雄蝶有明顯溼地吸水習性。冬季以蛹態過冬。

## 雌、雄蝶之區分 Distinctions between sexes

與雄蝶相較，雌蝶的前翅背面中央及後緣各多一黑褐色條斑，後翅背面沿外緣亦多一列黑褐色斑紋。

## 近似種比較 Similar species

由於雌蝶前翅中央有一條形狀彷彿飛龍的黑褐色條斑，十分獨特，鑑定不成問題。雄蝶斑紋與白

| 分布 Distribution | 棲地環境 Habitats | 幼蟲寄主植物 Larval hostplants |
|---|---|---|
| 主要分布於臺灣本島北部及東北部低山丘陵地。此外廣分布於印度東北部、中南半島北部、華西、華西南、華中、華南、華東、海南等地區。 | 常綠闊葉林。 | 鐘萼木科 Bretschneideraceae 之鐘萼木 *Bretschneidera sinensis*。取食部位是葉片。 |

1 2 3 4 5 6 7 8 9 10 11 12

0~1000m

粉蝶雄蝶略為相似，但是白粉蝶前翅 $M_3$ 室斑紋遠離翅頂黑斑，本種則非常靠近，另外，本種前翅中室端多一黑褐色斑點。

100%

1cm

♂

1cm

♀

| 變異 Variations | 豐度／現狀 Status | 附記 Remarks |
| --- | --- | --- |
| 低溫期個體較小型，黑褐色斑紋也較不發達。 | 在臺灣地區本種是局限分布於北臺灣的蝶種，數量一般不多。 | 本種的地理分布與其寄主植物鐘萼木（伯樂樹）一致，有趣的是，日籍研究者楚南仁博早於1941年便觀察過本種的幼蟲與寄主植物，只是臺灣地區的鐘萼木遲至1981年才被發現，致使本種寄主植物長期被誤認為是苦木科 Simaroubaceae 的臭椿 Ailanthus altissima。 |

# 脈粉蝶屬 *Cepora* Billberg, [1820]

模式種 Type Species | *Papilio coronis* Cramer, [1775]，該名稱現在視為黑脈粉蝶*Cepora nerissa*（Fabricius, 1775）之同物異名。

## 形態特徵與相關資料 Diagnosis and other information

中小型粉蝶。前翅徑脈四分支。雌蝶腹部腹面有墊狀發香鱗塊，後翅背面2A室生有長毛。具雌雄二型性。

脈粉蝶屬分布於東洋區、澳洲區與太平洋地區，成員約有20種。

成蝶於山坡、森林邊緣、溪流邊活動，訪花性明顯，雄蝶常群聚於溼地吸水。

幼蟲寄主植物為山柑（白花菜）科Capparaceae植物。

臺灣地區產三種，其中一種被認為可能是近年才於臺東蘭嶼、綠島定居的外來種。

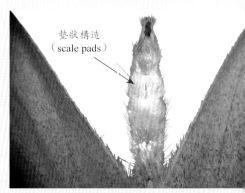

墊狀構造（scale pads）

淡褐脈粉蝶雌蝶腹端墊狀構造

- *Cepora nadina eunama*（Fruhstorfer, 1903）（淡褐脈粉蝶）
- *Cepora nerissa cibyra*（Fruhstorfer, 1910）（黑脈粉蝶）
- *Cepora iudith olga*（Eschscholtz, 1821）（黃裙脈粉蝶）

臺灣地區
## 檢索表　　　　　　　　　　　　　脈粉蝶屬
### Key to species of the genus *Cepora* in Taiwan

❶ 後翅腹面黃色 ...................................................... *iudith*（黃裙脈粉蝶）
　後翅腹面不呈黃色 ................................................................ ❷
❷ 前翅背面M₃室有一黑褐色斑點 ................................. *nerissa*（黑脈粉蝶）
　前翅背面M₃室無黑褐色斑點 .................................... *nadina*（淡褐脈粉蝶）

# 淡褐脈粉蝶

*Cepora nadina eunama* (Fruhstorfer)

模式產地：*nadina* Lucas, 1852；印度；*eunama* Fruhstorfer, 1903；臺灣。

| 英 文 名 | Lesser Gull |
| --- | --- |

| 別　　名 | 淡紫粉蝶、淡紫白蝶、青園粉蝶、淡紫異色粉蝶 |
| --- | --- |

## 形態特徵 Diagnostic characters

雌雄斑紋相異。軀體背面黑褐色，覆有白色毛及鱗片；腹面白色。雄蝶翅背面底色白色，前翅翅頂及外緣有黑褐色紋；後翅沿外緣有暗色紋。前翅腹面底色呈白色，翅頂暗色，低溫期個體呈淡紫褐色；高溫期個體呈淺橄欖色。高溫期個體翅脈上覆有暗色鱗。後翅腹面斑紋色彩類似前翅翅頂，但高溫期個體上有數枚淺色紋。低溫期雌蝶斑紋色彩類似雄蝶而色彩略淺；高溫期雌蝶翅面大部分呈褐色，只在前翅中央及後翅前側各有一片白紋。

## 生態習性 Behaviors

一年多代。成蝶飛行頗為緩慢，好訪花，雄蝶有聚集溼地吸水的習性。

## 雌、雄蝶之區分 Distinctions between sexes

雌蝶的翅背面白紋較雄蝶縮減、模糊，特別是高溫期（雨季）個體。雌蝶腹部腹面有白色墊狀發香鱗塊，雄蝶則無此構造。

## 近似種比較 Similar species

在臺灣地區只有低溫期（乾季）的黑脈粉蝶雄蝶與本種低溫期（乾季）雄蝶相似，不過黑脈粉蝶雄蝶於前翅$M_3$室內有一枚黑褐色斑紋，本種則沒有。

| 分布 Distribution | 棲地環境 Habitats | 幼蟲寄主植物 Larval hostplants |
| --- | --- | --- |
| 在臺灣地區主要分布於臺灣本島中、南部低、中海拔山地，此外分布於東洋區的南亞、巽他、中南半島及海南等地區。 | 常綠闊葉林、熱帶季雨林。 | 山柑（白花菜）Capparaceae科的毛瓣蝴蝶木*Capparis sabiaefolia*。取食部位是葉片，小幼蟲只以新芽、幼葉為食。 |

高溫型（雨季型）

110%

♂

1cm

1cm

♀

| 變異 Variations | 豐度／現狀 Status | 附記 Remarks |
|---|---|---|
| 季節變異十分顯著。高溫期（雨季）個體翅腹面色深，雄蝶翅背面的黑褐色紋邊緣較不整齊，雌蝶翅背面的黑褐色紋遠較低溫期（乾季）個體發達。 | 目前數量尚多。 | 本種常與異粉蝶棲息在相同的棲地並利用相同的寄主植物，不過本種產卵位置與幼蟲利用部位主要是寄主植物的新芽、幼葉，異粉蝶則利用成熟葉片。本種種小名常被誤拼為nandina。 |

23~34mm

0~2500m

110%

低溫型（乾季型）

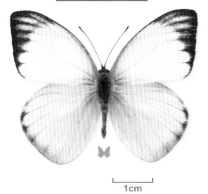

1cm

1cm

粉蝶科

脈粉蝶屬

313

# 黑脈粉蝶

 特有亞種

*Cepora nerissa cibyra* (Fruhstorfer)

▌模式產地：*nerissa* Fabricius, 1775；中國；*cibyra* Fruhstorfer, 1910；臺灣。

| 英 文 名 | Common Gull |
|---|---|

| 別　　名 | 黑脈園粉蝶、臺灣黑條白蝶、異色粉蝶、棕脈粉蝶 |
|---|---|

## 形態特徵 Diagnostic characters

雌雄斑紋明顯相異。軀體背面黑褐色，覆有白色毛及鱗片；腹面白色。雄蝶翅背面底色白色，翅脈覆暗色鱗。前翅翅頂及外緣有黑褐色紋；$M_3$室有一黑褐色斑點。低溫期個體前翅腹面底色白色，翅頂淺褐色，後翅淺褐色；高溫期個體前、後翅底色均呈白色，翅脈上覆暗色鱗；前、後翅翅面上有一列暗色紋。雌蝶於高溫期翅脈明顯黑化，翅緣有寬黑邊；前、後翅翅面亦有一列明顯的暗色紋；低溫期個體色彩較淡，翅腹面季節變化與雄蝶相似。

## 生態習性 Behaviors

一年多代。成蝶飛行敏捷快速，好訪花，雄蝶有溼地吸水習性。

## 雌、雄蝶之區分 Distinctions between sexes

雌蝶的翅背面黑褐色鱗較雄蝶發達，尤其是高溫期（雨季）個體。雌蝶腹部腹面有白色墊狀發香鱗塊，雄蝶則無此構造。

## 近似種比較 Similar species

在臺灣地區只有低溫期（乾季）的淡褐脈粉蝶雄蝶與本種低溫期（乾季）雄蝶相似，但是本種於前翅$M_3$室內有一枚黑褐色斑紋，淡褐脈粉蝶則沒有。

| 分布 Distribution | 棲地環境 Habitats | 幼蟲寄主植物 Larval hostplants |
|---|---|---|
| 在臺灣地區分布於臺灣本島南部低海拔山地以及離島蘭嶼。文獻中澎湖地區亦曾有記錄，近年的調查未有發現。臺灣地區以外廣泛分布於華東、華中、華南、華西南地區及東洋區各地，但是不見於鄰近臺灣的菲律賓，以及婆羅洲、蘇拉威西等地區。 | 熱帶季雨林、海岸林。 | 山柑（白花菜）Capparaceae科的小刺山柑*Capparis henryi*、毛瓣蝴蝶木*C. sabiaefolia*及蘭嶼山柑*C. lanceolaris*。取食部位是葉片，小幼蟲只以新芽、幼葉為食。 |

23~31mm

0~850m

1 2 3 4 5 6 7 8 9 10 11 12

高溫型（雨季型）

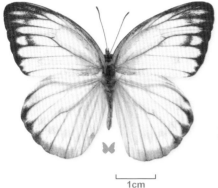

♂

1cm

110%

♀

1cm

| 變異 Variations | 豐度／現狀 Status |
|---|---|
| 季節變異十分顯著。高溫期（雨季）個體翅面沿翅脈分布的黑褐色鱗很發達，使翅脈看起來十分明顯，低溫期（乾季）個體的黑褐色鱗則明顯減退，翅腹面底色也較為晦暗。 | 目前數量尚多，但是分布範圍頗為狹窄。 |

低溫型（乾季型）

1cm

♂

110%

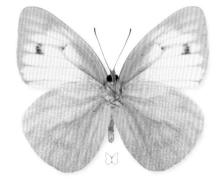

1cm

♀

附記　Remarks

本種在文獻中學名常稱作 *C. coronis* Cramer, [1775]（模式產地：中國），但 *nerissa* 與 *coronis* 兩個名稱是在同一年發表的，而國際動物命名會議於1958年發表之516號主張裁定 *nerissa* 對 *coronis* 有優先權，因此本種學名應使用前者。

# 黃裙脈粉蝶

*Cepora iudith olga* (Eschscholtz)

模式產地：*iudith* Fabricius, 1787：爪哇；*olga* Eschscholtz, 1821：菲律賓。

| 英 文 名 | Orange Gull |
|---|---|
| 別　　名 | 黃裙園粉蝶、下黃白蝶 |

## 形態特徵 Diagnostic characters

雌雄斑紋相異。軀體背面黑褐色，覆有黃白色毛及鱗片；腹面於雄蝶為淡黃色，雌蝶為白色。雄蝶翅背面底色白色，前翅及部分後翅翅脈覆暗色鱗。前翅翅頂及外緣有黑褐色紋；翅中央偏外側有一模糊的黑褐色線紋。後翅前緣及外緣有黑邊，翅面橙黃色。前翅腹面底色白色，翅頂內側有一黑褐色短條，其外側的斑紋黃色。後翅斑紋色彩與翅背面相似，但翅面黃色，且翅前緣外側及 $M_2$ 室外側有褐色紋。雌蝶翅外緣黑褐色斑紋較雄蝶發達，後翅翅面黃色部分呈淺黃色。

## 生態習性 Behaviors

一年多代。成蝶出沒於海岸珊瑚礁林，飛行活潑靈活，好訪花。

## 雌、雄蝶之區分 Distinctions between sexes

雌蝶黑褐色斑紋遠較雄蝶發達，後翅翅面黃色部分色調較淺。雄蝶腹部腹面淡黃色，雌蝶則為白色。雌蝶腹部腹面有白色墊狀發香鱗塊，雄蝶則無此構造。

## 近似種比較 Similar species

在臺灣地區只有黃裙遷粉蝶外觀上與本種略為相似，但是黃裙遷粉蝶前、後翅翅腹面底色均呈黃色，本種則只有後翅呈黃色。另外，黃裙遷粉蝶翅脈不黑化。

| 分布 Distribution | 棲地環境 Habitats | 幼蟲寄主植物 Larval hostplants |
|---|---|---|
| 在臺灣地區見於離島蘭嶼、綠島，此外分布於東南亞各地。 | 常綠海岸林。 | 山柑(白花菜) Capparaceae科的蘭嶼山柑 *Capparis lanceolaris* 與毛花山柑 *C. pubiflora*。取食部位是葉片。 |

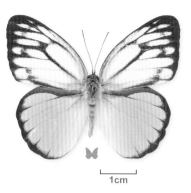

1cm

♂

1cm

♀

| 變異 Variations | 豐度／現狀 Status |
|---|---|
| 低溫期（乾季）黑褐色斑紋減退，尤其是雌蝶。 | 在蘭嶼數量頗多，在綠島則較少見。 |

24~29mm

1 2 3 4 5 6 7 8 9 10 11 12

0~200m

粉蝶科

脈粉蝶屬

低溫型（乾季型）

100%

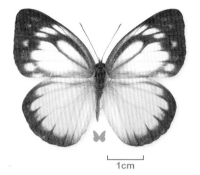

1cm

♀

附記　Remarks

本種在日治時代尚無記錄。最早的記錄見於一九五〇年代陳維壽先生採自蘭嶼的標本，此後延至一九八〇年代晚期、一九九〇年代早期才確定族群穩定存在。由於本種色彩鮮豔醒目，不易忽視，早期諸多調查研究中缺乏記錄說明本種可能是晚近才從菲律賓地區進入蘭嶼、綠島成功建立族群的種類。

有些研究者認為菲律賓以東的族群可以被視為不同種，若依此說，則菲律賓以東的族群學名為 *Cepora aspasia*（Stoll, 1790）（模式產地：印尼安汶島）。

*319*

# 尖粉蝶屬 *Appias* Hübner, [1819]

模式種 Type Species | *Papilio zelmira* Stoll, [1780]，現今被視為鑲邊尖粉蝶*Appias olferna*（Swinhoe, 1890）的同物異名。

## 形態特徵與相關資料 Diagnosis and other information

中小型粉蝶。前翅徑脈四分支，前翅$R_4$脈與$R_5$脈的交點大約位於$R_4$脈末端與$R_4$／$M_1$交點間距的1／2。雄蝶前翅翅頂突出而尖銳，雌蝶前翅翅頂則較圓。大多數種類的雄蝶腹端於交尾器囊形突（saccus）與第八腹節腹板間的膜上生有一對向後指的長毛束（毛筆器），也有缺乏此構造的種類，更有少數於同腹節背板也生有長毛束（毛筆器）的種類。具明顯雌雄二型性。

尖粉蝶屬呈泛熱帶性分布，非洲區、新熱帶區、東洋區、澳洲區與太平洋地區均有分布，成員約有37種。

成蝶晴天時常於樹冠上、森林邊緣、溪流邊活潑飛翔，訪花性顯著，雄蝶會到溼地吸水。

幼蟲寄主植物為山柑（白花菜）科Capparaceae及大戟科Euphorbiacae植物。

臺灣地區有記錄之種類有六種，其中三種是固有種，一種是罕見的外來偶產種，一種是近年才定居臺灣本島南部的外來種，還有一種則可能是來往於鄰近地區的移住性種。

- *Appias olferna peducaea* Fruhstorfer, 1910（鑲邊尖粉蝶）
- *Appias albina semperi* （Moore, 1905）（尖粉蝶）
- *Appias paulina minato* （Fruhstorfer, 1899）（黃尖粉蝶）
- *Appias nero domitia*（C.& R. Felder, 1862）（紅尖粉蝶）（外來偶產種）
- *Appias lyncida eleonora*（Boisduval, 1836）（異色尖粉蝶）
- *Appias indra aristoxemus* Fruhstorfer, 1908（雲紋尖粉蝶）

長毛束
（hairpencil）

尖粉蝶雄蝶腹端長毛束

## 檢索表　尖粉蝶屬及南尖粉蝶屬雄蝶 (*表示偶產種)

Key to males of the species of the genus *Appias* and *Saletara* in Taiwan
(* denotes occasional species)

❶ 前翅$R_5$脈於$R_4$脈末端與之相接或與之完全癒合 ............................................
.................................................... *Saletara panda*（南尖粉蝶）*

前翅$R_4$脈與$R_5$脈的交點位於$R_4$脈末端與$R_4$／$M_1$交點間距的1／2 .............. ❷

❷ 翅背面紅色............................................ *Appias nero*（紅尖粉蝶）*

翅背面不呈紅色 ........................................................................ ❸

❸ 後翅腹面有濃淡不均的黑褐色紋 ...................... *Appias indra*（雲紋尖粉蝶）

後翅腹面缺乏濃淡不均的黑褐色紋........................................................ ❹

❹ 後翅腹面外緣有黑褐色帶紋.......................... *Appias lyncida*（異色尖粉蝶）

後翅腹面外緣無黑褐色帶紋 ............................................................ ❺

❺ 後翅腹面有黑褐色線紋 .......................... *Appias olferna*（鑲邊尖粉蝶）

後翅腹面無紋 ........................................................................ ❻

❻ 前翅翅頂沿翅脈有黑褐色紋.......................... *Appias paulina*（黃尖粉蝶）

前翅翅頂沿翅脈無黑褐色紋 .............................. *Appias albina*（尖粉蝶）

---

## 檢索表　尖粉蝶屬與南尖粉蝶屬雌蝶 (*表示偶產種)

Key to females of the species of the genus *Appias* and *Saletara* in Taiwan
(* denotes occasional species)

❶ 前翅$R_5$脈於$R_4$脈末端與之相接或與之完全癒合 ............................................
.................................................... *Saletara panda*（南尖粉蝶）*

前翅$R_5$脈與$R_4$脈的交點位於$R_4$脈末端與$R_4$／$M_1$交點間距的1／2 .............. ❷

❷ 後翅腹面有濃淡不均的黑褐色紋 ...................... *Appias indra*（雲紋尖粉蝶）

後翅腹面缺乏濃淡不均的黑褐色紋........................................................ ❸

❸ 後翅腹面外緣有黑褐色寬帶........................................................ ❹

後翅腹面外緣無黑褐色寬帶 ........................................................ ❺

❹ 前翅翅頂內側有白色橫條 .......................... *Appias lyncida*（異色尖粉蝶）

前翅翅頂內側有白色、橙色或紅色小斑點............. *Appias nero*（紅尖粉蝶）*

❺ 後翅腹面有黃褐色斑紋 .................................. *Appias olferna*（鑲邊尖粉蝶）

後翅腹面無紋 ........................................................................ ❻

❻ $Rs_1$室內有一明顯的白色小斑.............. *Appias paulina*（黃尖粉蝶）

$Rs_1$室內無白色(黃色)小斑，若有則很模糊 ............. *Appias albina*（尖粉蝶）

---

# 鑲邊尖粉蝶

*Appias olferna peducaea* Fruhstorfer

▎模式產地：*olferna* Swinhoe, 1890：孟加拉；*peducaea* Fruhstorfer, 1910：菲律賓。

| 英 文 名 | Striated Albatross |
|---|---|

| 別 名 | 八重山粉蝶 |
|---|---|

## 形態特徵 Diagnostic characters

雌雄斑紋明顯相異。軀體背面黑褐色，覆有白色毛及鱗片；腹面白色。雄蝶翅背面底色白色，前翅外緣及翅頂沿翅脈有黑褐色紋；後翅外側緣亦沿翅脈有黑褐色紋。翅腹面黑褐色紋較翅背面細而色淺，但後翅黑褐色紋較翅背面多。交尾器囊形突與第八腹節腹板間的膜上生有一撮褐色毛束（毛筆器）。雌蝶翅背面黑褐色紋極其明顯，於前翅外緣形成內有一列小白紋的寬紋，此外翅面前側有一黑褐色條斑。後翅黑褐色紋變異頗著，最明顯的場合在外半部形成櫛狀紋。翅腹面斑紋似翅背面，但呈黃褐色。

## 生態習性 Behaviors

一年多代。成蝶多於荒地上活動，飛翔敏捷快速，好訪花。

## 雌、雄蝶之區分 Distinctions between sexes

雌蝶的翅面黑褐色斑紋較雄蝶發達，尤其是高溫期個體。雄蝶腹端腹面中央可見到褐色毛束（毛筆器），雌蝶則無此構造。

## 近似種比較 Similar species

在臺灣地區沒有類似的種類。

| 分布 Distribution | 棲地環境 Habitats | 幼蟲寄主植物 Larval hostplants |
|---|---|---|
| 目前在臺灣地區主要見於臺灣本島中、南部平地及低山丘陵地。臺灣地區以外分布於菲律賓、中南半島、馬來半島、印尼西部等地區。 | 疏灌草地、都市荒地。 | 山柑科（白花菜科Capparaceae）的平伏莖白花菜*Cleome rutidosperma*。取食植株地上部大部分植物組織。 |

21~32mm

0~200m

120%

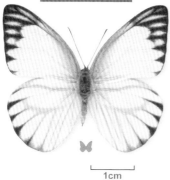

高溫型（雨季型）

1cm

♂

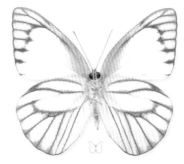

1cm

♀

 （右側標籤）

粉蝶科

尖粉蝶屬

---

**變異** Variations

個體變異與季節變異都很明顯。翅腹面在雨季（高溫期）呈白色，上面綴有鮮明的黑褐色線紋，在乾季（低溫期）則大部分呈淺褐色，黑褐色線紋減退。雄蝶翅背面外緣黑褐色斑紋在乾季（低溫期）較模糊，雌蝶翅背面的黑褐色斑紋在乾季（低溫期）明顯減退。

**豐度／現狀** Status

在已經出現的地區數量通常頗多。

低溫型（乾季型）

1cm

♂

♀

1cm

120%

附記　Remarks

雖然本種早在1933年便已有一筆偶產記錄，其後在臺灣地區卻長期沒有發現，延至2002年才在高雄小港再度出現，而且數量很多，從那以後鑲邊尖粉蝶分布迅速擴大，很快地便遍布高屏地區與嘉南平原，成為臺灣南部空曠地上最常見的蝶種之一。

# 尖粉蝶

*Appias albina semperi* (Moore)

▎模式產地：*albina* Boisduval, 1836：印尼安汶島；*semperi* Moore, [1905]：菲律賓。

| 英 文 名 | Common Albatross |
|---|---|
| 別　　名 | 尖翅粉蝶、白翅尖粉蝶、川上白蝶 |

## 形態特徵 Diagnostic characters

雌雄斑紋明顯相異。軀體背面黑褐色，但覆有白色毛及鱗片；腹面白色。雄蝶翅背面白色，前翅前緣及翅頂邊緣有黑褐色細邊，另從翅基沿前緣有少許黑褐色鱗散布。翅腹面白色。交尾器囊形突與第八腹節腹板間的膜上生有一對黑褐色長毛束（毛筆器）。雌蝶翅背面底色白色或黃色，前翅外側有黑褐色紋，其內有白色或黃色曲紋列；後翅外側亦有一列黑褐色紋，常融合成一斑帶。翅腹面於前翅有一明顯黑褐色寬條；後翅白色或黃色，外側有時有黑褐色斑紋。

## 生態習性 Behaviors

一年多代。成蝶常於海岸邊的樹林邊緣及樹冠上快速飛翔，好訪花，雄蝶常聚集溼地吸水。

## 雌、雄蝶之區分 Distinctions between sexes

雌蝶的翅面黑褐色斑紋明顯較雄蝶發達，尤其是在高溫期個體。雄蝶腹端腹面可見到一對黑褐色長毛束（毛筆器），雌蝶則無此構造。

## 近似種比較 Similar species

在臺灣地區最類似的種類是黃尖粉蝶，可依以下兩點區分：黃尖粉蝶雄蝶前翅翅頂為圓弧狀，本種則很尖；黃尖粉蝶雌蝶於前翅背面於R₃室內有一枚白斑，本種則沒有。除了黃尖粉蝶以外，在臺灣地區只有偶產記錄的南尖粉蝶

| 分布 Distribution | 棲地環境 Habitats | 幼蟲寄主植物 Larval hostplants |
|---|---|---|
| 在臺灣地區主要分布於臺灣本島沿海地區及離島龜山島、蘭嶼、綠島及澎湖。臺灣地區以外廣泛分布於南亞、中南半島、東南亞、新幾內亞、澳洲等地區。 | 熱帶季雨林、海岸林。 | 大戟科Euphorbiaceae之鐵色 *Drypetes littoralis*。取食部位是新芽、幼葉。 |

*Saletara panda nathalia* C.& R. Felder, 1862（模式產地：菲律賓）也與本種外觀相似，但是南尖粉蝶雄蝶前翅外緣多了黑褐色細邊，雌蝶前翅翅頂黑褐色斑紋內沒有白紋。

低溫型（乾季型）

90%

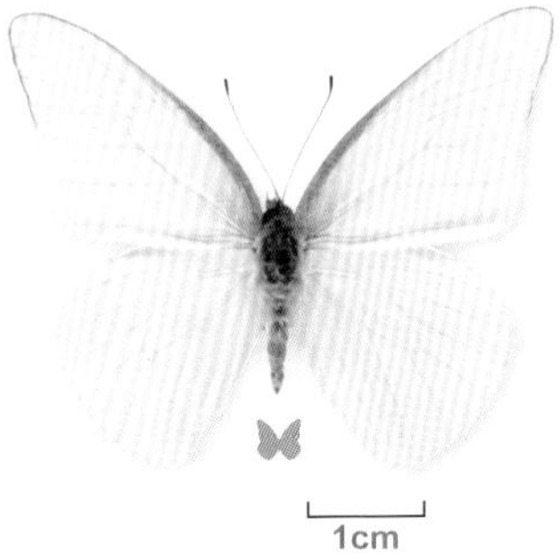

♂

1cm

♀

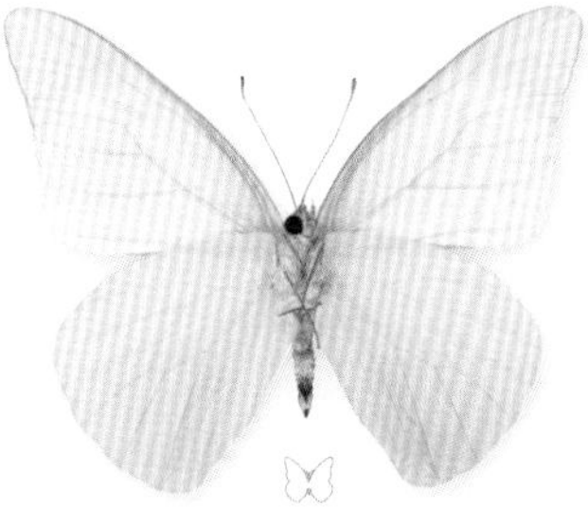

1cm

變異 Variations

雌蝶多型性與季節變異十分顯著。在臺灣地區常見的有翅底色全白的白色型、翅底色全黃的黃色型，以及除了後翅腹面大部分呈黃色以外，其餘部分呈白色的雙色型。低溫期個體的黑褐色斑紋明顯減退。

豐度／現狀 Status

在臺灣地區棲息地零散，但是在棲地數量通常不少。

附記 Remarks

由於寄主植物鐵色有時被用作園藝植物，有時可見本種在栽植有鐵色的公園或苗圃大量發生。

20~31mm

3000
2000
1000
0

0~200m

90%

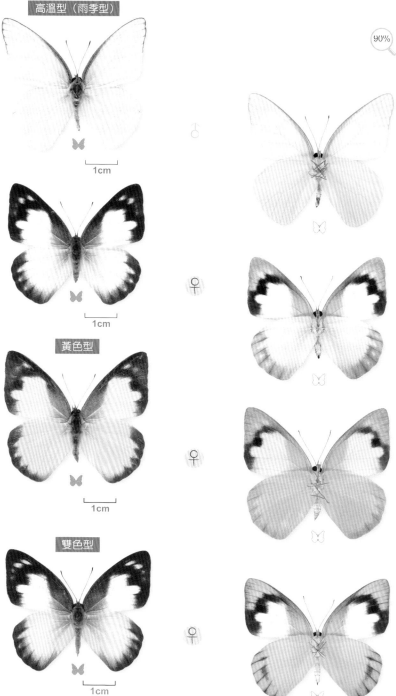

高溫型（雨季型）

1cm

♂

1cm

黃色型

1cm

♀

雙色型

1cm

♀

♀

327

# 黃尖粉蝶

*Appias paulina minato* Fruhstorfer

▎模式產地：*paulina* Cramer, [1777]：斯里蘭卡；*minato* Fruhstorfer, 1899："琉球群島"。

英 文 名｜Lesser Albatross

別　　名｜黑緣尖粉蝶、寶玲尖粉蝶、蘭嶼粉蝶、波江白蝶、袵環粉蝶

## 形態特徵 Diagnostic characters

雌雄斑紋相異。軀體背面黑褐色，覆有白色毛及鱗片；腹面白色。雄蝶翅背面底色白色，前翅翅頂沿翅脈有黑褐色紋，於高溫期個體較為明顯。後翅於低溫期無紋，高溫期個體則於翅脈末端沿翅脈有黑褐色鱗。前翅腹面除翅頂呈淡黃色之外，其餘部分呈白色。後翅腹面淡黃色。交尾器囊形突與第八腹節腹板間的膜上生有一對黑褐色長毛束（毛筆器），第8腹節背板亦具一淺褐色長毛束（毛筆器）。雌蝶翅背面底色白色，前翅外側有黑褐色紋，其內有白色曲紋列；後翅外側亦有一列黑褐色紋。翅腹面於前翅有一不規則黑褐色帶，其前方翅面黃色，其後方翅面白色；後翅黃色，外側時有黑褐色斑紋。

## 生態習性 Behaviors

一年多代。成蝶常於海岸邊的樹林邊緣及樹冠上快速飛翔，好訪花，雄蝶有溼地吸水習性。

## 雌、雄蝶之區分 Distinctions between sexes

雌蝶的翅面黑褐色斑紋明顯較雄蝶發達，尤其是高溫期（雨季）個體。另外，雄蝶腹端腹面及背面均可見到長毛束（毛筆器），雌蝶則無此等構造。

## 近似種比較 Similar species

在臺灣地區最類似的種類是尖粉蝶，可依以下兩點區分：1.尖粉蝶雄蝶前翅翅頂為很尖，本種則圓鈍；2.尖粉蝶雌蝶於前翅背面於$R_3$室內缺乏白斑，本種則有明顯的白斑。

| 分布 Distribution | 棲地環境 Habitats | 幼蟲寄主植物 Larval hostplants |
|---|---|---|
| 在臺灣地區主要分布於本島東北部、恆春半島及離島龜山島、蘭嶼及綠島。臺灣地區以外泛分布於南亞、中南半島、東南亞、新幾內亞、澳洲等地區，向東遠及太平洋西側的薩摩亞。 | 熱帶季雨林、海岸林。 | 大戟科 Euphorbiaceae 之臺灣假黃楊 *Liodendron formosanum*。取食部位是新芽、幼葉。 |

28~35mm

~3000
~2000
~1000
~0

0~200m

高溫型（雨季型）

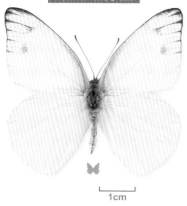

1cm

100%

尖粉蝶屬

1cm

| 變異 Variations | 豐度／現狀 Status | 附記 Remarks |
|---|---|---|
| 季節變異顯著，低溫期（乾季）個體的黑褐色斑紋減退，雌蝶尤其明顯。 | 數量通常不多。 | 本種在臺灣地區有時被視為偶產種、迷蝶，但是至少在龜山島、蘭嶼等離島的族群似乎是常駐性的。也有可能本種在臺灣地區有其寄主植物生長的地方經常建立一時性族群並常發生區域性滅絕，與鄰近地區共同呈現動態性分布的關聯族群（metapopulation）模式。 |

低溫型（乾季型）

1cm

100%

♂

♀

1cm

# 異色尖粉蝶

*Appias lyncida eleonora* (Boisduval)

▌模式產地：*lyncida* Cramer, [1777]：印尼爪哇；*eleonora* Boisduval, 1836："印尼安汶島"[錯誤，可能其實是阿薩密或緬甸]。

| 英 文 名 | Chocolate Albatross |
|---|---|

| 別　名 | 靈奇尖粉蝶、臺灣粉蝶、臺灣白蝶、雌紫粉蝶、灰角尖粉蝶 |
|---|---|

## 形態特徵 Diagnostic characters

雌雄斑紋明顯相異。軀體背面黑褐色，覆有白色毛及鱗片；腹面白色。雄蝶翅背面底色白色，前翅外緣有黑褐色紋，其內緣作鋸齒狀。沿前緣翅脈覆暗色鱗。從翅基向翅頂有黑褐色鱗散布。後翅沿外緣亦有黑褐色紋，其內緣亦作鋸齒狀，但有些暈開。前翅腹面斑紋色彩似翅背面而暗色紋呈褐色，前緣有明顯條紋於翅頂與外緣褐色紋相連；翅頂有一黃紋。後翅翅面呈黃色或黃白色。交尾器囊形突與第八腹節腹板間的膜上生有一叢褐色長毛束（毛筆器）。雌蝶翅背面黑褐色斑紋較發達。翅腹面除外緣有黑褐色寬邊外呈白色，一部分泛黃色。

## 生態習性 Behaviors

一年多代。成蝶多於樹林邊緣活動，飛翔靈活快速，好訪花，雄蝶常聚集溼地吸水。

## 雌、雄蝶之區分 Distinctions between sexes

雌蝶的翅面黑褐色斑紋較雄蝶發達，高溫期個體尤其顯著。雄蝶腹端腹面可見到一叢發達的褐色長毛束（毛筆器），雌蝶則無此構造。

## 近似種比較 Similar species

在臺灣地區沒有類似的種類。

| 分布 Distribution | 棲地環境 Habitats | 幼蟲寄主植物 Larval hostplants |
|---|---|---|
| 在臺灣地區分布於臺灣本島低、中海拔地區以及離島龜山島。蘭嶼也有觀察記錄，是否有常駐族群有待調查。臺灣地區以外廣泛分布於東洋區大部分地區，並延伸入屬於澳洲區的印尼東部。 | 常綠闊葉林、熱帶季雨林、海岸林。 | 魚木*Crateva adansonii*、小刺山柑*Capparis micracantha*、多花山柑*Ca. floribunda*、山柑*Ca. formosana*等山柑科（白花菜科Capparaceae）植物。取食部位主要是新芽、幼葉，葉片較柔軟的寄主植物如魚木等，則成熟葉片亦可取食。 |

高溫型（雨季型）

100%

1cm

1cm

♂

♀

粉蝶科

尖粉蝶屬

| 變異 Variations | 豐度／現狀 Status | 附記 Remarks |
|---|---|---|
| 雌蝶的個體變異與季節變異都很明顯。翅背面的黑褐色斑紋在乾季（低溫期）明顯減退，與雄蝶外形較為相似，在雨季（高溫期）則黑褐色斑紋占翅面大部分，白色部分只留下一些條紋。 | 目前數量尚多。 | 本種的臺灣地區族群常被視為特有亞種ssp. *formosana* Wallace, 1866（模式產地：臺灣），但是近年來關於粉蝶的研究發現臺灣地區族群特徵與亞洲大陸的亞種ssp. *eleonora* 無甚區別，可以視為同一亞種。 |

16~38mm

0~2500m

低溫型（乾季型）

100%

1cm

♂

1cm

♀

# 雲紋尖粉蝶

*Appias indra aristoxemus* Fruhstorfer

| 模式產地：*indra* Moore, 1857；印度；*aristoxemus* Fruhstorfer, 1908；臺灣。

| 英 文 名 | Plain Albatross |

| 別　　名 | 雷震尖粉蝶、雲紋粉蝶、雲型白蝶、黑角尖粉蝶 |

## 形態特徵 Diagnostic characters

雌雄斑紋明顯相異。軀體背面黑褐色，覆有白色毛及鱗片；腹面白色。雄蝶翅背面底色白色，前翅翅頂有黑褐色斑紋，其內有數枚白斑。後翅白色。前翅腹面底色白色，翅頂呈奶油色，其內緣鑲黑邊。後翅腹面底色奶油色，上有濃淡不均的黑褐色紋。交尾器囊形突與第八腹節腹板間的膜上生有一對淺褐色長毛束（毛筆器）。雌蝶前翅背面黑褐色較雄蝶寬廣，延伸至後緣外側。後翅外緣有黑褐色寬邊。前翅黑褐色斑紋較雄蝶粗，其前方及後翅翅面底色黃色或淺黃色而密布黑褐色鱗，上有濃淡不均的黑褐色及白色紋。

## 生態習性 Behaviors

世代數尚無詳細調查，由於成蝶斑紋有季節變異，一年應當至少有兩世代以上。成蝶多於森林邊緣、溪流沿岸活動，飛翔敏捷活潑，好訪花。雄蝶常成列飛行、追逐，並且會聚集在溼地吸水。

## 雌、雄蝶之區分 Distinctions between sexes

雌蝶的翅面黑褐色斑紋較雄蝶發達，尤其是後翅。雄蝶腹端腹面可見到一對淺褐色長毛束（毛筆器），雌蝶則無此構造。

## 近似種比較 Similar species

在臺灣地區只有雨季（高溫期）的尖粉蝶雌蝶斑紋略為類似，但是尖粉蝶沒有本種翅腹面獨特的雲狀斑紋。

| 分布 Distribution | 棲地環境 Habitats | 幼蟲寄主植物 Larval hostplants |
|---|---|---|
| 在臺灣地區主要分布於臺灣本島中、南部低、中海拔地區，但常因長距離移動而出現在北臺灣及高海拔地區。離島龜山島、蘭嶼也有發現紀錄，是否有常駐族群有待調查。臺灣地區以外於東洋區分布廣泛，但是在鄰近臺灣的菲律賓只見於南部的民答那峨及巴拉望。 | 常綠闊葉林、熱帶季雨林、海岸林。 | 大戟科 Euphorbiaceae 之鐵色 *Drypetes littoralis* 與臺灣假黃楊 *Liodendron formosanum*。取食部位是新芽、幼葉。 |

22~32mm

0~3000m

高溫型（雨季型）

1cm

♂

100%

粉蝶科

尖粉蝶屬

1cm

♀

| 變異 Variations | 豐度／現狀 Status | 附記 Remarks |
|---|---|---|
| 乾季（低溫期）個體後翅腹面色彩較黯淡而呈淺褐色，雨季(高溫期)則呈奶黃色。雄蝶在乾季(低溫期) 時前翅背面翅頂黑褐色斑紋內的白斑較雨季(高溫期)發達，雌蝶則在乾季(低溫期)時後翅背面外緣黑褐色斑紋減退。 | 目前數量尚多。 | 本種在臺東知本一帶族群量豐富，形成有名的景觀。 |

低溫型（乾季型）

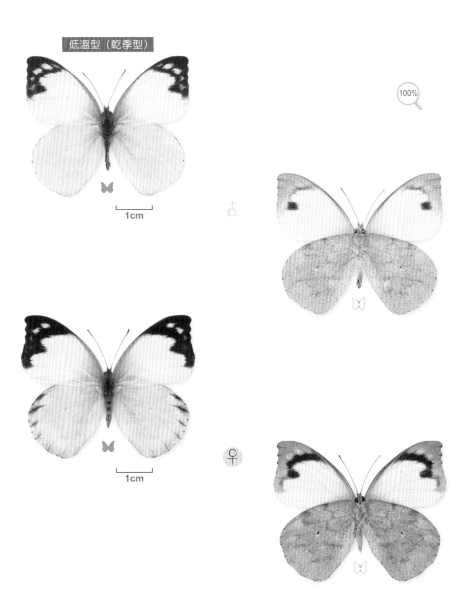

1cm

♂

1cm

♀

# 鋸粉蝶屬 *Prioneris* Wallace, [1867]

模式種 Type Species | *Pieris thestylis* Doubleday, 1842，即鋸粉蝶 *Prioneris thestylis*（Doubleday, 1842）。

## 形態特徵與相關資料 Diagnosis and other information

　　中大型粉蝶。胸部膨大。前翅徑脈四分支，前翅 $R_5$ 脈與 $R_4$ 脈的交點大約位於 $R_4$ 脈末端與 $R_4$／$M_1$ 交點間距中央之外側。雄蝶前翅翅頂尖銳，而於前翅前緣具有一列明顯的鋸齒狀構造，此構造即其學名之屬名由來。雌蝶則翅形較圓。斑紋色彩類似豔粉蝶屬，被認為可能與之有擬態關係。關於前翅鋸齒狀構造的功能有許多不同意見，有的研究者認為可以用來防禦天敵，有的則認為可強化前翅前緣脈，還有的認為與資源競爭有關。

　　鋸粉蝶屬為東洋區特有，成員有7至8種。

　　成蝶於山坡、森林邊緣活動，有訪花習性，雄蝶會到溼地吸水。

　　幼蟲寄主植物為山柑（白花菜）科Capparaceae植物。

　　臺灣地區有記錄之種類有兩種，其中一種是固有種，另一種無疑是外來的偶產種或逸出種。

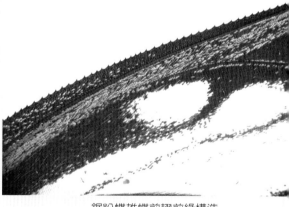

鋸粉蝶雄蝶前翅前緣構造

- *Prioneris thestylis formosana* Fruhstorfer, 1903（鋸粉蝶）
- *Prioneris hypsipyle* Weymer, 1887（蘇門答臘鋸粉蝶）（外來偶產種／逸出種）

臺灣地區

## 檢索表　　　　鋸粉蝶屬 （*表示偶產種）

Key to the species of the genus *Prioneris* in Taiwan (* denotes occasional species)

❶ 後翅腹面底色淺黃色；中室基部無紅紋............................ *thestylis* （鋸粉蝶）
　 後翅腹面底色橙黃色；中室基部有紅紋 ......... *hypsipyle* （蘇門答臘鋸粉蝶）*

# 鋸粉蝶

*Prioneris thestylis formosana* Fruhstorfer

▋模式產地：*thestylis* Doubleday, 1842；印度；*formosana* Fruhstorfer, 1903；臺灣。

| 英 文 名 | Spotted Sawteeth |
|---|---|
| 別　　名 | 斑粉蝶 |

## 形態特徵 Diagnostic characters

雌雄斑紋相異。軀體背面黑褐色；腹部腹面白色。雄蝶翅背面底色白色，翅脈上覆黑褐色鱗片而呈黑色。前翅前緣及外緣有黑邊，亞外緣有一黑褐色弧形條紋。後翅外緣亦有黑邊。前翅腹面斑紋色彩類似背面，然黑褐色紋較發達而色彩較淺。後翅底色淺黃色，翅脈上覆黑褐色鱗。外緣鑲黑邊，亞外緣有一黑褐色弧形條紋，中室後方有一片明顯的黑褐斑。前翅前緣具有鋸齒狀構造。雌蝶翅背面底色為白色或黃白色，翅面黑邊及亞外緣黑褐色紋均較雄蝶發達，前翅前緣無鋸齒狀構造。

## 生態習性 Behaviors

一年多代。成蝶多於森林邊緣、溪流沿岸活動，飛翔快速而有力，好訪花，雄蝶會聚集溼地吸水。

## 雌、雄蝶之區分 Distinctions between sexes

雌蝶的翅面黑褐色斑紋較雄蝶發達，後翅背面亞外緣有黑褐色弧形條紋，中室後方有黑褐色斑紋，雄蝶則缺乏此等斑紋。另外，雌蝶前翅前緣缺乏雄蝶具有的鋸齒狀構造。

## 近似種比較 Similar species

在臺灣地區沒有類似的種類。

| 分布 Distribution | 棲地環境 Habitats | 幼蟲寄主植物 Larval hostplants |
|---|---|---|
| 在臺灣地區分布於本島低、中海拔山區，北部少見。文獻中澎湖地區亦曾有記錄，近年的調查未有發現。臺灣地區以外分布於喜馬拉雅、中南半島、華西南、華南等地區。 | 常綠闊葉林、熱帶季雨林。 | 山柑（白花菜）Capparaceae科的毛瓣蝴蝶木 *Capparis sabiaefolia*。取食部位是葉片。 |

37~44mm

100~1500m

高溫型（雨季型）

1cm

90%

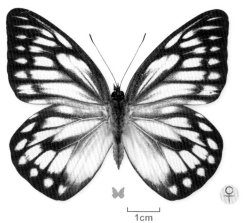

1cm

| 變異 Variations | 豐度／現狀 Status |
|---|---|
| 有個體變異與季節變異。雨季（高溫期）個體較大型，翅面黑褐色斑紋較發達，而且雌蝶背面底色往往帶黃色。 | 目前數量尚多。 |

低溫型（乾季型）

90%

♂

1cm

♀

1cm

# 纖粉蝶屬 *Leptosia* Hübner, [1819]

模式種 Type Species | *Leptosia chlorographa* Hübner, [1819]，現今被視為纖粉蝶 *Leptosia nina*（Fabricius, 1793）的一亞種。

## 形態特徵與相關資料 Diagnosis and other information

小型粉蝶。身軀細小。前翅M₁與M₂脈基部相接。翅形甚圓。斑紋色彩雌雄近似。

纖粉蝶屬主要分布於非洲區，當地有6種棲息。亞洲只在東洋區有1種分布。

幼蟲寄主植物為山柑（白花菜）科Capparaceae植物。

臺灣地區產一種，該種也是本屬唯一分布於東洋區的種類。

· *Leptosia nina niobe*（Wallace, 1866）（纖粉蝶）

平伏莖白花菜葉上之纖粉蝶幼蟲Larva of *Leptosia nina niobe* on *Cleome rutidosperma*（屏東縣三地門鄉三地門，200 m，2011. 01. 16.）。

# 纖粉蝶

*Leptosia nina niobe* (Wallace)

┃模式產地：*nina* Fabricius, 1793：印度；*niobe* Wallace, 1866：臺灣。

| 英 文 名 | Psyche |
|---|---|

| 別　　名 | 黑點粉蝶、黑點白蝶、干粉蝶 |
|---|---|

## 形態特徵 Diagnostic characters

　　雌雄斑紋相同。軀體十分纖細，背面黑褐色，覆有白色毛及鱗片；腹面白色。翅背面底色白色，以$M_3$室為中心有一明顯的黑褐色斑點。前翅翅頂有時具黑褐紋，後翅無紋。前翅腹面除有一黑褐色斑點外，沿前緣有細緻的綠褐色雲狀紋。後翅底色白色，其上密布細緻的綠褐色雲狀紋。

## 生態習性 Behaviors

　　一年多代。成蝶通常仕靠近地面的林床上、雜草間活動，飛行贏弱緩慢，好訪花。

## 雌、雄蝶之區分 Distinctions between sexes

　　難以藉翅紋區分，正確的區別有賴檢查腹端。

## 近似種比較 Similar species

　　在臺灣地區沒有近似種。

| 分布 Distribution | 棲地環境 Habitats | 幼蟲寄主植物 Larval hostplants |
|---|---|---|
| 在臺灣地區分布於臺灣本島平地至低海拔山地，以及離島龜山島、蘭嶼，此外廣泛分布於東洋區大部分地區，並延伸進屬於澳洲區的印尼東部地區。 | 常綠闊葉林、熱帶季雨林、海岸林、疏灌草地、都市林、都市荒地。 | 魚木*Crateva adansonii*、小刺山柑*Capparis henryi*、毛瓣蝴蝶木*Ca. sabiaefolia*、蘭嶼山柑*Ca. lanceolaris*、平伏莖白花菜*Cleome rutidosperma*等山柑（白花菜）科植物。取食部位是葉片。 |

20~25mm

130%

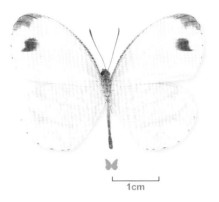

♂

1cm

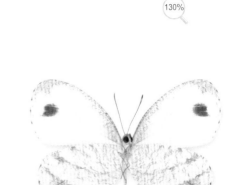

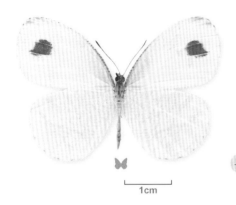

♀

1cm

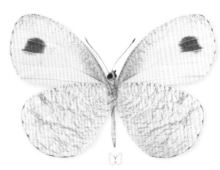

| 變異 Variations | 豐度 / 現狀 Status | 附記 Remarks |
|---|---|---|
| 前翅黑褐色斑紋及後翅腹面綠褐色紋富個體變異。 | 目前數量尚多。 | 由於本種貼近地面活動,因此通常只利用寄主植物靠近地面的葉片作為幼蟲食物。 |

# 異粉蝶屬 *Ixias* Hübner, [1819]

模式種 Type Species | *Papilio pyrene* Linnaeus, 1764，即異粉蝶*Ixias pyrene*（Linnaeus, 1764）。

## 形態特徵與相關資料 Diagnosis and other information

　　中小型粉蝶。前翅$M_1$與$R_4$+$R_5$脈基部相接。下唇鬚第三節極其短小。斑紋色彩雌雄迥異。

　　異粉蝶屬約有10種，分布於東洋區，顯然與主要分布於非洲區的珂粉蝶屬*Colotis*近緣。

　　成蝶於山坡、森林邊緣活動，訪花性明顯，雄蝶會群聚於溼地吸水，往往形成很大的群體。

　　幼蟲寄主植物為山柑（白花菜）科Capparaceae植物。

　　臺灣地區產一種。

· *Ixias pyrene insignis* Butler, 1879（異粉蝶）

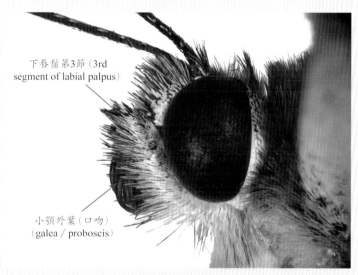

下唇鬚第3節（3rd segment of labial palpus）

小顎外葉（口吻）（galea / proboscis）

異粉蝶雄蝶頭部

# 異粉蝶 特有亞種

*Ixias pyrene insignis* Butler

模式產地：*pyrene* Linnaeus, 1764：廣東；*insignis* Butler, 1879：臺灣。

| 英 文 名 | Yellow Orange Tip |
|---|---|
| 別 名 | 雌白黃蝶、橙粉蝶、槌粉蝶、黑緣橙粉蝶 |

## 形態特徵 Diagnostic characters

雌雄斑紋明顯相異。軀體背面黑褐色，腹面白色。雄蝶翅背面底色淡黃色，前翅翅頂黑褐色，內有一片橙色紋，橙色紋後緣鑲黑邊。中室端有一黑褐色小點。後翅沿外緣有一列黑褐色斑點，此等斑點於高溫期形成一黑褐色寬帶。翅腹面底色淡黃色，前翅前半部及後翅翅面上有黑褐色細紋及小紋。雌蝶翅背面黑褐色斑紋與雄蝶相似，但其他部分則呈白色。翅腹面斑紋似雄蝶，但後翅及前翅外側黃白色，其餘部分則為白色。

## 生態習性 Behaviors

一年多代。成蝶通常在森林邊緣、溪流沿岸活動，飛行優雅緩慢，好訪花，雄蝶有聚集溼地吸水的習性。

## 雌、雄蝶之區分 Distinctions between sexes

雄蝶翅面底色呈黃色，前翅有鮮明的橙色斑，雌蝶則翅面除了黑褐色斑紋外全呈白色。

## 近似種比較 Similar species

在臺灣地區沒有近似種，只有淡褐脈粉蝶與雲紋尖粉蝶雌蝶翅背面與本種雌蝶斑紋略為相似，不過利用腹面花紋即很容易區分。

| 分布 Distribution | 棲地環境 Habitats | 幼蟲寄主植物 Larval hostplants |
|---|---|---|
| 在臺灣地區分布於本島低、中海拔山地，北部地區棲息地少，新竹、花蓮以北發現記錄極少。馬祖地區亦有分布，屬於承名亞種。臺灣地區以外分布於南亞、中南半島、華西南、華南及華東地區。 | 常綠闊葉林、熱帶季雨林。 | 山柑（白花菜）科Capparaceae的毛瓣蝴蝶木*Capparis sabiaefolia*。取食部位是葉片，而且主要利用老葉。 |

高溫型（雨季型）

1cm

♂

♀

1cm

| 變異 Variations | 豐度／現狀 Status | 附記 Remarks |
|---|---|---|
| 季節變異明顯。乾季（低溫期）個體的翅背面黑褐色紋減退，翅腹面的褐色斑卻反而較發達。 | 過去在臺灣中部是族群量極大的常見種，雖然現在不能算是稀有種，數量確實已經大減。 | 幼蟲取食老熟葉片且食量不大。從前本種數量龐大，往往能形成千隻以上的吸水大集團，但由於山坡地開發、破壞，這種景觀已經難以再現。 |

25~32mm

0~2000m

低溫型（乾季型）

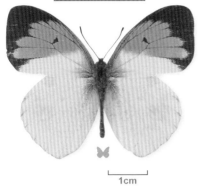

110%

1cm

♂

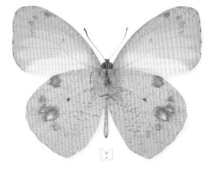

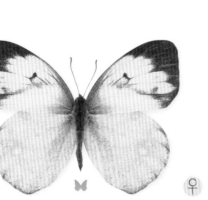

♀

1cm

粉蝶科

異粉蝶屬

347

# 橙端粉蝶屬 *Hebomoia* Hübner, [1819]

模式種 Type Species | *Papilio glaucippe* Linnaeus, 1758，即橙端粉蝶
*Hebomoia glaucippe*（Linnaeus, 1758）。

## 形態特徵與相關資料 Diagnosis and other information

　　大型粉蝶。前翅$M_1$與$R_4+R_5$脈基部接近但分離。下唇鬚第三節粗短。雌蝶斑紋色彩與雄蝶相似，但底色較暗而暗色紋較明顯。

　　橙端粉蝶屬分布於東洋區，成員有2種。本屬的蝴蝶是東洋區最大型的粉蝶。

　　成蝶多在晴天時於山坡及森林間快速飛行，有訪花習性，雄蝶會到溼地吸水。

　　幼蟲寄主植物為山柑（白花菜）科Capparaceae植物。

　　臺灣地區產一種。

・*Hebomoia glaucippe formosana* Fruhstorfer, 1908（橙端粉蝶）

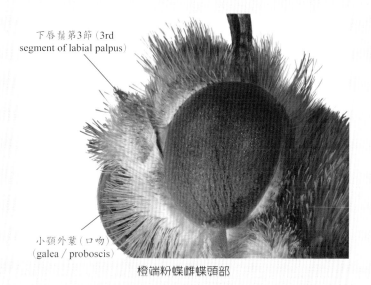

下唇鬚第3節（3rd segment of labial palpus）

小顎外葉（口吻）（galea / proboscis）

橙端粉蝶雌蝶頭部

橙端粉蝶*Hebomoia glaucippe formosana*（屏東縣三地門鄉三地門，2009. 12. 19.）。

作威嚇動作之橙端粉蝶終齡幼蟲 Final instar larva of *Hebomoia glaucippe formosana* in threatening posture（南投縣仁愛鄉惠蓀林場，700 m，2012. 05. 14.）。

作威嚇動作之橙端粉蝶終齡幼蟲 Final instar larva of *Hebomoia glaucippe formosana* in threatening posture（南投縣仁愛鄉惠蓀林場，700 m，2012. 05. 14.）。

# 橙端粉蝶

*Hebomoia glaucippe formosana* Fruhstorfer

▌模式產地：*glaucippe* Linnaeus, 1758：廣東；*formosana* Fruhstorfer, 1908：臺灣。

英文名｜Great Orange Tip

別　名｜端紅蝶、鶴頂粉蝶、紅衽粉蝶、紅角大粉蝶

## 形態特徵 Diagnostic characters

雌雄斑紋相似。軀體背面黑褐色，覆有白色毛及鱗片；腹面為白色。雄蝶翅背面底色奶白色，前翅翅頂有大型橙紅色斑紋，其外側鑲黑褐色紋，橙色紋內各室外側有黑褐色狹長小紋，且翅脈上覆黑褐色鱗。後翅翅脈末端及各翅室外側有黑褐色小紋。翅腹面底色白色，前翅外半部及後翅翅面上布滿黑褐色細紋，有一暗褐色線紋由翅基貫穿中室及 M₂ 室中央直達外緣。雌蝶翅背面底色淡黃色，黑褐色斑紋較雄蝶發達，於後翅外緣形成一明顯斑列。翅腹面斑紋似雄蝶，但褐色斑紋更為明顯。

## 生態習性 Behaviors

一年多代。成蝶常在闊葉林邊緣活動，飛行快速有力，好訪花，雄蝶有溼地吸水習性。

## 雌、雄蝶之區分 Distinctions between sexes

雄蝶翅背面底色呈奶白色，雌蝶則底色較黯淡，另外，雌蝶後翅背面的黑褐色斑紋明顯較雄蝶發達。

## 近似種比較 Similar species

在臺灣地區沒有近似種。

| 分布 Distribution | 棲地環境 Habitats | 幼蟲寄主植物 Larval hostplants |
|---|---|---|
| 在臺灣地區分布於臺灣本島平地至低、中海拔山地。離島龜山島、蘭嶼、澎湖亦有發現記錄。臺灣地區以外分布於南亞、中南半島、東南亞、日本南部、華西南、華南及華東等地區。 | 常綠闊葉林、熱帶季雨林。 | 魚木*Crateva adansonii*、小刺山柑*Capparis henryi*、毛瓣蝴蝶木*Ca. sabiaefolia*、多花山柑*Ca. floribunda*等山柑（白花菜）Capparaceae科植物。取食部位是葉片。 |

1cm

60%

♂

1cm

♀

| 變異 Variations | 豐度 / 現狀 Status | 附記 Remarks |
|---|---|---|
| 低溫期個體較小型，前翅翅頂較突出。 | 目前數量尚多。 | 本種是臺灣產粉蝶中體型最大的種類。最近研究發現本種翅面橙色部分含有與海洋芋螺同樣的劇烈神經毒。 |

# 遷粉蝶屬 *Catopsilia* Hübner, [1819]

模式種 Type Species | *Papilio crocale Cramer,* [1775]，現被認為是遷粉蝶 *Catopsilia pomona*（Fabricius, 1775）的一型。

## 形態特徵與相關資料 Diagnosis and other information

中型粉蝶。雄蝶後翅背面於Rs室有一由發香鱗構成的性標，而於前翅腹面沿後緣具一毛束。雄蝶第八腹節背板向後突出形成一偽鉤突 pseuduncus。具明顯季節型及雌雄二型性。

本屬的種類以其長距離遷移能力著稱，在許多地區有方向性集團遷移的記錄。

成蝶喜好於明亮的環境活動，喜訪花，雄蝶有群聚於溼地吸水的行為。

幼蟲寄主植物為豆科Fabaceae「蘇木類Caesalpinioideae」植物。

臺灣地區產三種，其中一種原本是罕見的外來偶產種，但近年已定居臺灣本島南部。

- *Catopsilia pyranthe*（Linnaeus, 1758）（細波遷粉蝶）
- *Catopsilia pomona*（Fabricius, 1775）（遷粉蝶）
- *Catopsilia scylla cornelia*（Fabricius, 1787）（黃裙遷粉蝶）

臺灣地區

## 檢索表　　　　　　　　　　　　　　　遷粉蝶屬

**Key to males of the species of the genus *Catopsilia* in Taiwan**

❶ 翅腹面有波狀細紋 ................................................. *pyranthe*（細波遷粉蝶）

　翅腹面無波狀細紋 .................................................................. ❷

❷ 前、後翅背面底色不同，前翅呈白色、後翅呈黃色.... *scylla*（黃裙遷粉蝶）

　前、後翅背面底色相同，均呈白色或黃色..................... *pomona*（遷粉蝶）

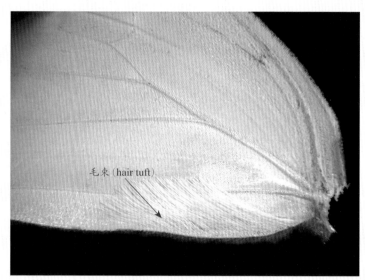

毛束 (hair tuft)

遷粉蝶右前翅腹面毛束

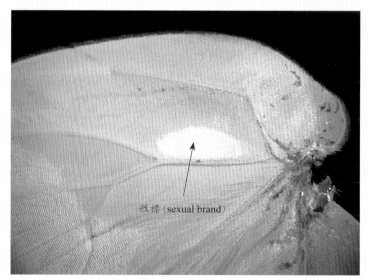

性標 (sexual brand)

遷粉蝶左後翅背面性標

# 細波遷粉蝶

*Catopsilia pyranthe* (Linnaeus)

▎模式產地：*pyranthe* Linnaeus, 1758：廣東。

| 英 文 名 | Mottled Emigrant |
|---|---|
| 別　　名 | 細紋遷粉蝶、梨花遷粉蝶、水青粉蝶、裏波白蝶、波紋粉蝶、決明粉蝶 |

## 形態特徵 Diagnostic characters

雌雄斑紋相似。軀體背面黑褐色，覆有白色毛及鱗片；腹面白色。後翅翅緣略呈波狀。雄蝶翅背面底色白色，前翅翅頂至外緣有黑褐色紋。前翅中室端有一黑褐色小點。後翅中室前方有一白色性斑。翅腹面底色白色，前翅外半部及後翅翅面泛黃綠色，並布滿黑褐色細紋。前翅後緣基部有一叢白色長毛。雌蝶無性斑及前翅後緣長毛，翅背面底色為泛黃綠色的白色，黑褐色斑紋遠較雄蝶發達，於前翅外側多了一列排成弧形的黑褐色小紋。高溫期（雨季型）個體於後翅外緣形成一明顯黑褐色斑列。翅腹面斑紋似雄蝶，但褐色斑紋更為明顯。低溫期（乾季型）個體於翅腹面多了一些紅褐色斑點，而於後翅中央有幾枚銀白色小斑。

## 生態習性 Behaviors

一年多代。成蝶常在明亮開闊的環境活動，飛行快速敏捷，好訪花，雄蝶有溼地吸水習性。

## 雌、雄蝶之區分 Distinctions between sexes

雌蝶的黑褐色（紅褐色）斑紋較雄蝶發達，前翅後緣基部缺乏白色長毛，後翅中室前方無性斑。

## 近似種比較 Similar species

在臺灣地區與本種最近似的種類是遷粉蝶，但是遷粉蝶翅腹面缺乏本種擁有的波狀細紋，因此不難區別。

| 分布 Distribution | 棲地環境 Habitats | 幼蟲寄主植物 Larval hostplants |
|---|---|---|
| 在臺灣地區分布於臺灣本島平地至低、中海拔山地，以及離島澎湖、小琉球及東沙島。金門地區亦有分布。臺灣地區以外廣泛分布於東洋區與澳洲區的許多地區。 | 常綠闊葉林、熱帶季雨林、海岸林、都市林、疏灌草地、都市荒地。 | 望江南*Cassia*（*Senna*）*occidentalis*、毛決明*C. hirsuta*、澎湖決明*C. sophora*、翼柄決明*C. alata*、黃槐*C. sulfurea*、阿伯勒*C. fistula*等豆科Fabaceae植物。取食部位是葉片。 |

高溫型（雨季型）

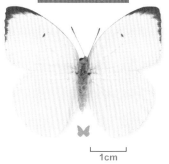

100%

1cm

1cm

| Variations | 豐度 / 現狀 Status | 附記 Remarks |
|---|---|---|
| 低溫型（乾季）個體較小型，翅背面黑褐色縮減並呈紅褐色，翅腹面暗色紋及銀白色斑擴大，雌蝶尤其明顯。 | 目前數量尚多。 | 在一九六○年代以前本種的不同季節型常被當成不同種類，高溫期型（夏型）常被稱為「波紋粉蝶」，低溫期型（秋型）則常被稱為「水青粉蝶」並使用*Catopsilia florella*（Fabricius, 1775）的學名，但是*C. florella*其實是只分布於非洲的非洲遷粉蝶。 |

低溫型（乾季型）

100%

1cm

♂

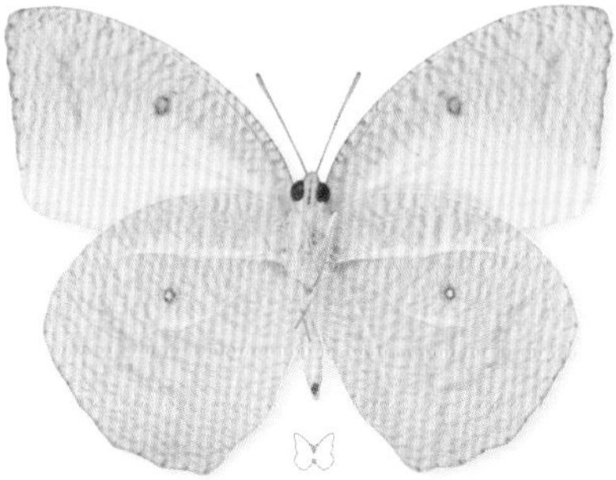

1cm

♀

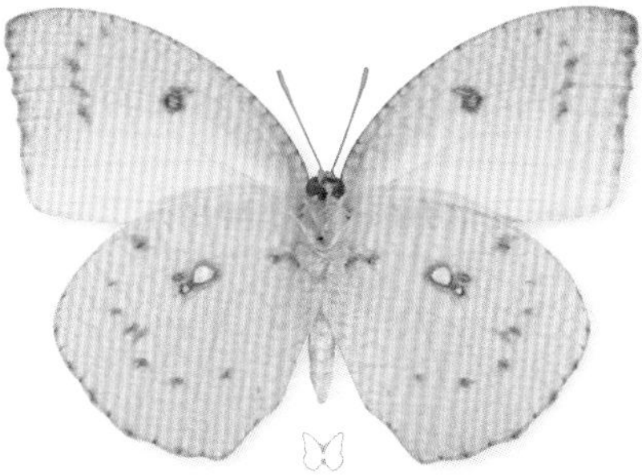

粉蝶科

遷粉蝶屬

# 遷粉蝶

*Catopsilia pomona* (Fabricius)

▌模式產地：*pomona* Fabricius, 1775：印度。

| 英 文 名 | Lemon Emigrant |

| 別　　名 | 銀紋淡黃蝶、無紋淡黃蝶、淡黃蝶、淺紋淡黃粉蝶、遷飛粉蝶、鐵刀木粉蝶 |

## 形態特徵 Diagnostic characters

　　雌雄斑紋相異。軀體背面黑褐色，覆有白色毛及鱗片；腹面白色。「無紋型」（form *crocale*）雄蝶翅背面底色白白，基半部有大片鵝黃色部分。前翅翅頂至外緣有黑褐色細紋。後翅中室前有一泥灰色性斑。翅腹面除前翅後側呈白色之外為鵝黃色。前翅後緣基部有一叢白色長毛。「銀紋型」（form *pomona*）雄蝶翅腹面底色較暗，翅面有褐色、紅褐色小紋，中室外端有銀白色小斑。雌蝶無性斑及前翅後緣長毛。「無紋型」雌蝶翅背面底色白或黃色，翅緣黑褐色斑紋較雄蝶發達，後翅外緣多了一黑褐色帶。翅腹面除前翅後側呈白色之外為黃色。「銀紋型」翅背面底色黃色，翅腹面橙色，亦有紅褐色斑點，後翅中室外端也有銀白色小斑。

## 生態習性 Behaviors

　　一年多代。成蝶常在林緣、樹冠、溪流沿岸活動，飛行快速敏捷，好訪花，雄蝶有聚集溼地吸水的習性。

## 雌、雄蝶之區分 Distinctions between sexes

　　雌蝶的黑褐色斑紋較雄蝶發達，前翅後緣基部缺乏白色長毛，後翅中室前方無性斑。

## 近似種比較 Similar species

　　在臺灣地區與本種最近似的種類是細波遷粉蝶，但是細波遷粉蝶翅腹面擁有本種缺乏的波狀細紋，因此不難區別。

| 分布 Distribution | 棲地環境 Habitats | 幼蟲寄主植物 Larval hostplants |
|---|---|---|
| 在臺灣地區分布於臺灣本島平地至低、中海拔山地，以及離島龜山島、澎湖、小琉球。蘭嶼及東沙島也有發現記錄。金門地區亦有分布。臺灣地區以外分布涵蓋東洋區與澳洲區大部分地區。 | 常綠闊葉林、熱帶季雨林、海岸林、都市林、疏灌草地、都市荒地。 | 豆科Fabaceae之鐵刀木*Cassia*（*Senna*）*siamea*、阿勃勒*C. fistula*、翼柄決明*C. alata*等豆科Fabaceae植物，偶爾在黃槐*C. sulfurea*上亦可見到幼蟲。取食部位是葉片。 |

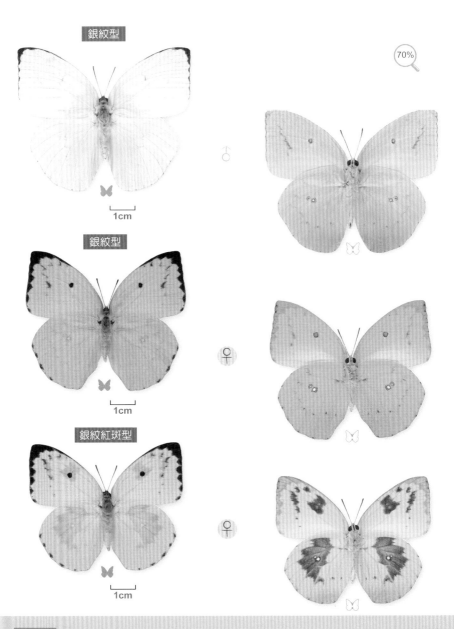

銀紋型

70%

銀紋型

1cm

♂

銀紋紅斑型

1cm

♀

1cm

♀

粉蝶科

遷粉蝶屬

**變異** Variations

多型性與季節變異十分明顯。「無紋型」多出現於高溫期，典型個體翅腹面幾近無紋，雌蝶翅背面底色近白色而有明顯黑褐色斑紋。「銀紋型」多出現於低溫期，典型個體翅腹面於中室端有銀白色小斑。雌蝶翅背面底色黃色，黑褐色斑紋縮減。「無紋型」與「銀紋型」的過渡型亦十分常見。另外，「銀紋型」中有的個體於翅腹面具有發達的紅斑，有時被特別稱為「紅斑型」或「赤斑型」form *catilla*。

32~37mm

0~2000m

1 2 3 4 5 6 7 8 9 10 11 12

無紋型

70%

1cm

♂

無紋型

1cm

♀

1cm

♀

| 豐度 / 現狀 Status | 附記 Remarks |
| --- | --- |
| 本種是數量很多的常見種。 | 過去本種的不同季節型被當成不同種類，高溫期的「無紋型」常被稱為「無紋淡黃蝶」，低溫期的「銀紋型」則常被稱為「銀紋淡黃蝶」，一九七○年代一系列由日籍學者進行的實驗證明這兩型是由日照長短及發育時的溫度引發的多表現性，兩者實係同一物種。臺灣南部的美濃地區由於過去栽植大量鐵刀木，使本種經常性大量發生，蔚為奇觀，有「黃蝶翠谷」的美稱。 |

# 黃裙遷粉蝶

*Catopsilia scylla cornelia* (Fabricius)

▌模式產地：*scylla* Linnaeus, 1763：印尼爪哇：*cornelia* Fabricius, 1787：緬甸。

英文名 | Orange Emigrant

別　名 | 鎬黃遷粉蝶、大黃裙粉蝶、成功黃裳粉蝶

## 形態特徵 Diagnostic characters

雌雄斑紋相異。軀體背面黑褐色，覆有白色毛及鱗片；腹面白色。雄蝶前翅背面底色白色。前翅翅頂至外緣有黑邊。後翅底色橙黃色，沿外緣有一列黑褐色小點。後翅中室前有一白色性斑。翅腹面除前翅後側呈白色以外呈橙黃色，翅面上有紅褐色小紋。前翅後緣基部有一叢白色長毛。雌蝶無性斑及前翅後緣長毛。雌蝶前翅翅背面底色米白色，翅緣黑褐色斑紋較雄蝶發達，於前翅外側多了一列排成縱列的黑褐色小紋。後翅底色淡橙黃色，翅緣黑褐色斑紋較雄蝶發達。翅腹面斑紋色彩類似雄蝶但泛紫色光澤。

## 生態習性 Behaviors

一年多代。成蝶常在林緣、公園、荒地活動，飛行快速敏捷，好訪花。

## 雌、雄蝶之區分 Distinctions between sexes

雌蝶的黑褐色斑紋較雄蝶發達，而前翅後緣基部缺乏白色長毛，後翅中室前方無性斑。

## 近似種比較 Similar species

在臺灣地區僅有黃裙脈粉蝶與本種斑紋略為相似，本種前、後翅翅腹面底色均呈黃色，黃裙脈粉蝶的黃色部分只限於後翅。

### 分布 Distribution

目前在臺灣地區主要見於臺灣本島南部平地及低山丘陵地。臺灣地區以外分布涵蓋東洋區與澳洲區熱帶地區。

### 棲地環境 Habitats

海岸林、都市林、疏灌草地、都市荒地。

### 幼蟲寄主植物 Larval hostplants

黃槐*Cassia*（*Senna*）*sulfurea*、決明*C. tora*、翼柄決明*S. alata* 等豆科Fabaceae植物。取食部位是葉片。

24~32mm

0~300m

1 2 3 4 5 6 7 8 9 10 11 12

1cm

100%

♂

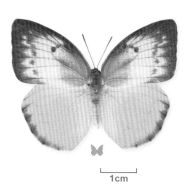

1cm

♀

| 變異 Variations | 豐度／現狀 Status | 附記 Remarks |
|---|---|---|
| 翅面黑褐色斑紋個體變異豐富，尤其是在雌蝶。 | 在發生地通常數量不少。 | 本種在臺灣地區發現的最早記錄可回溯到1962年，其後數十年間一直是發現記錄極其稀有的外來偶產種。一九九○年代本種在臺灣本島南部成功建立族群，並曾一度出現在臺北及蘭嶼，目前在臺灣南部部分地區仍然不難發現。 |

## 紋黃蝶屬　*Colias* Fabricius, [1807]

模式種 Type Species｜*Papilio hyale* Linnaeus, 1758，即淡色紋黃蝶*Colias hyale*（Linnaeus, 1758）。

**形態特徵與相關資料** Diagnosis and other information

中、小型粉蝶。前翅徑脈四分支，除了$R_1$單獨從中室伸出之外，餘下的三支$R$脈與$M_1$脈共柄。翅底色通常呈黃或白色。有些種類的雄蝶於後翅背面前側有性斑，更有部分種類翅表能在光線照射成特定角度時發出螢光。

紋黃蝶屬廣泛分布於全世界各主要大陸，而以全北區（舊北區及新北區）溫、寒帶地區為主，成員約有84種。

成蝶晴天時於草原、荒地、山坡地開闊處活動，訪花性明顯。

幼蟲寄主植物包括豆科Fabaceae、杜鵑科Ericaceae及楊柳科Salicaceae植物。

臺灣地區產一種。

・*Colias erate formosana* Shirôzu, 1955（紋黃蝶）

# 紋黃蝶

*Colias erate formosana* Shirôzu

▌模式產地：*erate* Esper, 1805：南俄羅斯；*formosana* Shirôzu, 1955：臺灣。

| 英 文 名 | Eastern Pale Clouded Yellow |
| --- | --- |
| 別　　名 | 斑緣豆粉蝶、黃紋粉蝶、黃紋蝶 |

**形態特徵** Diagnostic characters

軀體背面黑褐色，腹面白色或黃色。雄蝶前翅背面底色黃色。前翅外側黑褐色，內有一列黃色小紋。中室端有一黑褐色斑點。後翅有灰色鱗散布，外緣有一列黑褐色小紋，中室端有一橙紅色斑點。腹面底色黃色，前翅沿外緣內側有一列排成縱列的黑褐色斑點，中室端亦有一黑褐色斑點。後翅外側有紅褐色小點排成弧形。中室端有兩枚白色斑點。雌蝶分為黃色型及白色型兩型，黃色型斑紋色彩類似雄蝶，白色型則翅底色為白色。

| **分布** Distribution | **棲地環境** Habitats | **幼蟲寄主植物** Larval hostplants |
| --- | --- | --- |
| 在臺灣地區分布於本島中南部中、高海拔山地以及北部低地。離島龜山島、蘭嶼、東沙島及澎湖亦時有發現。金門、馬祖地區也有分布，屬於不同亞種。臺灣地區以外廣泛分布於歐亞大陸溫帶地區及非洲東部蘇丹、索馬利亞等地。 | 常綠闊葉林、海岸林、山地草地。 | 菽草*Trifolium repens*天藍苜蓿*Medicago lupulina*、草木樨*Melilotus suaveolns*及印度草木樨*M. indicus*等豆科Fabaceae植物。取食部位主要是葉片。 |

23~30mm

0~3000m

## 生態習性 Behaviors

一年多代。成蝶通常在明亮開闊的草原、草地、森林邊緣，甚至都市荒地活動，飛行活潑快速，好訪花。

## 雌、雄蝶之區分 Distinctions between sexes

雄蝶前翅外緣近於直線狀，雌蝶則較圓。雄蝶沒有雌蝶所具有的白色型，但是與黃色型雌蝶十分相似，只能藉由翅形與腹端區分。

## 近似種比較 Similar species

在臺灣地區沒有近似種。

低地型

120%

1cm

| 變異 Variations | 豐度／現狀 Status |
|---|---|
| 雌蝶有黃色型及白色型兩型。 | 數量通常不多。 |

低地白色型

1cm

♀

120%

低地黃色型

1cm

♀

♀

附記　Remarks

本種常於秋季至春季出現在臺灣本島北部、東北部低地及臺東蘭嶼，此等個體通常體型較大且與分布於日本等北方地區的亞種ssp. *poliographus* Motschulsky,1860（模式產地：日本）相似，由於牠們被發現的地區與中、南部海拔較高的紋黃蝶分布地區間鮮少有發現記錄，不能排除牠們是隨東北季風由北方飛來並作季節性繁殖的可能性。另外，金門、馬祖地區產的紋黃蝶前翅翅頂黑褐色斑紋發達，屬於亞種ssp. *sinensis* Verity,1911（模式產地：中國）。

山地型

1cm

山地白色型

1cm

山地黃色型

1cm

♂

120%

♀

♀

# 鉤粉蝶屬 *Gonepteryx* Leach, [1815]

模式種 Type Species | *Papilio rhamni* Linnaeus, 1758，即鉤粉蝶 *Gonepteryx rhamni*（Linnaeus, 1758）。

## 形態特徵與相關資料 Diagnosis and other information

中型粉蝶。前翅翅頂明顯向外突出而呈鉤狀，後翅於$CuA_1$脈末端脈突出成一尖角。前、後翅中室端有橙紅色小斑點。

鉤粉蝶廣泛分布於舊世界大陸，所屬種類特徵十分均質，不易分類，成員約有13種。

成蝶於山坡、森林邊緣活動，有訪花習性。大部分種類一年一化，冬季以成蟲態過冬。

幼蟲寄主植物為鼠李科Rhamnaceae植物。

分布於臺灣地區的種類有兩種，均係固有種。

- *Gonepteryx amintha formosana*（Fruhstorfer, 1908）（圓翅鉤粉蝶）
- *Gonepteryx taiwana* Paravicini, 1913（臺灣鉤粉蝶）

臺灣地區
## 檢索表                                         鉤粉蝶屬雄蝶

**Key to males of the species of the genus *Gonepteryx* in Taiwan**

❶ 後翅後緣明顯呈波狀； 雄蝶前、後翅背面底色相同..............................
...................................................................... *taiwana*（臺灣鉤粉蝶）

　後翅後緣甚圓，不呈波狀； 雄蝶前、後翅背面底色不同 ..............................
...................................................................... *amintha*（圓翅鉤粉蝶）

圓翅鉤粉蝶*Gonepteryx amintha formosana*（屏東縣霧臺鄉阿禮，
1300 m，2009. 06. 06.）。

臺灣鉤粉蝶*Gonepteryx taiwana*（花蓮縣秀林鄉合歡山，3000 m，
2014. 09. 01.）。

# 圓翅鉤粉蝶

*Gonepteryx amintha formosana* (Fruhstorfer)

|模式產地：*amintha* Blanchard, 1871；四川；*formosana* Fruhstorfer, 1908；臺灣。

別　　名｜紅點粉蝶、臺灣山黃蝶、橙翅鼠李蝶

粉蝶科　鉤粉蝶屬

## 形態特徵 Diagnostic characters

雌雄斑紋相異。軀體背面黑褐色，腹面白色；觸角紫紅色，頂端桃紅色。後翅近圓形。雄蝶前翅翅背面橙黃色，後翅黃色。前、後翅中室端均有一橙紅斑點。腹面底色黃白色，前翅後側淺黃色。前、後翅中室端均有一紅褐色斑點。後翅有淡色斜線紋由翅基沿中室前側及Rs脈、中室後側及$M_3$、$CuA_1$、$CuA_2$、1A+2A脈、脈向外延伸。雌蝶翅背面白色，腹面底色為略帶綠色的白色，其他斑紋則與雄蝶相似。

## 生態習性 Behaviors

一年多代。成蝶常在溪流沿岸、森林邊緣活動，飛行活潑敏捷，好訪花。

## 雌、雄蝶之區分 Distinctions between sexes

雄蝶前、後翅背面底色相異，雌蝶則相似。

## 近似種比較 Similar species

在臺灣地區的唯一近似種是臺灣鉤粉蝶，可利用以下特徵區別：本種雄蝶前、後翅背面底色相異，臺灣鉤粉蝶則相同；本種後翅外緣輪廓呈圓弧狀，臺灣鉤粉蝶則呈鋸齒狀；本種體型通常比臺灣鉤粉蝶大型。

| 分布 Distribution | 棲地環境 Habitats | 幼蟲寄主植物 Larval hostplants |
|---|---|---|
| 在臺灣地區分布於本島低地至中海拔山地。離島澎湖曾有發現記錄，但是近年的調查研究均未有發現。臺灣地區以外分布於華西、華中、華南、華東等地區。 | 常綠闊葉林、常綠落葉闊葉混生林、常綠硬葉林暖溫性針葉林。 | 鼠李科Rhamnaceae的桶鉤藤*Rhamnus formosana*及小葉鼠李*R. parvifolia*。取食部位是葉片。 |

368

32~36mm

3000
2000
1000
0

0~2500m

1cm

100%

♂

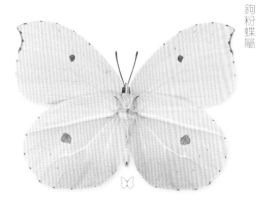

1cm

♀

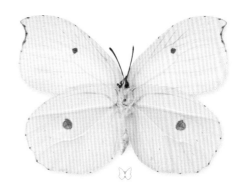

# 臺灣鉤粉蝶

*Gonepteryx taiwana* Paravicini

▌模式產地：*taiwana* Paravicini, 1913：臺灣。

別　名｜小紅點粉蝶、臺灣小山黃蝶、臺灣鼠李粉蝶、鋸緣紅點粉蝶

粉蝶科

鉤粉蝶屬

## 形態特徵 Diagnostic characters

　　軀體背面黑褐色，腹面白色，觸角紫紅色。後翅外緣明顯作鋸齒狀。雄蝶前翅背面基部淺黃色。前、後翅中室端均有一橙紅斑點。腹面底色為略帶綠色的白色，前翅後側白色。前、後翅中室端均有一紅褐色斑點。後翅有淡色斜線紋由翅基沿中室前側及Rs脈、中室後側及$M_3$、$CuA_1$、$CuA_2$脈、1A+2A脈向外延伸。雌蝶翅背面為略帶綠色的白色，腹面底色與翅背面類似，其他斑紋則與雄蝶相似。

## 生態習性 Behaviors

　　一年一代，冬季以成蟲休眠過冬，春季起眠後出來活動的個體翅膀常污損殘破。成蝶常在溪流沿岸、森林邊緣活動，飛行活潑敏捷，好訪花。

## 雌、雄蝶之區分 Distinctions between sexes

　　雄蝶前翅背面基部有一片淺黃色部分，雌蝶則沒有。

## 近似種比較 Similar species

　　在臺灣地區的唯一近似種是圓翅鉤粉蝶，以下特徵可資區別：本種雄蝶前、後翅背面底色相似，圓翅鉤粉蝶則明顯相異；本種後翅外緣輪廓呈鋸齒狀，圓翅鉤粉蝶則呈圓弧狀；本種體型通常比圓翅鉤粉蝶小型。

| 分布 Distribution | 棲地環境 Habitats | 幼蟲寄主植物 Larval hostplants |
|---|---|---|
| 主要分布於臺灣本島中、高海拔山地。目前一般視為臺灣特有種。 | 常綠闊葉林、暖溫性針葉林、涼溫性針葉林、常綠落葉闊葉混生林、常綠硬葉林。 | 鼠李科 Rhamnaceae的中原氏鼠李 *Rhamnus nakaharai*、小葉鼠李 *R. parvifolia*等。取食部位是葉片。 |

30~32mm

~3000
~2000
~1000
~0
1000~3000m

1 2 3 4 5 6 7 8 9 10 11 12

85%

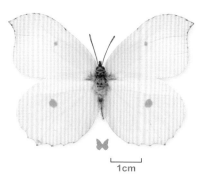

1cm

♂

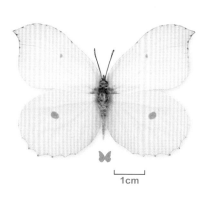

1cm

♀

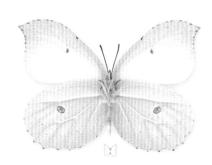

| 變異 Variations | 豐度／現狀 Status | 附記 Remarks |
|---|---|---|
| 不顯著。 | 目前數量尚多。 | 本種與西藏尖鉤粉蝶*G. maharuru* Gistel,1857（模式產地：喜馬拉雅）及尖鉤粉蝶*G. aspasia* Ménétriès,1859（模式產地：阿穆爾）近緣，但是利用紫外光照射翅面卻顯現與這兩種鉤粉蝶迥異的花紋。 |

# 黃蝶屬

*Eurema* Hübner, [1819]

模式種 Type Species | *Papilio delia* Cramer, [1780]，但該學名係*Papilio delia* Denis & Schiffermüller, [1775] 的次級異物同名。可用來代表*Papilio delia* Cramer 最早的學名是 *Eurema demoditas* Hübner, [1819] 及 *Pieris daira* Godart, [1819]，而後者因廣為人知而適用，現在則稱為仙黃蝶*Eurema daira*（Godart, [1819]）。

## 形態特徵與相關資料 Diagnosis and other information

中、小型粉蝶。前翅徑脈四分支，$R_1$及$R_{2+3}$均單獨發自中室，$R_4+R_5$則與$M_1$共柄。翅背面斑紋多為黃底黑緣。雄蝶依種類不同而在翅面不同位置具有性標，也有缺少性斑的種類。種間形態差異小而季節變異顯著。鑑定上最有用的特徵是雄蝶抱器內側突起的數目與分布。雌雄二型性不明顯，通常雌蝶色彩較淺。

成蝶訪花習性明顯，雄蝶多有群聚於溼地吸水之習性，常形成複數種類一齊溪水的情形。

幼蟲寄主植物包括豆科Fabaceae、鼠李科Rhamnaceae、大戟科Euphorbiaceae植物及藤黃科Guttiferceae植物。

目前已知分布於臺灣地區的種類有七種，均係原生固有種。

- *Eurema brigitta hainana*（Moore, 1878）（星黃蝶）
- *Eurema laeta punctissima*（Matsumura, 1909）（角翅黃蝶）
- *Eurema andersoni godana*（Fruhstorfer, 1910）（淡色黃蝶）
- *Eurema hecabe hecabe*（Linnaeus, 1758）（黃蝶）
- *Eurema mandarina*（de I' Orza, 1869）（北黃蝶）
- *Eurema alitha esakii* Shirôzu, 1953（島嶼黃蝶）
- *Eurema blanda arsakia*（Fruhstorfer, 1910）（亮色黃蝶）

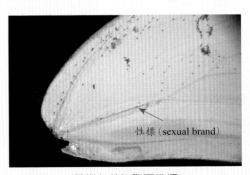

性標（sexual brand）

黃蝶左前翅腹面性標

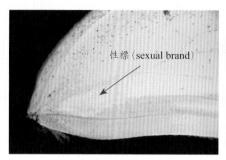

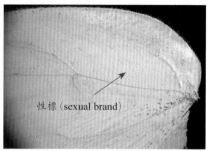

角翅黃蝶左前翅腹面性標　　　　角翅黃蝶左後翅背面性標

## 檢索表　　　　　　　　　　　　　　　黃蝶屬

Key to the species of the genus *Eurema* in Taiwan

**❶** 後翅Rs室、$M_1$室、$M_2$室黑褐色紋連成一線紋；雄蝶前翅腹面CuA脈上無性標 ............................................................................................................ **❷**

後翅Rs室、$M_1$室、$M_2$室黑褐色紋不形成一線紋；雄蝶前翅腹面CuA脈上有性標 ............................................................................................................ **❸**

**❷** 後翅$M_3$脈末端呈角狀；前翅腹面中室端只有一小黑點；雄蝶前翅腹面$CuA_2$室基部具性標 ..................................................... *laeta*（角翅黃蝶）

後翅後緣圓弧狀；前翅腹面中室端黑褐色紋時常分成兩小紋；雄蝶無性標 ... ............................................................................... *brigitta*（星黃蝶）

**❸** 前翅腹面中室內只有一個黑褐色紋 ........................... *andersoni*（淡色黃蝶）

前翅腹面中室內有兩至三個黑褐色紋 ........................................................ **❹**

**❹** 前翅腹面中室內有三個黑褐色紋；後翅後緣圓弧狀 ........ *blanda*（亮色黃蝶）

前翅腹面中室內有兩個黑褐色紋；後翅$M_3$室末端略呈角狀 ...................... **❺**

**❺** 腹面無黑褐色鱗散布；雄蝶高溫期個體前翅背面前緣有黑褐色條紋 ............. ........................................................................... *alitha*（島嶼黃蝶）

翅腹面有黑褐色鱗散布；雄蝶高溫期個體前翅背面前緣缺乏黑褐色條紋 ... **❻**

**❻** 前翅緣毛均呈黃色 .............................................. *mandarina* （北黃蝶）

前翅緣毛混有褐色部分 ......................................... *hecabe*（黃蝶）

# 星黃蝶

*Eurema brigitta hainana* (Moore)

▌模式產地：*brigitta* Cramer, 1780：幾內亞；*hainana* Moore, 1878：海南。

| 英 文 名 | Small Grass Yellow |

| 別　　名 | 無標黃粉蝶、星點黃蝶 |

## 形態特徵 Diagnostic characters

軀體黃色，背面有黑褐色紋。後翅後緣圓弧狀。雄蝶翅背面黃色，於前翅翅頂至外緣及後翅外緣有黑褐色紋，黑褐色紋內側鋸齒狀。翅腹面底色黃色，前、後翅中室端均有一黑褐色小點。後翅有黑褐色斑點及線紋，Rs室、$M_1$室、$M_2$室黑褐色紋相連成一線紋。雌蝶斑紋與雄蝶相似，但色彩較淺，翅面黑褐色斑紋較不鮮明。

## 生態習性 Behaviors

一年多代。成蝶常在明亮開闊的環境活動，一般靠近地面活潑飛行，好訪花，雄蝶會聚集溼地吸水。

## 雌、雄蝶之區分 Distinctions between sexes

與雄蝶相較，雌蝶翅背面底色較雄蝶淺，上面還多了一些暗色鱗。

## 近似種比較 Similar species

雖然黃蝶屬蝴蝶外觀上都很相似，本種後翅腹面的斑紋排列仍足以將本種與其他種類的黃蝶作區分。另外，本種的雄蝶也是臺灣的黃蝶屬中唯一不具有性標的種類。

| 分布 Distribution | 棲地環境 Habitats | 幼蟲寄主植物 Larval hostplants |
|---|---|---|
| 在臺灣地區分布於臺灣本島平地至中海拔山地，北部地區棲地少。臺灣地區以外分布於非洲區、東洋區及澳洲區的許多地區，但是不見於鄰近臺灣的菲律賓地區。 | 疏灌草地、農田、荒地、河堤邊。 | 豆科 Fabaceae 的假含羞草 *Cassia* (*Chamaecrista*) *mimosoides*。取食部位是葉片。 |

15~23mm

3000
2000
1000
0

0~2000m

130%

1cm

♂

1cm

♀

| 變異 Variations | 豐度 / 現狀 Status | 附記 Remarks |
|---|---|---|
| 高溫期個體體型較大，緣毛呈黑色；低溫期個體體型較小，緣毛呈桃紅色。 | 目前數量尚多，但是產地局限。 | 由於幼蟲食性範圍窄，本種的存在與其寄主植物假含羞草的存在密切相關。 |

# 角翅黃蝶 特有亞種

*Eurema laeta punctissima* (Matsumura)

▎模式產地：*laeta* Boisduval, 1836；孟加拉；*punctissima* Matsumura, 1909：臺灣。

| 英 文 名 | Spotless Grass Yellow |
|---|---|
| 別　　名 | 端黑黃蝶、角黃蝶、巨標黃粉蝶、尖角黃粉蝶 |

## 形態特徵 Diagnostic characters

　　軀體黃色，背面有黑褐色紋。前翅外緣甚直，與後緣成直角。後翅後緣於$M_3$脈末端呈角狀。雄蝶翅背面黃色，於前翅翅頂至外緣及後翅外緣有黑褐色紋，後翅外緣的黑褐色紋於高溫期較明顯。翅腹面底色黃色，但於低溫期泛磚紅色。後翅前半部有幾個黑褐色小斑點，後半部有一長一短兩條平行線紋。前翅腹面於$CuA_2$室基部及後翅背面$Sc+R_1$室各有一桃紅色性標。雌蝶無性斑，斑紋與雄蝶相似，但色彩較淺，翅面不鮮明。

## 生態習性 Behaviors

　　一年多代。成蝶在明亮開闊的環境活動，一般貼近地面活潑飛行，會訪花，雄蝶會聚集溼地吸水。

## 雌、雄蝶之區分 Distinctions between sexes

　　雌蝶翅背面多了一些暗色鱗、缺乏性標。高溫期雌蝶翅底色較雄蝶淺。

## 近似種比較 Similar species

　　本種的前翅角狀翅頂與後翅腹面的平行線紋足以與其他種類的黃蝶作區分。另外，本種雄蝶的性標位置與色彩也明顯與其他種類的黃蝶迥異。

| 分布 Distribution | 棲地環境 Habitats | 幼蟲寄主植物 Larval hostplants |
|---|---|---|
| 在臺灣地區主要分布於臺灣本島中、南部低至中海拔山地。臺灣地區以外分布於日本、朝鮮半島南部、南亞、中南半島北部、呂宋島、華東、華南、華西南等地區，經過大範圍的東南亞分布空白後，再出現於峇里島、澳洲區澳洲東、北部及新幾內亞等地區，分布樣式十分特殊。 | 疏灌草地、荒地。 | 豆科Fabaceae的假含羞草*Cassia* (*Chamaecrista*) *mimosoides*。取食部位是葉片。 |

18~21mm

1 2 3 4 5 6 7 8 9 10 11 12

200~2500m

高溫型（雨季型）

1cm

♂

130%

1cm

♀

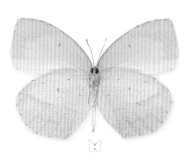

| 變異 Variations | 豐度／現狀 Status | 附記 Remarks |
|---|---|---|
| 低溫期個體前翅翅頂尖銳，翅腹面泛磚紅色；高溫期個體前翅翅頂較鈍，翅腹面不呈磚紅色。 | 近年來數量減少，值得多加注意。臺灣北部近年來缺乏觀察記錄，中、南部也有不少棲地因開發或其他原因消失。 | 本種幼蟲食性與星黃蝶雷同，但是在臺灣族群量減少的情形卻比較嚴重，原因有待深入研究。 |

低溫型（乾季型）

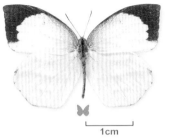

1cm

130%

♂

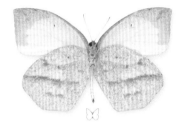

1cm

♀

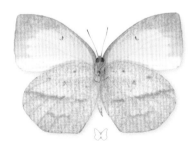

# 淡色黃蝶

*Eurema andersoni godana* (Fruhstorfer)

模式產地：*andersoni* Moore, 1886：緬甸南部；*godana* Fruhstorfer, 1910：臺灣。

| 英 文 名 | One-spot Grass Yellow |
| --- | --- |
| 別 名 | 一點黃粉蝶、淡黃蝶、安迪黃粉蝶 |

## 形態特徵 Diagnostic characters

軀體黃色，背面有黑褐色紋。後翅後緣圓弧狀。雄蝶翅背面為明亮的淺黃色，於前翅翅頂至外緣有黑褐色紋，此黑褐色紋常於$M_3$及$CuA_1$室形成向外的凹陷，沿前緣亦常有黑褐色條紋。後翅外緣亦有黑褐色紋。翅腹面底色亦為淺黃色。前、後翅中室端有一黑褐色鏤空短條。前翅翅頂內側有一褐色斑；中室內有一黑褐色細紋。後翅基部附近有三枚黑褐色鏤空斑點，外半部有黑褐色紋排成波浪狀。前翅腹面於中室後緣之CuA脈上有一白色線形性標。雌蝶無性標，斑紋與雄蝶相似，但色彩更淺。

## 生態習性 Behaviors

一年多代。成蝶常在林間、林緣、溪流邊活潑飛行，會訪花，雄蝶會聚集溼地吸水。

## 雌、雄蝶之區分 Distinctions between sexes

雌蝶缺乏性標，而且前翅背面前緣缺乏雄蝶具有的黑褐色條紋。

## 近似種比較 Similar species

前翅腹面中室內僅有一只黑褐色細紋，以及後翅腹面波浪狀黑褐色紋的特徵即足以將本種與其他黃蝶屬種類作區分。

| 分布 Distribution | 棲地環境 Habitats | 幼蟲寄主植物 Larval hostplants |
| --- | --- | --- |
| 在臺灣地區主要分布於本島低至中海拔地區，綠島也有發現記錄。臺灣地區以外主要分布於東洋區各地，但是分布區域頗為零散、局部化。 | 常綠闊葉林、熱帶季雨林、海岸林。 | 鼠李科Rhamnaceae的翼核木*Ventilago elegans*與光果翼核木*V. leiocarpa*。取食部位是葉片。 |

<br/>

粉蝶科

黄蝶屬

高溫型（雨季型）

130%

1cm

♂

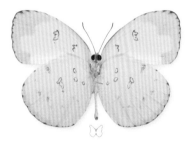

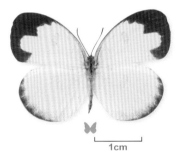

1cm

♀

| 變異 Variations | 豐度／現狀 Status | 附記 Remarks |
|---|---|---|
| 與低溫期個體相較，高溫期雄蝶個體前翅背面前緣黑褐色條紋較明顯。雌蝶後翅背面外緣黑褐色斑紋較發達。另外，前翅腹面接近翅頂的褐色紋於低溫期較發達。 | 通常數量不多，但是在寄主植物生長繁茂處有時為數頗多。 | 本種的分布樣式頗為有趣，鄰近臺灣的呂宋、中國大陸華東、華南地區均無本種分布，地理上與臺灣的本種族群距離最近的是遠在菲律賓巴拉望的族群。 |

16~22mm

0~2000m

130%

低溫型（乾季型）

1cm

1cm

# 黃蝶

*Eurema hecabe hecabe* (Linnaeus)

▌模式產地：*hecabe* Linnaeus, 1758：廣東。

| 英 文 名 | Common Grass Yellow |
|---|---|

| 別　　名 | 寬邊黃粉蝶、荷氏黃蝶 |
|---|---|

## 形態特徵 Diagnostic characters

軀體黃色，背面有黑褐色紋。後翅後緣於$M_3$室呈角狀。

雄蝶翅背面黃色，於前翅翅頂至外緣有黑褐色紋，此黑褐色紋常於$M_3$及$CuA_1$室形成向外的凹陷。後翅外緣亦有黑褐色紋，但在低溫期減退。翅腹面底色亦為黃色。前、後翅中室端有一黑褐色鏤空短條。前翅翅頂內側常有一褐色斑；中室內通常有兩枚黑褐色細紋。前翅緣毛黃色中帶褐色。後翅基部附近有三枚黑褐色小斑點，外半部有黑褐色紋參差排列。前翅腹面於中室後緣之$CuA$脈上有一白色線形性標。

雌蝶無性標，斑紋與雄蝶相似，但翅底色呈淺黃色

## 生態習性 Behaviors

一年多代。成蝶常在草原、草地、森林邊緣、溪流沿岸、海邊、鄉村農田、都市荒地、公園、墓地各種環境活動，靠近地面緩慢飛行，好訪花，雄蝶常聚集溼地吸水。

## 雌、雄蝶之區分 Distinctions between sexes

雄蝶前翅腹面於中室後緣之$CuA$脈上有一白色線形性標，雌蝶則無性標。另外，雌蝶翅面底色較雄蝶淺而呈淡黃色。

## 近似種比較 Similar species

北黃蝶與本種十分相似，可藉以下幾點分辨：北黃蝶前翅緣毛為均一的黃色，本種則在黃色緣毛

## 分布 Distribution

在臺灣地區廣泛分布於本島平地至中海拔山地，離島龜山島、綠島、蘭嶼及澎湖、彭佳嶼亦有發現記錄。金門與馬祖地區也有分布，臺灣地區以外廣泛分布於東洋區、澳洲區、非洲區及舊北區東南部的廣大地區。

## 棲地環境 Habitats

常綠闊葉林、海岸林、熱帶季雨林、農田、都市林、都市荒地、疏灌草地。

17~26mm

1 2 3 4 5 6 7 8 9 10 11 12

0~2000m

中雜有褐色緣毛；北黃蝶低溫期個體黑褐色斑紋明顯減退，尤其是雌蝶，有時幾乎完全消失，本種在低溫期雖然黑褐色斑紋也減退，但是程度較弱，通常翅外緣仍然有黑邊。

 130%

高溫型（雨季型）

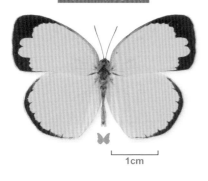

♂

1cm

♀

1cm

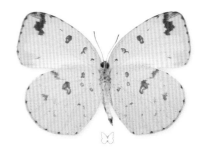

---

**幼蟲寄主植物** Larval hostplants

許多豆科Fabaceae植物，如合歡 Albizia julibrissin、黃槐 Cassia（Senna）sulfurea、鐵刀木 C. siamea、阿勃勒 C. fistula、翼柄決明 C. alata、金龜樹 Pithecellobium dulce、田菁 Sesbania cannabiana，合萌 Aeschynomene indica等，以及大戟科Euphorbiaceae之紅仔珠 Breynia officinalis。取食部位是葉片。

**變異** Variations

季節變異十分顯著，低溫期個體翅背面外緣黑褐色紋減退，腹面散布的黑褐色鱗則增加。

低溫型（乾季型）

130%

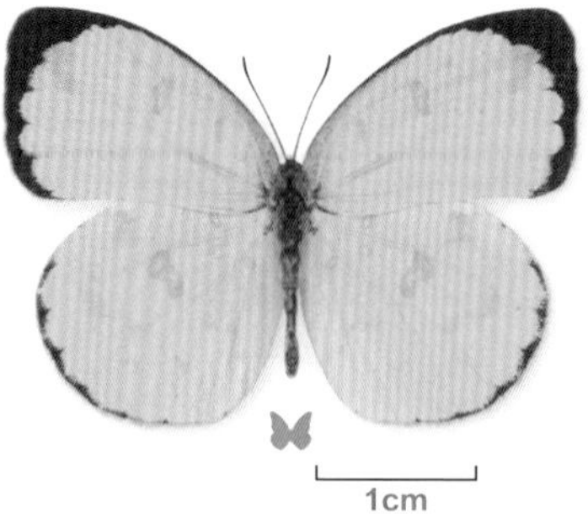

1cm

♂

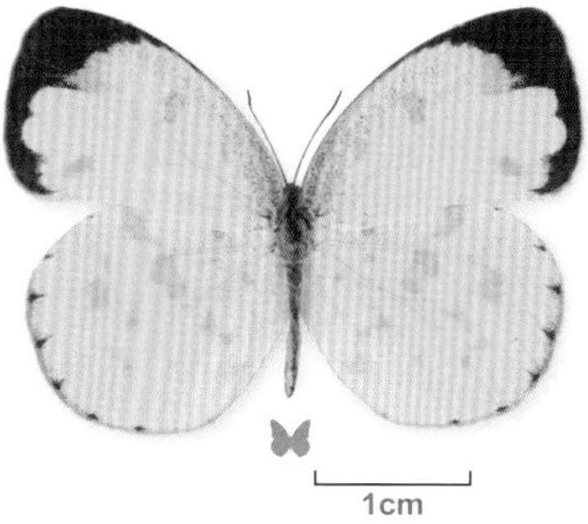

1cm

♀

豐度／現狀　Status　附記　Remarks

本種是數量豐富的常見種。

本種是世界上黃蝶屬中分布最廣、最常見的種類，堪稱黃蝶屬的代表種，牠常被用來當作昆蟲生態、生理、演遺傳研究的材料。

本種與北黃蝶是近年才藉由食性檢測及分子證據分離成兩生物種的，不能排除本種族群中仍包含有其他生物種。與北黃蝶相較，本種比較偏熱帶性，棲地海拔較低、較熱、較乾燥。

# 北黃蝶

*Eurema mandarina mandarina* (de l'Orza)

▌模式產地：*mandarina* de l'Orza, 1869：日本。

英文名 | Mandarin Grass Yellow

## 形態特徵 Diagnostic characters

　　軀體黃色，背面有黑褐色紋。後翅後緣於M₃室呈角狀。雄蝶翅背面黃色，於前翅翅頂至外緣常有黑褐色紋，此黑褐色紋常於M₃及CuA₁室形成向外的凹陷。後翅外緣亦有黑褐色紋，但在低溫期明顯減退。翅腹面底色亦為黃色。前、後翅中室端有一黑褐色鏤空短條。中室內通常有兩枚黑褐色細紋。前翅緣毛黃色。後翅基部附近有三枚黑褐色小斑點，外半部有黑褐色紋參差排列。前翅腹面於中室後緣之CuA脈上有一白色線形性標。雌蝶無性標，斑紋與雄蝶相似，但翅底色呈淺黃色。

## 生態習性 Behaviors

　　一年多代。成蝶常在森林邊緣及溪流沿岸靠近地面緩慢飛行，好訪花，雄蝶會聚集溼地吸水。

## 雌、雄蝶之區分 Distinctions between sexes

　　雄蝶前翅腹面於中室後緣之CuA脈上有一白色線形性標，雌蝶則無性標。另外，雌蝶翅面底色較雄蝶淺而呈淡黃色。

## 近似種比較 Similar species

　　黃蝶與本種十分相似，以下特徵可資區分：黃蝶前翅緣毛雜有褐色緣毛，本種則為均一的黃色；黃蝶低溫期個體黑褐色斑紋減退程度較本種低，一般翅外緣仍有黑邊，本種則常有黑褐色斑紋幾乎完全消失的情形。

| 分布 Distribution | 棲地環境 Habitats | 幼蟲寄主植物 Larval hostplants |
|---|---|---|
| 目前臺灣地區的已知分布地區在臺灣本島低至中海拔山地，離島尚待調查。臺灣地區以外分布於日本、朝鮮半島南部、華北、華中等地區。 | 常綠闊葉林、常綠落葉闊葉混生林。 | 鼠李科Rhamnaceae之桶鉤藤 *Rhamnus formosana*、小葉鼠李 *R. parvifolia*、雀梅藤 *Sageretia thea* 及豆科Fabaceae的鐵掃帚 *Lespedeza cuneata*、毛胡枝子 *L. formosa* 等。取食部位是葉片。 |

高溫型（雨季型）

♂

1cm

130%

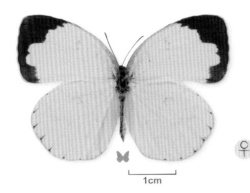

♀

1cm

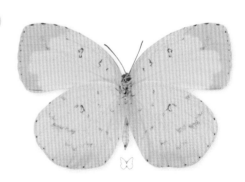

| 變異 Variations | 豐度／現狀 Status | 附記 Remarks |
|---|---|---|
| 季節變異十分顯著，低溫期個體翅背面外緣黑褐色紋減退，腹面散布的黑褐色鱗則增加。 | 本種是數量豐富的常見種。 | 本種是近年才被從黃蝶分離出來的種類，與黃蝶相較，本種比較偏溫帶性，棲地海拔較高、較冷涼、較潮溼，不過兩者還是常常能在同一個棲地發現。 |

1 2 3 4 5 6 7 8 9 10 11 12

低溫型（乾季型）

130%

1cm

♂

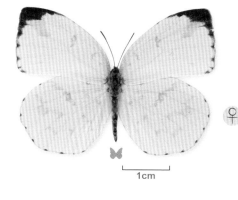

1cm

♀

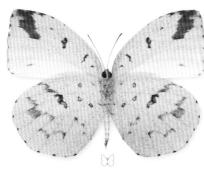

緣毛
（wing cilia）

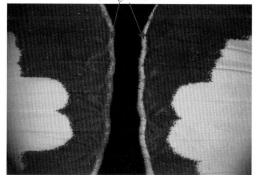

黃蝶（左圖）與北黃蝶（右圖）前翅緣毛比較

387

# 島嶼黃蝶 特有亞種

*Eurema alitha esakii* Shirôzu

模式產地：*alitha* C. & R. Felder, 1862：民答那峨；*esakii* Shirôzu, 1953：臺灣。

別　名│江崎黃蝶、黑緣黃蝶、臺灣黃粉蝶

粉蝶科

黃蝶屬

## 形態特徵 Diagnostic characters

軀體黃色，背面有黑褐色紋。後翅後緣於M₃室呈角狀。雄蝶翅背面黃色，於前翅翅頂至外緣有黑褐色紋，此黑褐色紋常於M₃及CuA₁室形成向外的凹陷。前翅前緣有黑褐色條紋。後翅外緣亦有黑褐色紋，但在低溫期減退。翅腹面底色亦為黃色。前、後翅中室端有一黑褐色鑲空短條。前翅翅頂內側有一褐色斑；中室內通常有兩枚黑褐色細紋。後翅基部附近有三枚黑褐色小斑點，外半部有黑褐色紋參差排列。前翅腹面於中室後緣之CuA脈上有一白色線形性標。雌蝶無性標，斑紋與雄蝶相似，但翅底色呈淺黃色。

## 生態習性 Behaviors

一年多代。成蝶常在林間、林緣、溪流邊活潑飛行，訪花性明顯，雄蝶會聚集溼地吸水。

## 雌、雄蝶之區分 Distinctions between sexes

雌蝶缺乏性標，翅底色較淺，前翅背面前緣黑褐色條紋不明顯或缺乏。

## 近似種比較 Similar species

由於前翅腹面中室內有兩枚黑褐色細紋並且後翅後緣於M₃室呈角狀，在臺灣地區本種與黃蝶及北黃蝶最相似，與這兩種黃蝶的差異主要是本種的翅腹面缺少牠們所具有的黑褐色鱗。

| 分布 Distribution | 棲地環境 Habitats | 幼蟲寄主植物 Larval hostplants |
|---|---|---|
| 在臺灣地區分布於本島低至中海拔地區。離島綠島與蘭嶼也有發現記錄，但是有待進一步調查確認。東沙島及金門地區亦有記錄，鑑定可能有誤。臺灣地區以外廣泛分布於東洋區及澳洲區的島嶼部分，而不見於大陸部分。 | 常綠闊葉林、熱帶季雨林、海岸林。 | 豆科Fabaceae之細花乳豆*Galactia tenuiflora*。取食部位是葉片。 |

19~22mm

0→2500m

| 1 | 2 | 3 | 4 | 5 | 6 | 7 | 8 | 9 | 10 | 11 | 12 |

130%

高溫型（雨季型）

1cm

♂

1cm

♀

粉蝶科

黃蝶屬

| 變異 Variations | 豐度／現狀 Status | 附記 Remarks |
|---|---|---|
| 高溫期個體後翅背面黑褐色斑紋發達。低溫期個體後翅背面黑褐色斑紋減退。前翅腹面接近翅頂的褐色紋於低溫期較發達。 | 目前數量尚多，以臺灣中、南部較為常見。 | 由於本種基本上是海洋島嶼性物種，牠棲息在鄰近亞洲大陸的地區，如金門、馬祖等的可能性不高。 |

低溫型（乾季型）

1cm

1cm

# 亮色黃蝶

*Eurema blanda arsakia* (Fruhstorfer)

▌模式產地：*blanda* Boisduval, 1836：爪哇；*arsakia* Fruhstorfer, 1910：臺灣。

| 英 文 名 | Three-spot Grass Yellow |
|---|---|

| 別　　名 | 三點黃粉蝶、檗黃粉蝶、臺灣黃蝶、爪哇黃蝶 |
|---|---|

## 形態特徵 Diagnostic characters

軀體黃色，背面有黑褐色紋。後翅後緣圓弧狀。雄蝶翅背面淺黃色，於前翅翅頂至外緣有黑褐色紋，此黑褐色紋常於$M_3$及$CuA_1$室形成向外的凹陷。後翅外緣亦有黑褐色紋，在低溫期較細。翅腹面底色亦為淺黃色。前、後翅中室端有一黑褐色鑲空短條。中室內通常有三枚黑褐色細紋。後翅基部附近有三枚黑褐色小斑點，外半部有黑褐色紋參差排列。前翅腹面於中室後緣之CuA脈有一白色線形性標。雌蝶無性標，斑紋與雄蝶相似，但翅底色更淺。

## 生態習性 Behaviors

一年多代。成蝶常在林間、林緣、溪流邊、公園活潑飛行，訪花性明顯，雄蝶會聚集溼地吸水。卵聚產成卵塊，幼蟲行群居生活，數量多時常吃掉寄主植物大量葉片。

## 雌、雄蝶之區分 Distinctions between sexes

雌蝶缺乏性標，翅底色較淺。

## 近似種比較 Similar species

前翅腹面中室內有三枚黑褐色細紋是本種最顯著的特徵。另外，本種與淡色黃蝶的雄蝶底色比臺灣地區產的其他種類黃蝶來得色淺。

| 分布 Distribution | 棲地環境 Habitats | 幼蟲寄主植物 Larval hostplants |
|---|---|---|
| 在臺灣地區分布於本島低至中海拔地區以及離島龜山島、蘭嶼與澎湖。臺灣地區以外廣泛分布於東洋區及澳洲區各地。 | 常綠闊葉林、熱帶季雨林、海岸林、都市林。 | 合歡 *Albizia julibrissin*、大葉合歡 *A. lebbek*、麻六甲合歡 *A. falcata*、頷垂豆 *Archidendron lucidum*、搭肉刺 *Ceasalpinia crista*、蓮實藤 *C. minax*、恆春皂莢 *Gleditsia rolfei*、鐵刀木 *Cassia*（*Senna*）*siamea*、翼柄決明 *C. alata*、阿勃勒 *C. fistnla*、粉撲花 *Calliandra emarginata* 等豆科 Fabaceae 植物。取食部位是葉片。 |

高溫型（雨季型）

130%

1cm

♂

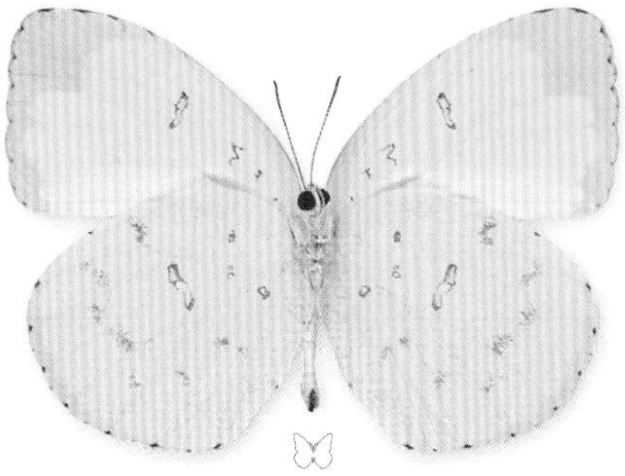

♀

1cm

| 變異　Variations | 豐度 / 現狀　Status | 附記　Remarks |
|---|---|---|
| 高溫期個體翅背面黑褐色斑紋發達，而且個體變異頗顯著，腹面黑褐色斑紋不發達且缺乏暗色鱗。低溫期個體翅背面黑褐色斑紋減退，腹面黑褐色斑紋發達並且散布許多暗色鱗。前翅腹面接近翅頂的褐色紋於低溫期較發達。 | 本種是數量頗多的常見種。 | 亞種ssp. *arsakia*除了臺灣地區以外尚分布於日本八重山群島。 |

22~29mm

0~2500m

低溫型（乾季型）

1cm

♂

130%

1cm

♀

# 後記

　　晨星版臺灣蝴蝶圖鑑自2013年付梓，迄今也才經過八個寒暑，時間雖然不長，但是書中竟然已經有不少內容「過時」了。過時的原因最主要的還是因為學術研究的進展，隨著分子資料大量累積和跨國界系統分類研究成為風潮，導引出很多分類變更，連一些使用歷史相當悠久的學名都因新證據的出現而動搖，例如明星保育類物種臺灣寬尾鳳蝶因擁有特別的寬大尾突而個別放在寬尾鳳蝶屬當中，近來的分子地理親緣分析卻發現牠和美洲的許多鳳蝶是近親，必須歸併到同一類群中。另一方面，國人愛好自然生態的習氣加深，工作繁忙之餘往往到田野綠林進行各種自然體驗，數位相機、智慧型手機及網路的高速發展使人人都成了很好的自然生態觀察記錄者，某些原來妾身不明的「謎種」因此現身。2013年初版臺灣蝴蝶圖鑑中無緣介紹的特有種「臺灣窗弄蝶」便是絕佳例子，對臺灣昆蟲界貢獻良多的已故「木生昆蟲館」前館長余清金先生於1970年在南投深山採到賴以命名記載的模式標本後，幾十年沒有人見過這種可愛的小弄蝶，卻在幾年前被一位細心的自然觀察家在桃園山區發現了。臺灣蝴蝶圖鑑的主編許裕苗小姐幾個月前來信，說臺灣蝴蝶圖鑑即將再版，希望可以更新再版內容，讓讀者可以接觸、獲取這些近年「新知」，這自然是身為作者的我的榮幸和義務。希望本書讀者捧書賞蝶之餘，能多加留意書中疏漏與錯誤，讓臺灣蝴蝶圖鑑可以「與時俱進」，成為大家研究、欣賞寶島蝴蝶的良好入門參考。

於初秋寒雨裡的師大分部 2021. 10. 25.

# 中名索引

中名索引

# 學名索引

學名索引

國家圖書館出版品預行編目（CIP）資料

臺灣蝴蝶圖鑑【上】弄蝶、鳳蝶、粉蝶 / 徐堉峰著.
-- 修訂版 . -- 臺中市：晨星出版有限公司, 2022.01
　面；　公分 . --（台灣自然圖鑑；025）

ISBN 978-626-320-007-4（平裝）

1. 蝴蝶　2. 動物圖鑑　3. 臺灣

387.793025　　　　　　　　　　　　110017149

台灣自然圖鑑 025

# 臺灣蝴蝶圖鑑【上】弄蝶、鳳蝶、粉蝶〔修訂版〕

| | |
|---|---|
| 作者 | 徐堉峰 |
| 主編 | 徐惠雅 |
| 執行主編 | 許裕苗 |
| 校對 | 徐堉峰、許裕苗、陳昭英、黃智偉 |
| 美術編輯 | 李敏慧、張仕昇 |

| | |
|---|---|
| 創辦人 | 陳銘民 |
| 發行所 | 晨星出版有限公司 |
| | 臺中市 407 西屯區工業三十路 1 號 |
| | TEL：04-23595820　FAX：04-23550581 |
| | http://www.morningstar.com.tw |
| | 行政院新聞局局版臺業字第 2500 號 |
| 法律顧問 | 陳思成律師 |
| 初版 | 西元 2013 年 02 月 10 日 |
| 二版 | 西元 2022 年 01 月 23 日 |
| 讀者專線 | TEL：（02）23672044 /（04）23595819#230 |
| | FAX：（02）23635741 /（04）23595493 |
| | E-mail：service@morningstar.com.tw |
| 網路書店 | http://www.morningstar.com.tw |
| 郵政劃撥 | 15060393（知己圖書股份有限公司） |
| 印刷 | 上好印刷股份有限公司 |

定價 850 元

ISBN 978-626-320-007-4
Published by Morning Star Publishing Inc.
Printed in Taiwan

版權所有 翻印必究
（如有缺頁或破損，請寄回更換）